Bernulf Kanitscheider

Das Weltbild
Albert Einsteins

Bernulf Kanitscheider

Das Weltbild
Albert Einsteins

Verlag C. H. Beck München

Mit 3 Abbildungen

CIP-Kurztitelaufnahme der Deutschen Bibliothek

Kanitscheider, Bernulf:
Das Weltbild Albert Einsteins / Bernulf Kanitscheider. –
München : Beck, 1988
ISBN 3 406 33002 9

ISBN 3 406 33002 9

© C.H.Beck'sche Verlagsbuchhandlung (Oscar Beck), München 1988
Satz: C.H.Beck'sche Buchdruckerei, Nördlingen
Druck und Bindearbeiten: May & Co., Darmstadt
Printed in Germany

Inhalt

Abkürzungsverzeichnis

ART .. Allgemeine Relativitätstheorie
BKS .. Bohr-Kramers-Slater
CERN Centre Européen de Recherches Nucléaires
EPR .. Einstein-Podolsky-Rosen
RT ... Relativitätstheorie
SRT .. Spezielle Relativitätstheorie
△ .... Laplace-Operator
☐ .... d'Alembert-Operator

Einleitung

Warum ein neues Buch über Albert Einstein? Die existierende Literatur ist nahezu unübersehbar, viele Facetten seiner Persönlichkeit sind untersucht worden. In der berühmten Reihe der von P. A. Schilpp herausgegebenen «Library of Living Philosophers» gibt es auch einen Einstein-Band mit sehr vielen Stellungnahmen zu seinem Werk. Das Jahr 1979, in dem Einstein einhundert Jahre alt geworden wäre, hat eine große Zahl von wertvollen Sammelbänden, meist als Ergebnis von Gedenk-Konferenzen, entstehen lassen; viele noch lebende Mitarbeiter haben sich darin zu Wort gemeldet. Eingedenk dieser umfangreichen Literatur, die heute selbst für den Einstein-Fachmann kaum mehr zu verarbeiten ist, kann das Ziel eines solchen Bandes nur in der Beschränkung liegen. Er wendet sich an den Leser, der nicht die Möglichkeit besitzt, die vielen verstreuten Aufsätze in den Fachzeitschriften aufzuspüren, die umfassenden Monographien zu studieren, die voluminösen Gedenkbände durchzuarbeiten, der sich aber doch einen konzentrierten Überblick über die wichtigsten Leistungen Einsteins verschaffen möchte. Wir werden uns daher im folgenden auf Einsteins zentrale physikalische Entdeckungen und ihre philosophische Bedeutung beschränken, auf seine erkenntnistheoretische Position und ihr Verhältnis zur zeitgenössischen Fach-Philosophie, auf sein wissenschaftliches Programm und den gegenwärtigen Stand der Realisierung seiner Ideen.

Primäres Ziel soll sein, die Einsteinschen Probleme begrifflich zu orten, zu gewichten und in einer faßlichen Form zugänglich zu machen. Unsere Beschränkung wird darin bestehen, jene Facetten des Werkes von Einstein herauszuheben, die vermutlich für sehr lange Zeit Bestand haben werden. Trotz seiner vielen Stellungnahmen zu Politik, Sozialismus, Frieden, Humanismus und vielen Lebensproblemen war er vor allem Physiker und in weiterer Sicht Naturphilosoph. So wird sich der folgende Band neben einer Skizze des physikalisch Erreichten mit seiner Sichtweise und Analyse der Natur, mit seiner naturwissenschaftlichen Erkenntnis zu befassen haben. Mit Einstein ist es nicht anders als mit vielen anderen bedeutenden Männern der Geschichte der Wissenschaft. Galilei hat sich auch intensiv mit Theologie befaßt, Newton mit metaphysischen Problemen, und Kant hat über Anthropologie geschrieben; doch ihre Unsterblichkeit haben sie nicht mit diesen Themen erreicht. Galileis Verteidigung des Kopernikanischen Systems, Newtons Konstruktion der neuen Mechanik und Kants Transzendentalphilosophie waren die epochemachenden Leistungen, die als Marksteine in die Geschichte eingegangen sind. In derselben Situation, zeitgebundene periphere Ideen von dauerhaft gültigen Problemlösungen trennen zu müssen, sind wir auch bei Einstein. In dieser Trennung steckt natürlich ein konventionelles Element. Je nach dem philosophischen Hintergrund eines Einstein-Darstellers wird die Trenngrenze sicher an anderer Stelle liegen. Dennoch wollen wir versuchen, das, was man vermutlich auch noch im 21. und 22. Jahrhundert von Einstein studieren wird, ins Rampenlicht zu rücken.

I.
Persönlichkeit und Entwicklung

1. Leben und wissenschaftlicher Werdegang

Albert Einstein wurde am 14. 3. 1879 in Ulm an der Donau geboren. Sein Vater, Hermann Einstein, lebte vom Vertrieb elektrischer Geräte, war aber geschäftlich nicht besonders erfolgreich, weil er, eher introvertiert und mit träumerischen Neigungen ausgestattet, mehr Interesse am Erfinden und Basteln hatte als an merkantilen Dingen; seine Mutter war Pauline Einstein (geborene Koch). Albert kam als das erste Kind dieser Familie zur Welt, und im Jahre 1881 erhielt er eine Schwester namens Maria. Zu dieser Schwester, die in der Familie immer Maja genannt wurde, hatte Albert zeit seines Lebens besondere emotionale Beziehungen. Die Eltern waren offiziell von mosaischem Bekenntnis, praktizierten die Religion jedoch nicht. Vom Vater weiß man, daß er eine liberale Einstellung betonte und mit seiner Familie eine Assimilation an die Umgebung anstrebte. Die Mutter kümmerte sich um die musische Erziehung der Kinder und sorgte dafür, daß Maria das Klavierspiel und Albert die Geige erlernte, so daß beide auch zusammen musizieren konnten. Im Jahre 1880 übersiedelte die Familie nach München, wo Hermann Einstein mit seinem Bruder Jakob ein neues Geschäft mit Wasser- und Gasinstallationen eröffnete. Albert wuchs in einem stabilen und ruhigen Milieu auf, das ihm die Möglichkeit zur Entwicklung einer gefestigten Persönlichkeit sicherte. Ein erstes intellektuelles Erlebnis wird von Albert erzählt, als er fünf Jahre alt war. Ein Kompaß erregte die Aufmerksamkeit des Kindes, und die Frage scheint ihn beschäftigt zu haben, warum die Nadel immer nach Norden zeigt. Das Staunen über ein Naturphänomen ist ja nach Aristoteles der Beginn jeder Erkenntnis: «Da mußte etwas hinter den Dingen sein, das tief verborgen war.»[1]

Die Volksschulzeit 1885–1888 nahm einen unkomplizierten Verlauf; es zeigte sich weder eine auffallende Brillanz in der Leistung noch eine extreme Frühreife, wie sie von anderen großen Forschern, etwa Gauß, berichtet wird. Ab 1888 besuchte er das Luitpold-Gymnasium in München, wo sich gute Erfolge in Mathematik und Latein einstellten. Menschlich gesehen war er eher isoliert, fand wenig Kontakt zu seinen Mitschülern. Um diese Zeit machte sich Albert mit einigen wissenschaftlichen Autoren vertraut, unter anderem auch mit Immanuel Kant, der ihn in verschiedenen Stadien seines Lebens immer wieder beschäftigte, zu dem er aber stets ein etwas zwiespältiges Verhältnis hatte.

Ein zweites besonders hervorzuhebendes intellektuelles Erlebnis war seine Beschäftigung mit der euklidischen Geometrie im Alter von zwölf Jahren. Anhand eines Lehrbuches der Geometrie wurde er auf die Schönheit der Mathematik aufmerksam. Der axiomatische Aufbau der Geometrie, ihre deduktive Durchsichtigkeit beeindruckten ihn tief. Es paßt zu seinem frühen Persönlichkeitsbild, daß er zwischen zwölf und sechzehn Jahren sehr viele Eigenstudien betrieb; darunter fällt auch die Aneignung der Integral- und Differentialrechnung.

Ein wichtiger geistiger Umbruch ereignete sich in bezug auf die Religion. Eine frühkindliche positive religiöse Phase wurde im Alter von elf Jahren durch eine heftige negative Reaktion abgelöst. Nicht so sehr der methodische Zweifel und die mangelnde Kontrollierbarkeit religiöser Aussagen als vielmehr der Konflikt der biblischen Aussagen mit den wissenschaftlichen Tatsachen, die offensichtliche Unvereinbarkeit beider Weltbilder, ließen ihn die religiösen Inhalte beiseite schieben.

Schon in seiner Gymnasialzeit kam ein weiterer Zug seiner Persönlichkeit zum Vorschein, seine Abneigung gegen jede Art von Autorität. Obwohl kein aktiver Rebell, war ihm doch jede Art von Autorität lästig. Wenn man äußeren Zwang schon nicht generell bekämpfen kann, so fand er, soll man doch mindestens versuchen, ihn persönlich abzuschütteln, ihn loszuwerden. In dieser Zeit zeigten sich auch bereits Ansätze zum Rationalismus. Die Vernunft wurde jetzt für ihn zur einzigen anerkannten Autorität bei der Aufgabe, objektives Wissen über die Welt zu erlangen.

Alberts persönliche Zurückgezogenheit und Abneigung gegen das Lernen in großen Klassen verstärkten sich, als 1894 die Brüder Jakob und Hermann Einstein ihre Firma nach Italien verlegten und er in München zurückbleiben mußte, um das Gymnasium zu beenden. Die ungeliebte Schule und der drohende Militärdienst veranlaßten ihn 1895, das Gymnasium zu verlassen und zu den Eltern nach Pavia zu reisen in der Absicht, sich durch Selbststudium auf die Aufnahmeprüfung für die ETH Zürich vorzubereiten. 1895 fiel er zwar bei der Aufnahmeprüfung durch, gab aber seinen Plan nicht auf. In der Kantonalschule in Aarau vervollständigte er sein Wissen. Von dieser freundlichen, liberalen Schule erzählte er auch später noch viel Positives. Hier gewann er Selbstvertrauen und Sicherheit. 1896 bestand er die Matura mit sehr gutem Erfolg und im Oktober 1896 wurde er Student an der ETH. Sein Ziel war nun, Fachlehrer für Mathematik und Physik am Gymnasium zu werden. Seine Familie bereitete ihm mehr und mehr Sorgen; die Eltern steckten in finanziellen Schwierigkeiten, die selbständigen Firmen, die sie in Italien aufgebaut hatten, kollabierten, und beide Brüder mußten wieder ins Angestelltenverhältnis zurückkehren. In Zürich bahnte Albert die ersten

Kontakte mit Leuten an, die später für ihn große Bedeutung haben sollten: mit dem Mathematiker Marcel Grossmann, dem Historiker Alfred Stern und seinem späteren langjährigen Freund Michele Angelo Besso.

Einstein, der sich später ja vor allem durch die großen theoretischen Arbeiten einen Namen machen sollte, interessierte sich in dieser Zeit stark für experimentelle Laborarbeiten. Unter der Anleitung von Prof. H. F. Weber machte er bereits damals den Vorschlag, ein Experiment zur Erdbewegung durch den Äther vorzunehmen, eine Idee, die in die Zukunft wies. In Mathematik hörte er die hervorragenden Gelehrten Adolf Hurwitz und Hermann Minkowski, der später für ihn besondere Bedeutung erlangen sollte. Einstein verarbeitete zu dieser Zeit auch große Mengen an Fachliteratur. Zu erwähnen ist hier A. Föppls *Einführung in Maxwells Theorie* und noch viel bedeutsamer die *Mechanik* von Ernst Mach. Die kritische Haltung Machs gegenüber den Grundbegriffen der Mechanik hat einen tiefen Eindruck in Einstein hinterlassen. Dies kann man verstehen; denn das mechanistische Weltbild war um diese Zeit allesbeherrschend. Daß hier jemand an den theoretischen Fundamenten des Weltbildes rüttelte, hat in dem jungen Einstein zweifellos eine Prägung hinterlassen, deren Spuren weit in die Konstruktionsphase der Relativitätstheorie hineinreichen.

Im August 1900 machte Einstein sein Staatsexamen an der ETH Zürich und wurde Fachlehrer für Mathematik und Physik. Allerdings bot sich ihm zuerst noch keine passende Stelle an. Noch ein anderes Erlebnis trat in sein Leben. Bei derselben Prüfung, die Einstein bestand, fiel eine jugoslawische Studentin namens Mileva Marič durch. Sie sollte später Einsteins erste Frau werden. Im Dezember 1900 begann Einstein zu publizieren. Seine ersten Arbeiten in den *Annalen der Physik* befaßten sich mit intermolekularen Kräften. Seine Hauptaufmerksamkeit galt in dieser Zeit jedoch der Stellensuche. Bemühungen, durch die Vermittlung der Professoren Wilhelm Ostwald in Leipzig und Kammerling Onnes in Leiden an eine Stelle zu kommen, schlugen fehl. Nachdem er kurze Zeit an Schulen in Winterthur und Schaffhausen unterrichtet hatte, stieß er, seit 1901 Schweizer Staatsbürger, auf die Ausschreibung eines Postens am Bundespatentamt in Bern. Einsteins Bewerbung hatte Erfolg, und so wurde er 1902 technischer Experte III. Klasse am Patentamt.

Jetzt begannen glückliche Jahre für Einstein. Er traf neue Freunde, Maurice Solovine und Konrad Habicht. Mit ihnen zusammen gründete er die berühmte Akademie Olympia. Die drei diskutierten viel miteinander über Physik, Philosophie und Literatur. Der Horizont Einsteins weitete sich. Auch persönlich war ihm das Glück hold; 1903 heiratete er Mileva Marič und freute sich an seinen beiden Söhnen Hans Albert und Eduard, die aus dieser Ehe hervorgingen. Es muß etwas mit der persönli-

chen Ausgeglichenheit und familiären Zufriedenheit zu tun gehabt haben, daß das Jahre 1905 sein berühmter annus mirabilis wurde, in dem
es ihm gelang, sechs Arbeiten zu publizieren, die alle erstrangige schöpfe-
rische Leistungen darstellen: seine Lichtquantenhypothese, seine Disser-
tation über eine neue Bestimmung der Moleküldimensionen, zwei Arbeiten zur Brownschen Bewegung und die zwei grundlegenden Arbeiten zur
speziellen Relativitätstheorie. Langsam begann die Umgebung auf Einstein zu reagieren. 1906 wurde er technischer Experte II. Klasse, und
1907 begann endlich seine akademische Karriere. 1908 erhielt er die
venia docendi aufgrund seiner Habilitationsschrift über die Energiever-
teilung der schwarzen Strahlung. Ein Jahr später wurde er bereits auf
eine neugeschaffene Stellung als außerordentlicher Professor nach Bern
berufen, und im gleichen Jahr empfing er im Alter von 30 Jahren den
Ehrendoktor der Universität Genf zusammen mit Marie Curie und Wilhelm Ostwald. Albert Einstein war nicht unbedingt ein begeisterter Leh-
rer, für ihn war die Vorlesungsvorbereitung eher eine Art Störfaktor bei
seinen laufenden Forschungsvorhaben.

In der ersten Phase seiner akademischen Tätigkeit zwischen 1909 und
1911 zeigte Einstein eine enorme Produktivität. Elf Aufsätze theoretischer Art, darunter jene schwierige, heute noch nicht leicht zu verstehen-
de Arbeit über kritische Opaleszenz, sind zu verzeichnen. Schon 1907
gelang ihm mit der Formulierung des Äquivalenzprinzips ein erster Ansatz zur Allgemeinen Relativitätstheorie (ART). Bis zum Jahre 1911 äußerte er sich dann nicht weiter zum Thema Gravitation, brachte aber
zahlreiche andere Publikationen zur Speziellen Relativitätstheorie und
klassischen Strahlungstheorie heraus und veröffentlichte sogar einige experimentelle Arbeiten. Vieles weist darauf hin, daß Einstein in dieser Zeit
das Quantenproblem für wesentlich wichtiger hielt als die Schaffung
einer neuen Gravitationstheorie. Er muß sich eine Zeitlang das ehrgeizige
Ziel gesteckt haben, selbst eine Quantentheorie zu formulieren. Man
kann vermuten, daß nicht nur die physikalischen und mathematischen
Schwierigkeiten, sondern auch das erkenntnistheoretische Problem der
Frage der Realität der Lichtquanten, die Einstein in dieser Zeit als ganz
entscheidend betonte, ihn von dem Plan abbrachten, eine neue Fassung
der elektromagnetischen Theorie der Materie zu konzipieren. Für die
Beurteilung der Heuristik seiner Theorien ist es wichtig, sich klar zu
machen, daß das Rätsel der Dualität von Wellen- und Teilcheneigenschaften ihn viel brennender interessierte als jene 1859 entdeckte kleine
Anomalie in der Bewegung des Merkurs, die von Newtons Theorie nicht
erklärt werden konnte. Sie stellte sicher keinen hinreichenden Grund für
eine Umwälzung in der Gravitationstheorie dar.

1910 zeichnete sich ab, daß die deutsche Karl-Ferdinands-Universität
in Prag ihm ein Ordinariat anbieten würde. Einstein nahm diesen Ruf an.

In Prag war er jedoch wissenschaftlich ziemlich isoliert, hatte zu wenig Gesprächspartner, und auch die Mentalität der Menschen in seiner Umgebung muß ihm fremd gewesen sein. Schon nach drei Semestern in Prag kehrte er auf Betreiben von Marcel Grossmann wieder nach Zürich zurück. Aber auch hier hielt es ihn nicht lange. Einsteins Ruhm war gewachsen, Max Planck und Nernst bewogen ihn, von Zürich nach Berlin zu kommen. Dem hervorragenden Angebot konnte er nicht widerstehen, nämlich Mitglied der Preußischen Akademie der Wissenschaften zu werden, eine Professur an der Universität Berlin zu bekommen mit dem Recht, aber ohne Verpflichtung zu lesen, und Direktor eines physikalischen Institutes unter dem Dach der Kaiser-Wilhelm-Gesellschaft zu sein. So verließ er 1914 Zürich und zog nach Berlin, wo er bis zum Dezember 1932 bleiben sollte. Der wissenschaftlichen Karriere stand familiäres Unglück gegenüber. Die Spannungen in seiner Ehe waren gewachsen, die Trennung war unvermeidlich; Mileva blieb daher in Zürich. Das wissenschaftliche Klima in Berlin war hervorragend. In dem berühmten physikalischen Kolloquium trafen sich u. a. Max von Laue, Heinrich Rubens, Walther Nernst, Max Planck. Diese klingenden Namen sorgten dafür, daß Berlin damals das Mekka der Physik war.

Besonders wichtig für die philosophische Entwicklung Einsteins wurde die Wechselwirkung mit Planck. Max Planck war stark antipositivistisch und antimachisch eingestellt, Einstein aber durch den Einfluß Machs zuerst eher empiristisch orientiert. Es ist zu vermuten, daß Einsteins Wende zu einer realistischen Epistemologie, die sich in Berlin vollzog, nicht zuletzt auf die Einwirkung von Planck zurückgeht.

Der erste Weltkrieg aktivierte das politische Bewußtsein Einsteins. Dennoch ließ er sich in seiner wissenschaftlichen Produktivität durch den Krieg kaum behindern. Neben der Fertigstellung der Allgemeinen Relativitätstheorie fand er die Beugung der Lichtstrahlen im Gravitationsfeld, die Periheldrehung des Merkur, die erste kosmologische Lösung der Feldgleichungen, die Gravitationswellenlösung und eine neue Ableitung des Planckschen Strahlungsgesetzes. Daneben hatte er noch Zeit für pazifistische Aktivitäten. In seiner rationalistischen Grundeinstellung glaubte er, daß es doch möglich sein müßte, die Vernunft zwischen den Völkern siegen zu lassen, und daß schriftliche Friedensmanifeste Wirkung haben könnten. Das Jahr 1917 war von Krankheit überschattet. Einstein mußte monatelang das Bett hüten, wurde aber von seiner Cousine Elsa aufopfernd gepflegt. Zu dieser Zeit müssen Bindungen entstanden sein, die dazu führten, daß er sich 1919 von Mileva scheiden ließ und Elsa heiratete. Erstaunlich für die Schaffenskraft Einsteins ist, daß er trotz aller gesundheitlichen Schwierigkeiten noch die Energie hatte, die Quadrupol-Formel für die Gravitationsstrahlung zu finden und den Pseudo-Tensor für den Energieimpuls des Gravitationsfeldes zu formulieren.

1919 war für Einstein ein Jahr, das zugleich Glück und Unglück brachte. Seine Mutter erkrankte schwer und starb im Februar 1920. Doch er erhielt auch die Mitteilung, daß eine englische Expedition unter Arthur Stanley Eddington eine Voraussage seiner Allgemeinen Relativitätstheorie bestätigt hatte: Die Prognose, daß die Sonne knapp an ihr vorbeigehende Lichtstrahlen ablenken müßte, wurde durch die gemessene Verschiebung des Bildes eines Sterns am Sonnenrand erfüllt. Einstein selbst schätzte die Bewährungsinstanz seiner Theorie sehr hoch ein. Nicht jede Bestätigung einer Theorie hat das gleiche Gewicht; es kommt darauf an, ob Kernaussagen der Theorie betroffen sind. Einsteins eigenes Verständnis der Lichtablenkung war erst im Laufe der Zeit gewachsen. Als er 1907 in Bern mit der Arbeit an der Allgemeinen Relativitätstheorie begann, war ihm nur klar, daß die Lichtablenkung aus dem Äquivalenzprinzip folgen müßte. Damals hielt er den Effekt aber noch für zu klein, als daß er je beobachtet werden könnte. 1911, als er in Prag an seiner Gravitationstheorie weiterarbeitete, schätzte er den Effekt als beobachtbar ein, wenn man genau das Sternlicht betrachtet, das bei totaler Sonnenfinsternis streifend an der Sonne vorbeiläuft. Damals rechnete er noch auf Newtonscher Basis, d.h. mit einem flachen Raum und unter Voraussetzung der Corpuscular-Theorie des Lichtes, die Hälfte des korrekten Wertes aus (0"87). In dieser Zeit zwischen 1912 und 1915 wurde ihm dann klar, daß der Raum gekrümmt ist und daß die Raumkrümmung die Lichtablenkung verändert. 1915 fand er den korrekten Wert von 1"74, und 1919 lieferten ihm die beiden britischen Expeditionen die Bestätigung des berechneten Wertes.

Die Bestätigung der ART brachte Einstein ungeheuren Ruhm ein. Sie konnte nämlich den newtonisch unerklärten Anteil der Vorrückung des Merkur-Perihels auffangen und zum anderen die beobachtete Lichtablenkung verstehbar machen. Einstein wurde nun als Nachfolger Newtons gefeiert. Allerdings stand zu diesem Zeitpunkt noch der experimentelle Nachweis des dritten bedeutenden Effektes seiner Gravitationstheorie aus, nämlich der Rotverschiebung des Lichtes im Schwerefeld eines Sternes. Es ist nicht leicht zu verstehen, warum Einsteins Gravitationstheorie und ihr Erfolg eine so hohe Publikumsaufmerksamkeit hervorgerufen haben. Sicher sind die Konsequenzen der Theorie vom Alltagsverstand her gesehen exotisch: Raumkrümmung, Abhängigkeit des Uhrenganges von der Stärke des Gravitationsfeldes und in der ersten kosmologischen Lösung auch die Rückkehr zur räumlichen Endlichkeit des Universums sind schwer faßbare Zusammenhänge. Es muß von Einsteins Theorie etwas Ähnliches ausgegangen sein wie von der kopernikanischen Lehre, die in der Renaissance die Gemüter erschütterte.

In dieser Zeit übernahm Einstein noch eine Reihe weiterer verantwortungsvoller Posten. 1917 wurde er Direktor des Kaiser-Wilhelm-Institutes für Physik, 1922 Direktor des astrophysikalischen Laboratoriums in Potsdam und Präsident der Einstein-Stiftung, die der experimentellen Prüfung der Relativitätstheorie gewidmet war. Jetzt entwickelte er auch wieder starke politische Aktivitäten; er versuchte, sich in antinationalistischer Richtung für Vereinigte Staaten von Europa und für die generelle Abrüstung einzusetzen und unterzeichnete viele pazifistische Manifeste. Um 1920 sind erste Feindseligkeiten gegen Einstein zu verzeichnen. Die Arbeitsgemeinschaft Deutscher Naturforscher etablierte sich, jene Gruppe, die später das aggressive Buch «Hundert Autoren gegen Einstein» herausbringen sollte. Die Kontroverse mit Philip Lenard, der dem Nationalsozialismus nahestand, begann. Einstein war den Diskussionen eine Zeitlang entzogen durch Reisen nach Paris und durch eine große Ostasienreise, auf der ihn in Japan die Nachricht von der Nobel-Preis-Verleihung überraschte. Den Preis erhielt er nicht für die Relativitätstheorie – dem konservativen Komitee fehlte noch die Bestätigung für den Rotverschiebungseffekt –, sondern generell für seine Arbeiten zur theoretischen Physik und speziell für die Entdeckung des Gesetzes des photoelektrischen Effektes. Ab 1929 verstärkte er seine Beziehungen zu den Vereinigten Staaten. 1932 beschloß er, dem Druck des Nationalsozialismus auszuweichen; er verließ sein Haus in Caputh an der Havel und Berlin, um nie wieder dorthin zurückzukehren.

Zwischen 1920 und 1930 erweiterte sich Einsteins geistiger Horizont mehrfach. Eine neue Dimension seiner Betrachtungen war die Wissenschaftsgeschichte. Er schrieb eine Reihe von Gedenkaufsätzen über Kepler, Newton und Maxwell. Eine weitere Dimension ist die Philosophie. Zu der früheren Beschäftigung mit Kant, mit Spinozas Ethik, mit Humes Abhandlung über die menschliche Natur und John Stewart Mills System der Logik kamen jetzt wissenschaftstheoretische Untersuchungen, Gedanken über die Natur wissenschaftlicher Theorien und über den Status theoretischer Begriffe. Seine Herbert-Spencer-Vorlesung über die Methode der theoretischen Physik, die er am 10. Juli 1933 in Oxford hielt, und sein Beitrag zum Schilpp-Band über Bertrand Russell verraten ein nachhaltiges Interesse an erkenntnistheoretischen Fragen. Seine wissenschaftsgeschichtlichen Überlegungen über Maxwell zeigen, daß er hier das Ideal einer einheitlichen Theorie teilweise realisiert sah. Die feldtheoretische Ontologie, in der die Realität durch kontinuierliche Felder dargestellt wird, erschien ihm die größte Errungenschaft seit der Newtonschen Mechanik. Sein wissenschaftliches Hauptziel bestand deshalb im Aufbau einer einheitlichen Feldtheorie. Durch Überbestimmung einer kausalen, kontinuierlichen Feldtheorie wollte er die Postulate der Quantentheorie aus der einheitlichen Feldtheorie gewinnen. 1933 wurde Einstein Mitglied des von Abraham Flexner gegründeten neuen Institute for Advanced Studies in Princeton, und 1935 ließ er sich in dem berühmt gewordenen Haus in der Mercer Street 112 nieder. 1936 starb seine Frau Elsa. 1940 wurde Einstein zusammen mit seiner Tochter Margot und seiner Sekretärin Helen Dukas amerikanischer Staatsbürger.

Im Jahre 1939 startete er seine berühmteste politische Aktion: Er schrieb die beiden Briefe an Präsident Roosevelt (1. Brief vom 2. 8. 1939, 2. Brief vom 7. 3. 1940), beide auf Wunsch von Leo Szilard und Eugene P. Wigner. Einstein fordert darin den Präsidenten auf, den Bau der Atombombe zu beschleunigen. Wie es zu dieser Aktion kam, erzählt Wigner in einem Interview von 24. 7. 1982:[2] Niels Bohr, der um diese Zeit in Princeton war, berichtete der dortigen Physikergruppe von den Forschungsergebnissen zur Kernspaltung von Otto Hahn, Fritz Strassmann und Lise Meitner. Für Wigner, aber auch für Fermi war dies eine große Überraschung, da beide immer noch glaubten, daß sich bei solchen Vorgängen nur gewöhnliche Neutronen-Absorptionen ergeben könnten. Fermi sah sofort die Gefahr einer Kernexplosion. Leo Szilard kam die Idee, daß man die Regierung von dieser Situation informieren müßte. Ihm war aber auch klar, daß es nur einem sehr bekannten Physiker gelingen würde, den naturwissenschaftlich ungebildeten Politikern die Brisanz der neuen kernphysikalischen Ergebnisse nahezubringen. Also besuchten Szilard und Wigner Einstein, um ihn zu einem Brief an Roosevelt zu überreden. Einstein hatte zu diesem Zeitpunkt keine Ahnung von der Kernspaltung, aber es war natürlich nicht schwer, sie ihm zu erklären. In fünfzehn Minuten hatte er sie verstanden. Wigner hatte einen vorbereiteten deutschen Brief bei sich und Einstein diktierte ihm dann auf Grund dieser Vorlage seine Version.[3] Wigner ging nach Princeton zurück (das Gespräch fand auf Long Island statt), übersetzte den Brief ins Englische, schrieb ihn mit der Maschine und brachte ihn Einstein zur Unterschrift. Man hat es immer wieder als schwer verständlich angesehen, wie ein überzeugter Pazifist den Bau einer solchen Waffe befürworten konnte. Einstein selber hat später bedauert, zu dieser Entwicklung aufgerufen zu haben, vor allem als er erfuhr, daß man in Deutschland gar nicht so weit war, wie vermutet, und daß die Bomben von Amerika gegen Japan eingesetzt wurden. Historische Studien haben jedoch ergeben, daß die Wirkung seiner beiden Briefe kleiner war als vermutet und daß das Manhattan-Projekt wahrscheinlich auch ohne sie gestartet worden wäre. Sein Bekenntnis zum Pazifismus hat durch die beiden Appelle jedenfalls keine Unterbrechung erfahren. Er sah die Rettung der Menschheit ausschließlich in einer Weltregierung und richtete deshalb in späteren Jahren noch viele Friedensappelle an regierende Häupter.

1950 machte er sein Testament und setzte seinen Freund Otto Nathan und Helen Dukas als Verwalter seiner Schriften ein. Seine erste Frau Mileva war 1948 gestorben. 1952 trat Einstein noch einmal in das Licht der Öffentlichkeit. Als Chaim Weizmann, der erste Präsident von Israel, starb, beschloß die israelische Regierung, Einstein die Präsidentschaft anzutragen. Aber Einstein überzeugte Abba Ebban, den israelischen Gesandten in Washington, daß er als Wissenschaftler für diese politische Aufgabe doch nicht ganz geeignet sei. Am 18. April 1955 starb Einstein. Ein Grab Einsteins gibt es nicht, seine Asche wurde seinem Wunsch entsprechend an einem unbekannten Ort verstreut.

2. Vorbilder, Leitmotive und wissenschaftlicher Hintergrund

Trotz der entscheidenden Arbeiten, die Einstein zur Quantenphysik vorgelegt hat und die wir im nächsten Abschnitt behandeln werden, kann man ihn als letzten großen Physiker der klassischen Epoche bezeichnen. In seinen Äußerungen über Newton, Maxwell, Mach, Planck und Lorentz spiegelt sich seine Verwurzelung im Denken der überkommenen Physik. Erneuerung im Sinne von Erweiterung und nicht Revolution war sein Anliegen.

Immer wieder betont er seine tiefe Verbundenheit mit Isaak Newton. Er bewundert bei ihm die Personalunion von Experimentator, Theoretiker, Mechaniker und Schriftsteller. In erkenntnistheoretischer Hinsicht schätzt er Newtons kritische Haltung gegenüber den eigenen Theorien. «... muß ich betonen, daß Newton selbst die seinem Gedankengebäude anhaftenden schwachen Seiten besser kannte als die folgenden Gelehrtengenerationen».[4] Dann erwähnt Einstein den Begriff des absoluten Raumes und der absoluten Zeit, die Verwendung von Fernwirkungen im Gravitationsgesetz und die merkwürdige Tatsache, daß Gewicht und Trägheit eines Körpers durch dieselbe Größe bestimmt werden, d.h. also die Proportionalität von schwerer und träger Masse. Dies sind Züge der klassischen Theorie, die von Newton selbst noch als verbesserungsfähig angesehen wurden.

Obwohl Einstein später weit über eine instrumentalistische Interpretation von Theorien hinausging, befürwortete er eine Zeitlang auch Newtons Maxime «hypotheses non fingo» (Hypothesen erfinde ich nicht). Einstein machte aber deutlich, daß der Induktivismus höchstens eine in der Frühzeit der Wissenschaft verfolgbare Strategie sein kann. Es können vielleicht niedrigrangige Generalisationen von der Erfahrung abgelesen werden, hochrangige Gesetze aber bedürfen der theoretischen Begriffe. Diese erkenntnistheoretische Position wird aus einer Äußerung in der Spätzeit klar, wo er noch einmal zu Newton Stellung nimmt. «Newton, verzeih mir; du fandest den einzigen Weg, der zu deiner Zeit für einen Menschen von höchster Denk- und Gestaltungskraft eben noch möglich war. Die Begriffe, die du schufst, sind auch jetzt noch führend in unserem physikalischen Denken, obwohl wir nun wissen, daß sie durch andere, der Sphäre der unmittelbaren Erfahrung ferner stehende ersetzt werden müssen, wenn wir ein tieferes Begreifen der Zusammenhänge anstreben.»[5] Wichtig in diesem Zusammenhang ist, daß Einstein das tiefere Eindringen in die Natur mit der abstrakteren Beschreibung verbindet. Eine epistemologisch abstraktere Beschreibung verlangt, daß wir von den Phänomenen weiter zurücktreten müssen, um die Realität tiefer zu verstehen. An die Stelle erfahrungsnaher Terme rücken theoretische Begriffe. Auch wenn er Newton in dieser erkenntnistheoretischen Hinsicht überholt hat, so blieb Newton für Einstein unanfechtbare Autorität im Hinblick auf die Kausalität.

Einstein hoffte, daß die Zukunft der Physik wieder den Typ der Theorie zurückbringen würde, der eine eindeutige Vorhersage und Retrodiktion ermöglicht, in dem Sinne, wie sie Laplace ins Auge gefaßt hatte.[6] Er hatte insofern Grund zu dieser Zuversicht, als die Spezielle Relativitätstheorie (SRT) das Werk von Maxwell und Lorentz vervollständigte und die ART eine Extension von Newtons Gravitationstheorie darstellt. Einstein betrachtete seine Gravitationstheorie immer als eine Verallgemeinerung des Newtonschen Gravitationsgesetzes bzw. als Verallgemeinerung des entsprechenden Feldgesetzes, wie es Poisson formuliert hatte.[7] Heute läßt sich diese Auffassung Einsteins in einem exakten Sinne formulieren. Die klassischen Theorien werden durch Korrespondenzregeln und Grenzübergänge in die relativistischen Theorien eingebettet.[8] Deshalb kann Einstein als Vollender der klassischen Physik angesehen werden.

Der zweite große klassische Physiker, den er als Vorläufer ansah, war James Clerk Maxwell. Faradays experimentelle und Maxwells theoretische Tätigkeit bereicherten die Ontologie der klassischen Physik mit einer neuen Entität, nämlich dem Feld. Das Feld lieferte den Ersatz für die alten Fernwirkungskräfte. Die Verwendung von Nahwirkungen war ja ein Desiderat, wie Einstein sagt, einer der «ungestillten Wünsche des nach restloser und einheitlicher gedanklicher Durchdringung des Naturgeschehens ringenden wissenschaftlichen Geistes.»[9] Er bewunderte an Maxwells Theorie nicht nur die neue, reichere Ontologie, sondern auch die nomologische Struktur. Die deterministischen Feldgleichungen des Elektromagnetismus stellten nach seiner Auffassung das Vorbild für die Vereinheitlichung physikalischer Felder überhaupt dar. Die dynamische Koppelung des elektrischen und des magnetischen Feldes war in seiner Sicht der Prototyp der Theorienvereinheitlichung überhaupt. Wenn man die Maxwell-Theorie in ihrer speziell relativistischen Form betrachtet, so gelingt es ihr, die Elektrostatik und die Elektrodynamik und ebenso die Magnetostatik und die Magnetodynamik jeweils in einem vom Bezugssystem unabhängigen Gesetz zu formulieren. Anhand dieser Theorie sieht man auch ganz klar den Vorteil der Vereinheitlichung. Die Theorie besitzt eine Überschußbedeutung über die Individualtheorien, ein Vorzug, der die Theorienvereinheitlichung zu einem allgemeinen Desiderat der physikalischen Forschung macht, wie Einstein es später noch oft ausgedrückt hat.[10] Maxwell ist für Einstein noch in einer anderen Hinsicht wichtig gewesen. Maxwell benützte die molekularkinetische Hypothese zu einer Zeit, da der atomistische Aufbau der Materie noch sehr unsicher war. Er leitete die beobachtbaren Gasgesetze aus der Molekularhypothese ab und fand das berühmte Verteilungsgesetz, das seinen Namen trägt. Darüber hinaus teilte Einstein auch Maxwells erkenntnistheoretische Annahme über den Status der Atome. Dieser war hinsichtlich der Atome Realist. Für ihn war es ganz klar: Was auch immer an Katastrophen und Umwälzungen mit den Systemen der Erde passieren würde, ihre Konstituenten, die Atome, könnten niemals zerstört werden und würden sich höchstens wieder zu neuen Aggregaten zusammenfügen. Dies ist insofern wichtig, als Einstein mit seiner Theorie der Brownschen Bewegung den entscheidenden theoretischen Schritt tat, der im Verbund mit den Messungen von Perrin dem Realismus in bezug auf die Existenz der Atome zum Durchbruch verhalf.

Die nächste bedeutende Gestalt, der Einstein viel verdankt, ist Ernst Mach. Einstein betrachtete Mach als echten Vorläufer der Relativitätstheorie, dennoch ist sein Verhältnis zu ihm zeitabhängig und zwiespältig. Ernst Mach, der seit 1895 in Wien einen Lehrstuhl für Geschichte und Theorie der induktiven Wissenschaften innehatte, war Mathematiker, Experimentalphysiker und Philosoph. Der Schwerpunkt seiner fachwissenschaftlichen Leistung liegt auf dem Gebiet der physikalischen Akustik. Er untersuchte als erster planmäßig die Phänomene der Überschallgeschwindigkeit und fand eine Reihe von Gesetzmäßigkeiten, die beim Bau von Überschallflugzeugen praktisch eingesetzt werden konnten. Er war in manchem seiner Zeit voraus, da er eine Reihe von Ideen äußerte, die erst später zum Tragen kamen. So schlug er vor, den optischen Doppler-Effekt auf dem Gebiet der Astronomie zur Bestimmung von Sterngeschwindigkeiten zu verwenden, eine Idee, die bei der Prüfung der kosmologischen Rotverschiebung eine große Bedeutung erlangen sollte. Am bedeutsamsten in philosophischer Hinsicht sind seine Schriften zur Wissenschaftsgeschichte, sein Prager Akademievortrag über das Gesetz von der Erhaltung der Energie[11] und vor allem das 1883 erschienene, berühmt gewordene Buch «Die Mechanik in ihrer Entwicklung historisch-kritisch dargestellt.»[12] Ernst Mach legte seine erkenntnistheoretischen Überlegungen in dem Hauptwerk «Erkenntnis und Irrtum» von 1905 nieder.[13] Einstein stand in seiner Frühzeit in mehrfacher Hinsicht unter seinem Einfluß, ganz besonders durch den Hinweis darauf, wie eng Philosophie und Physik verknüpft sind. Dies wird gleich zu Beginn seines Nachrufes auf Ernst Mach klar: «Wie kommt aber ein ordentlich begab-

ter Naturforscher überhaupt dazu, sich um Erkenntnistheorie zu kümmern? Gibt es nicht in seinem Fache wertvollere Arbeit? So höre ich
manche meiner Fachgenossen hierauf sagen, oder spüre bei noch vielen
mehr, daß sie so fühlen. Diese Gesinnung kann ich nicht teilen. Wenn ich
an die tüchtigsten Studenten denke, die mir beim Lehren begegnet sind,
d. h. an solche, die sich durch Selbständigkeit des Urteils, nicht nur durch
bloße Behendigkeit auszeichneten, so konstatiere ich bei ihnen, daß sie
sich lebhaft um Erkenntnistheorie kümmerten».[14] Wenig später drückte
er es ganz offen aus, daß Machs Analyse der Mechanik, vor allem seine
kritische Darstellung der Newtonschen Raumzeit-Lehre, als eines der
heuristischen Elemente in die Theorienkonstruktion der Relativitätstheorie eingegangen ist. «Niemand kann es den Erkenntnistheoretikern nehmen, daß sie der Entwicklung hier die Wege geebnet haben; von mir
selbst weiß ich mindestens, daß ich insbesondere durch Hume und Mach
direkt und indirekt sehr gefördert worden bin.»[15]

Mach hatte eine Lücke in Newtons Begründung des verschiedenen
Status' von gleichförmiger Translation und Rotation gefunden. Er formulierte dies in seiner berühmt gewordenen Kritik des Newtonschen
Eimerversuchs.[16] Der Briefwechsel zwischen Mach und Einstein[17] hat
enthüllt, daß Machs Überlegungen hier eine echte Auslösefunktion hatten. So schreibt Einstein am 25. 6. 1913 an Ernst Mach: «Dieser Tage
haben Sie wohl meine neue Arbeit über Relativität und Gravitation erhalten, die nach unendlicher Mühe und quälendem Zweifel nun endlich
fertig geworden ist. Nächstes Jahr bei der Sonnenfinsternis soll sich zeigen, ob die Lichtstrahlen von der Sonne gekrümmt werden, ob m. a. W.
die zugrunde gelegte fundamentale Annahme von der Äquivalenz von
Beschleunigung des Bezugssystems einerseits und Schwerefeld andererseits wirklich zutrifft. Wenn ja, so erfahren Ihre genialen Untersuchungen über die Grundlagen der Mechanik – Plancks ungerechtfertigter Kritik zum Trotz – eine glänzende Bestätigung, denn es ergibt sich mit
Notwendigkeit, daß die Trägheit in einer Art Wechselwirkung der Körper ihren Ursprung hat, ganz im Sinne Ihrer Überlegungen zum Newtonschen Eimerversuch.»[18] Mach sah in seiner Kritik des absoluten Raumes
dieses Gebilde als ein metaphysisches Gespenst an. Wenn man einen
konsequenten Phänomenalismus zugrunde legt, ist dies auch gerechtfertigt. Für Mach gibt es nur Relativbewegungen, d. h. Bewegungen gegenüber dem Raum sind in Wahrheit Bewegungen gegenüber den fernen
Massen. Mach konnte seine Vermutung – die fernen Massen bestimmen
den lokalen Trägheitskompaß – aber nicht zu einer kausalverständlichen
Theorie ausbauen, d. h. es gelang ihm nicht zu zeigen, wie die fernen
Massen es anstellen, daß ein lokaler Körper gerade jene träge Masse
besitzt, die wir an ihm feststellen. Für Einstein war Machs Diskussion der
Rotationsbewegungen der Anstoß, die bevorzugte Klasse der Bewegun-

gen in der klassischen Mechanik, die auch noch in der SRT vorhanden war, aufzugeben. In diesem Sinne ist die Einsteinsche Vermutung zu verstehen, daß Mach schon nahe daran war, eine ART zu finden. «Es ist nicht unwahrscheinlich, daß Mach auf die Relativitätstheorie gekommen wäre, wenn in der Zeit, als er jugendfrischen Geistes war, die Frage nach der Bedeutung der Konstanz der Lichtgeschwindigkeit schon die Physiker bewegt hätte.»[19] Mach selber war anfangs der Relativitätstheorie wohlgesonnen, und im Wissen darum schreibt Einstein 1916 einen sehr positiven Nachruf auf Mach. Es konnte bis jetzt nie genau geklärt werden, warum Mach sich später negativ über die Relativitätstheorie geäußert hat. 1921 erschienen posthum die Prinzipien der physikalischen Optik.[20] In diesem Werk findet sich vom Juli 1913 datiert der Passus: «Den mir zugegangenen Publikationen und vor allem meiner Korrespondenz entnehme ich, daß mir langsam die Rolle des Wegbereiters der Relativitätslehre zugedacht wird. Nun kann ich mir heute ein ungefähres Bild davon machen, welche Umdeutungen und Auslegungen manche der in meiner ‹Mechanik› niedergelegten Gedanken von dieser Seite in Zukunft erfahren werden»; und etwas später schreibt er: «Warum aber und inwiefern ich die heutige, mich immer dogmatischer anmutende Relativitätslehre für mich ablehne, welche sinnesphysiologischen Erwägungen, erkenntnistheoretischen Bedenken und vor allem experimentell gewonnenen Einsichten mich hierzu im einzelnen veranlaßten, das soll in der Fortsetzung dieses Werkes dargetan werden.»[21] Es ist dunkel, warum Ernst Mach die Relativitätstheorie an dieser Stelle dogmatisch nennt. Gerade für eine physikalische, empirisch testbare Theorie, die jederzeit experimentell falsifizierbar ist, ist der philosophische Vorwurf des Dogmatismus nicht sonderlich sinnvoll. Die Erklärungen mancher Historiker reichen von der Annahme, daß hier der Einfluß Hugo Dinglers spürbar wird, der der Relativitätstheorie nicht sonderlich wohlgesonnen war, bis hin zur Vermutung, daß es sich um eine spätere Fälschung handelt, gegen die sich Ernst Mach nicht mehr wehren konnte, da er ja 1916 gestorben war.[22]

Einsteins Stellung zu Mach in späterer Zeit muß man differenziert betrachten. In einer Hinsicht blieb Einstein zweifellos Machianer: Bewegung blieb für ihn immer Relativbewegung. Er hat sich nie damit anfreunden können, daß seine eigene Theorie in bestimmtem Sinne absolute Züge aufwies, etwa in dem Sinne, daß die Gleichungen der Gravitation Lösungen für den leeren Raum zulassen. In erkenntnistheoretischer Hinsicht sagte sich Einstein bereits 1922, vielleicht auch in Reaktion auf das Vorwort zur «Physikalischen Optik», von Mach los: «Mach mag zwar ein guter Mechaniker gewesen sein, aber er war ein schlechter Philosoph.»[23]

Auch wenn die Formulierung vielleicht etwas überspitzt klingt, war sich Einstein über die Enge des Machschen Deskriptivismus klar. Mach macht aus der Wissenschaft, so wandte Einstein ein, einen Katalog und kein System. Die Folgen dieser restringierten Erkenntnistheorie sind auch deutlich zu sehen. Sein Kampf gegen die Atome ist, erkenntnistheoretisch betrachtet, eine Abwehr theoretischer Begriffe. Hier wird auch sehr deutlich, wie eng die Verbindung zwischen Epistemologie und Wissenschaft ist. Die erkenntnistheoretische Position geht unmittelbar in den Ansatz der Theorienkonstruktion ein. Generell kann man die Frage stellen, ob Einstein überhaupt je einmal erkenntnistheoretisch ein Machianer war. Zugunsten dieser Auffassung sprechen manche Formulierungen der Originalarbeit zur SRT. Hier wird die Theorie wirklich zum Teil unter Zugrundelegung der Begriffe des starren Maßstabes und der isochronen Uhren aufgebaut. Dagegen spricht allerdings wieder, daß Einstein sich in seinen statistischen Arbeiten in bezug auf die Existenz der Atome von vorneherein auf die Seite der Realisten gestellt hat. Er stand dort also ganz auf Boltzmanns Seite und verstand auch seine Arbeit zur Brownschen Bewegung als einen Ansatz, die Realität der Atome nachzuweisen.[24]

In bezug auf das sogenannte Mach-Prinzip zeigte Einstein eine variable Einstellung.[25] In Machs Mechanik wird das Trägheitsgesetz ohne Bezug zum absoluten Raum formuliert: Ein kräftefreies System ist in Ruhe oder aber in gleichförmiger Bewegung relativ zum Fixsternhimmel. Der Fixsternhimmel übernimmt bei Mach die Rolle des Raumes bei Newton. Das Wort «Fixstern» ist dabei nicht zu eng zu sehen; man kann dafür auch den Bezug zum ganzen Universum einsetzen. Auch heute wird generell das expandierende Universum als Basissystem betrachtet, als Arena, in dem das gesamte physikalische Geschehen sich abspielt. Es läßt sich nicht grundsätzlich ausschließen, daß das Trägheitsgesetz völlig anders aussehen würde, wenn die stellaren Massen gänzlich andere Bewegungsformen besäßen. Mach selbst hatte keinen Vorschlag gemacht, wie die dynamische Einwirkung der fernen Massen auf die lokale Trägheit erfolgen sollte.

Einstein deutete in seinem eigenen Interpretationsschritt die Forderung Machs kausal. Die Gesamtheit der Trägheit eines Körpers geht auf die Wechselwirkung mit allen anderen Massen zurück (Relativität der Trägheit). Man kann sich den Übergang zwischen der ursprünglichen Machschen Forderung und der Einsteinschen Interpretation auch so vorstellen: Bei Mach handelt es sich um eine kinematische Relativität der Bewegung und bei Einstein um eine dynamische Interpretation der Relativität der Bewegung, und damit ändert sich die Rolle der fernen Massen. Bei Mach haben sie die Funktion von Beobachtungsmarken, die Bewegung ist immer eine Bewegung gegenüber den Körpern. Bei Einstein handelt es sich um Wirkungssubjekte, hier ist ein Einfluß auf die lokale Trägheit gegeben. Im Jahre 1918 stellte Einstein das Mach-Prinzip auf die gleiche Stufe mit den zwei anderen Grundpostulaten der ART, der Forderung nach allgemeiner Kovarianz und dem Äquivalenzprinzip.[26] Danach ist das Gravitationsfeld restlos durch die Massen der Körper bestimmt, was in der Sprache der Relativitätstheorie bedeutet, daß es durch den Materietensor angegeben werden kann.

Einsteins Einstellung zum Mach-Prinzip wandelte sich erheblich im Laufe der Zeit. Wie wir gesehen haben, war er 1913 noch der Auffassung, daß die Relativitätstheorie voll das Machsche Programm realisieren würde. Bis 1917 war er überzeugt, daß seine Gleichungen keine Vakuumlösung besitzen könnten, in der die Raumzeit bei Abwesenheit von Materie eine feste Struktur besitzt. Er hatte sogar seine Feldgleichungen um einen Term (λ-Glied) erweitert, um die Vakuumlösungen auszuschließen. Zu seiner großen Überraschung und Enttäuschung fand Willem deSitter aber eine Lösung der Gleichungen mit diesem λ-Glied und verschwindender Materiedichte. Es ergab sich also, daß der kosmologische Term nicht das Auftreten von Trägheit relativ zum Raum, anstatt relativ zu den Massen, verhindern konnte. Es gelang Einstein nicht, die deSitter-Lösung als eine unphysikalische, unanwendbare Lösung auszuweisen. 1923 zeigten dann Eddington und Hermann Weyl, daß die deSitter-Welt sogar so etwas wie eine innere Aktivität besitzt. Probekörper, die man in einer solchen Welt kontrafaktisch einführt, werden auseinandergezogen. Diese innere Zerstreuungstendenz zeigt an, daß der leere Raum antimachische Qualitäten besitzt.

In späteren Jahren wurde Einsteins Stellung zum Mach-Prinzip immer negativer. Er sah ein, daß dieses Prinzip, das auf einer mechanischen Konzeption von Massenpunkten aufbaut, generell in Konflikt mit der Feldauffassung steht.[27] 1954 drückte er in einem Brief an Pirani die Überzeugung aus: «Von dem Machschen Prinzip sollte man eigentlich überhaupt nicht mehr sprechen.»[28] Die Wissenschaftsgemeinde ist diesem Appell allerdings nicht gefolgt. Das Mach-Prinzip hat viele Deutungen erfahren; immer neue Realisierungen dieses Planes sind versucht worden.[29] Das späte Verhältnis von Einstein zu Mach wird wohl am besten durch seinen Ausspruch von 1947 umrissen: «Ich sehe Machs wahre Größe in der unbestechlichen Skepsis und Unabhängigkeit.»[30] In diesen Worten ist die größte Gemeinsamkeit zwischen beiden Denkern ausgedrückt.

In besonders enger Beziehung steht Einstein zu Max Planck, und zwar durch die Entdeckungen, welche im Rahmen der älteren *Quantentheorie* gemacht wurden. Im Jahre 1900 fand Planck die allgemeine Funktion von Frequenz und Temperatur, von der man seit dem Kirchhoffschen Gesetz der schwarzen *Hohlraumstrahlung* wußte, daß sie existieren muß. In dieser allgemeinen Funktion, die die spektrale Dichte ϱ der schwarzen

Strahlung im thermischen Gleichgewicht ausdrückt, spielte das Wirkungsquantum die entscheidende Rolle. Planck und Einstein waren auf enge Weise durch die Arbeit am Strahlungsgesetz verbunden. In vielerlei Hinsicht verfolgten sie ähnliche wissenschaftliche Ziele. Beide hatten die Vereinheitlichung der Physik im Sinn.[31] Beide strebten nach einer Physik, deren metatheoretische Kriterien Objektivität und Elimination von anthropomorphen Begriffen waren, und beide äußerten sich skeptisch in bezug auf den Status der Quantenmechanik, obwohl jeder von ihnen bahnbrechende quantentheoretische Entdeckungen gemacht hatte. Planck und Einstein waren sich auch einig darin, daß wohl die Relativitätstheorie, nicht aber die Quantentheorie eine fundamentale Theorie sei. Die Plancksche Einstellung wird dadurch deutlich, daß er über Jahre hin versucht hat, klassische Gründe für das Auftreten des Wirkungsquantums zu geben, und Einstein hat sich, wie wir noch sehen werden, bemüht, zuerst die Inkonsistenz und dann die Unvollständigkeit der Quantentheorie nachzuweisen. Diese Einigkeit von Planck und Einstein ist besser zu verstehen, wenn man sie auf die ältere Quantentheorie bezieht, die in der Tat keine sehr geschlossene Theorie war. Sie war mehr eine der klassischen Mechanik und Elektrodynamik aufgepfropfte Gruppe von Regeln, die aus sich heraus sehr uneinsichtig waren. Es war gar nicht leicht zu verstehen, daß beschleunigte Elektronen, die auf dem niedrigsten Energieniveau den Kern umkreisen, nicht strahlen sollten. Planck und Einstein waren sich klar, daß die Quantentheorie von Anfang an Züge enthielt, die einen Bruch mit der traditionellen Physik suggerierten. Das gilt für Plancks Strahlungsformel ebenso wie auch für Einsteins Gleichung, die den Photoeffekt beschreibt, für Einsteins Formel für die spezifische Wärme genauso wie für Bohrs Berechnung der Rydberg-Konstante im Rahmen des älteren Atommodells. Planck drückt dies sehr deutlich aus: «Entweder war das Wirkungsquantum nur eine fiktive Größe; dann war die ganze Deduktion des Strahlungsgesetzes prinzipiell illusorisch und stellte weiter nichts vor als eine inhaltsleere Formelspielerei, oder aber der Ableitung des Strahlungsgesetzes lag ein wirklich physikalischer Gedanke zugrunde; dann mußte das Wirkungsquantum in der Physik eine fundamentale Rolle spielen, dann kündigte sich mit ihm etwas ganz Neues, bis dahin Unerhörtes an, das berufen schien, unser physikalisches Denken, welches seit der Begründung der Infinitesimalrechnung durch Leibniz und Newton sich auf der Stetigkeit aller ursächlichen Zusammenhänge aufbaut, von Grund auf umzugestalten.»[32]

Einstein war sich mit Planck darin einig, daß Neuerungen notwendig seien, aber sie sahen die Neuerungen immer als Extensionen, als Erweiterungen oder Einbettungen der alten Theorie, nicht als Brüche. Selbst revolutionäre Theorien sollten mit ihren Vorgängern durch Korrespondenzen verbunden sein. Diese Korrespondenzen erklären, warum die

Vorgängertheorien so lange Erfolg hatten und wo wir sie nach wie vor verwenden dürfen, wo das Alte aufhört und das Neue beginnt. Planck und Einstein waren beide davon überzeugt, daß der geordnete Übergang zwischen alter und neuer Theorie das entscheidende Element des Erkenntnisfortschrittes darstellte. Ganz anders als die Autoren der *neueren* Quantenmechanik (Heisenberg, Born, Pauli), die viel eher geneigt waren, den Bruch in Kauf zu nehmen, waren Planck und Einstein synthetische Denker. Sie waren nicht geneigt, den Zerfall, den die Quantenmechanik suggeriert, in Kauf zu nehmen, den Zerfall der Welt in eine klassische Domäne und in eine Quantendomäne. Daß beide hier das richtige Gespür hatten, bestätigte sich dann in späteren Jahren. Die Korrespondenz von klassischer Mechanik und Quantenmechanik jedoch ist ein nach wie vor ungelöstes Problem.

Wenn es um die Beeinflussung Einsteins geht, müssen wir noch zwei weitere Namen erwähnen: Hendrik Antoon Lorentz und Henri Poincaré. Beide sind mit ihren Arbeiten tief in die Entstehungsgeschichte der SRT verwoben. Poincaré war primär Mathematiker, aber auch ein sehr guter Kenner der Maxwellschen Elektrodynamik. Darüber hinaus hat er bedeutsame Stellungnahmen zur Rolle der Physikalischen Geometrie abgegeben. Er vertrat den sogenannten konventionalistischen Standpunkt, die Position, wonach mit einer empirischen Prüfung der physikalischen Geometrie kein kontrollierbarer Sinn verbunden werden kann. Einstein hat dem seinen qualifizierten Empirismus entgegengesetzt, wonach nach bestimmten Verabredungen über die Semantik der geometrischen Terme Aussagen über die Struktur des Raumes empirisch entscheidbar werden. Persönlich muß das Verhältnis zwischen beiden als distanziert bis kühl bezeichnet werden. Poincaré hat, wie wir in einem späteren Abschnitt sehen werden, wichtige Vorarbeiten zur SRT geleistet, sich dann aber nicht der neuen Perspektive der fertigen Theorie anschließen wollen. Noch 1911 auf der 1. Solvay Konferenz ließ Poincaré keine Sinneswandlung erkennen. Daß es sich dabei nicht nur um schlichte Prioritätsprobleme gehandelt haben kann, zeigt der Vergleich mit Einsteins Verhältnis zu Lorentz.[33]

Für Hendrik Antoon Lorentz empfand Einstein stets besondere Hochachtung. Lorentz hat in seiner Theorie von 1892[34] versucht, eine einheitliche feldtheoretische Beschreibung der Materie zu liefern. Sie war der Hintergrund, vor dem sich die SRT entwickelte. In dieser Theorie sind die Quellen des elektromagnetischen Feldes die Elektronen, sie bewegen sich in einem allesdurchdringenden stationären Äther. Alle Grundgleichungen gelten ausschließlich in einem Bezugssystem, das in diesem Äther ruht. Die Lorentz-Theorie arbeitet also mit einem ausgezeichneten Äthersystem und gerade an der begrifflichen Problematik der privilegierten Bezugssysteme entzündete sich dann jene Diskussion, die zur Relativitätstheorie führte. Lorentz konnte bedeutende Erfolge für seine Theorie verzeichnen. 1895 gelang es ihm, die negativen Resultate der Ätherdriftmessung zu erklären. Alle Experimente erster Ordnung, die also nur von v/c abhängen, konnte er durch seinen Vorschlag zur Abänderung der Galileischen Transformation auffangen. Damit ließ sich zwar nicht das berühmte Michelson-Morley-Experiment erklären, denn das ist von der zweiten Ordnung in v/c, aber für dieses schlug er dann die berühmt gewordene Kontraktionshypothese vor. In der Lorentzschen Theorie tritt zum erstenmal eine neue lokale Zeitkoordinate auf. Seine Elektronentheorie verletzt damit Newtons Galileisches Prinzip der Relativität. Diese Unvereinbarkeit von klassischer Mechanik und klassischer Elektrodynamik in bezug auf das Transformationsverhalten hat eine starke heuristische Wirkung in bezug auf die Relativitätstheorie ausgeübt. Lorentz' großes Ziel war die Herstellung eines elektromagnetischen Weltbildes. Die Gesetze der Mechanik sollten sich von der elektromagnetischen Feldtheorie ableiten lassen. Die Masse des Elektrons soll aus den Selbstfeldern oder der Selbstwechselwirkung des Elektrons entstehen. In einer derartigen Theorie müßte die Masse abhängig sein von der Geschwindigkeit des Elektrons durch den Äther. Die Experimente, die Walter Kaufmann ab 1901 in Göttingen durchführte, wiesen in der Tat darauf hin, daß die Masse des Elektrons unbegrenzt anwächst, wenn sich die Geschwindigkeit der Lichtgeschwindigkeit nähert. Im Jahre 1904 schlug Lorentz eine Theorie vor, in der das Elektron deformierbar ist, eine Kontraktion erfährt, wenn es bewegt wird, und in der die negativen Resultate aller Äther-Drift-Experimente für alle Ordnungen in v/c erklärt werden können. Lorentz' Theorie des Elektrons wurde von den meisten Physikern, auch von Einstein, als ein Meilenstein auf dem Weg zu einer reinen feldtheoretischen Beschreibung der Natur angesehen. In ihr haben, verglichen mit der Relativitätstheorie, Postulate und abgeleitete Theoreme einen verschiedenen Status. In der Lorentz-Theorie wird erklärt, warum die Lichtgeschwindigkeit in einem Inertialsystem, gemessen in allen Richtungen, gleich dem Wert c ist. Für diese Erklärung braucht Lorentz aber Zusatzhypothesen, nämlich die früher erwähnte neuartige Raumzeit-Transformation und die Kontraktionshypothese. Lorentz hat die entscheidende Problemsituation geschaffen, für die Einsteins Arbeit zur Elektrodynamik bewegter Körper die einschlägige Lösung brachte.

Anders als mit Poincaré wurde das menschliche Verhältnis zwischen Einstein und Lorentz auch dann nicht getrübt, als Lorentz sich trotz der SRT nicht vom vorrelativistischen Standpunkt trennen konnte. Einstein hat die Vorläuferrolle von Lorentz' Theorie stets anerkannt, auch wenn er der Fortführung des absolutistischen Forschungsprogrammes keinen Sinn mehr abgewinnen konnte.

II.
Einstein, ein Philosoph?

Arthur Schilpp nennt in seinem Band Einstein einen «Scientist-Philosopher», also einen Naturwissenschaftler und Philosophen, und viele Autoren haben sich bereits bemüht, sowohl die implizite Erkenntnistheorie in seinen physikalischen Arbeiten als auch seine expliziten Äußerungen über die Methode der Physik in einen kohärenten Kontext zu fassen. Einsteins Doppelrolle als Einzelwissenschaftler und Philosoph wurde allerdings von einigen Autoren massiv bestritten. So hat sich etwa Peter Janich in seinem Beitrag zum Einstein-Symposion in Berlin 1979 folgendermaßen geäußert: «Einsteins ‹gelegentliche Äußerungen erkenntnistheoretischen Inhalts›, (...) zählen meines Erachtens nicht zu seinen großen Leistungen (...) Vom heutigen Standpunkt der Diskussion in der Wissenschaftstheorie hält kein wissenschaftstheoretischer Beitrag Einsteins der Überprüfung stand.»[1]

Enthalten nun Einsteins Arbeiten zur Erkenntnis- und Wissenschaftstheorie wirklich nur Belangloses, über die der professionelle Philosoph getrost lächeln darf? Oder verbirgt hier ein Berufsphilosoph hinter einer gewissen Überheblichkeit seine Enttäuschung darüber, daß man erkenntnistheoretische Grundprobleme so einfach und mit so geringem Aufwand an pompösem Fachjargon formulieren kann? Es ist wohlbekannt, daß manche Philosophen eine ausgeprägte Neigung zu einem verbalen Manierismus haben und frustriert sind, wenn sie ihre kunstvollen Sprachgebilde mit schlichten, aber treffenden Formulierungen konfrontiert sehen.[2] Zudem bereitet vielleicht auch die Erkenntnis, daß ein Fachfremder in die eigene Domäne eingedrungen ist und hier Wesentliches zur Diskussion beigetragen hat, einiges Unbehagen.

Sehen wir uns Einsteins Analysen zum Erkenntnisproblem an und versuchen wir selbst zu beurteilen, ob ein Trivialitätsvorwurf gerechtfertigt ist! Seine Absicht war klar. Einstein hat es immer wieder als Desiderat bezeichnet, parallel zu seinen fachwissenschaftlichen Arbeiten die zugehörige Erkenntnistheorie zu formulieren. Er faßte das Verhältnis zwischen Philosophie und Wissenschaft als Wechselwirkung auf: «Die gegenseitige Beziehung von Erkenntnistheorie und Wissenschaft ist von merkwürdiger Art. Sie sind aufeinander angewiesen. Erkenntnistheorie ohne Kontakt mit der Wissenschaft wird zum leeren Schema. Wissenschaft ohne Erkenntnistheorie ist – *soweit* überhaupt denkbar – primitiv und verworren.»[3] Damit soll folgendes ausgedrückt werden: Reine Erkenntnistheorie, die sich nicht darum kümmert, wie sich die Regeln, die sie erarbeitet hat, in der wissenschaftlichen Praxis bewähren, erzeugt Leerlauf und Spielerei. Reine Wissenschaft, die sich um ihre Methode keine Gedanken macht, wird vor allem dann, wenn sich die begrifflichen Grundlagen im Umbruch befinden, ziellos in dem Sinne, daß sie letztendlich nicht mehr weiß, worüber ihre Theorien eigentlich reden. Ein eklatantes Beispiel für eine solche Unsicherheit in der semantischen Referenz einer Theorie ist bei der Quantenmechanik zu sehen, wo fast jedes Lehrbuch eine andere Angabe darüber macht, worauf der Zustandsvektor bzw. die Wellenfunktion ψ sich bezieht.

Die Frage bleibt natürlich offen, warum sich der Einzelwissenschaftler selber mit erkenntnistheoretischen Problemen befassen muß. Warum kann man nicht einfach eine Arbeitsteilung durchführen? Man könnte die Aufgaben doch trennen: Semantik, Methodologie und Forschungsverfahren werden vom Wissenschaftstheoretiker analysiert, während der Einzelwissenschaftler selbst entweder neue Theorien entwirft oder neue Anwendungsbereiche bereits existierender Theorien ausfindig macht. Eine solche arbeitsteilige Strategie übersieht jedoch, daß es ein Kompetenzproblem gibt. Es hängt von der Eindringtiefe des Wissenschaftstheoretikers ab, welche Typen von metatheoretischen Problemen ihm noch zugänglich sind. Jenseits dieser Grenze kann er keinen nützlichen Beitrag mehr zur Problemanalyse leisten.

Einstein begründet seine Präferenz einer wissenschaftstheoretischen Reflexion des Einzelwissenschaftlers mit dem Argument, daß «er nur selber am besten weiß und fühlt, wo ihn der Schuh drückt»,[4] und läßt damit durchblicken, daß er den meisten Philosophen nur ein oberflächliches Wissen von den physikalischen Theorien zutraut, so daß sie an die neuralgischen Punkte, dort, wo wirklich methodische Klärungsarbeit geleistet werden muß, nicht herankommen.

Für seine eigene erkenntnistheoretische Tätigkeit ist es bemerkenswert, daß er oft gleichzeitig oder mit wenig zeitlichem Verzug nach einer Entdeckung über die methodischen Probleme reflektiert, die diese Entdeckung aufwirft, und diese Reflexionen auch niederschreibt. Nicht lange nach der Formulierung der Feldgleichungen der ART schreibt er seinen berühmten Essay über Geometrie und Erfahrung, wo er den neuen Status der physikalischen Geometrie aufgrund seiner Gravitationstheorie überdenkt.[5] Kurz nach der Veröffentlichung des EPR-Arguments reflektiert er in einer umfangreichen Arbeit das Realitätsproblem der Physik.[6] Mit dieser Vorgangsweise steht er in der Tradition von zwei anderen Physiker-Philosophen, die einen ähnlich großen Anteil ihrer Zeit der erkenntnistheoretischen Reflexion gewidmet haben, nämlich Henri Poincaré und Ernst Mach. Trotz inhaltlich verschiedener Epistemologie sind in Stil, Darstellung und in bezug auf die erkenntnisreflexive Einstellung deutli-

den Autoren zu erkennen. Beide
m Bekenntnis einen direkten Ein-
en.
heorie näher ansehen, so können
ch von analytischen Philosophen
ı wissenschaftlichen Denken eine
erstandes zu sehen.[7] «Alle Wis-
Denkens im Alltag»,[8] deshalb
ıur um *ein* Modell für die Erfah-
Erkenntnistheorie hat sich Ein-
ief an Maurice Solovine vom
ıacht Einstein eine kleine Skiz-

tem der Axiome

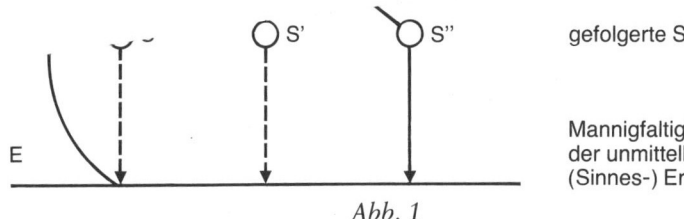

Abb. 1

Er verbindet darin drei theoretische Ebenen, das System der Axiome A, die gefolgerten Sätze S, S' und S" und die Mannigfaltigkeit der unmittelbaren Sinneserlebnisse E.

Die Sinneseindrücke von E sind uns gegeben, genauer gesagt ist nur ein Teil der Punkte von E empirisch gegeben, und selbst dieser Teil ist im Rohzustand eine Phänomenvielfalt vom Typ einer chaotischen Menge. Nicht einmal Halluzinationen und Artefakte des Sensoriums sind hier getrennt. Phänomene sind innerlich noch ohne Ordnungsstruktur. Einstein hält nichts vom unverfälscht Gegebenen, das reine Information über die Realität liefert und über das anschließend theoretisiert werden kann. Über der im Prinzip unbegrenzten Ebene E schwebt das Axiomensystem A, den eingezeichneten Pfeil, der von E nach A weist, nennt er Spekulation, Konstruktion oder Intuition. «Psychologisch beruht A auf E. Es gibt aber keinen logischen Weg von den E zu A, sondern nur einen intuitiven (psychologischen) Zusammenhang, der immer ‹auf Widerruf› ist.»[11] Mit anderen Worten, die Beobachtungen wirken als Motivatoren, als Anreger, Probleme zu *erzeugen*, aber Einstein sieht klar, daß es einen induktiven Weg vom Empirischen zur Theorie, wie ihn etwa noch Newton in seinem Selbstverständnis vollzogen hatte, nicht gibt. Der spekulative Sprung ist schwer analysierbar und auch schwer lehrbar. Wenn wir an den Fall der SRT denken, den wir später noch genauer schildern werden, sehen wir, daß er aus einigen Experimenten wie der Aberration, der partiellen Äther-Mitführung von Fresnel und einigen Asymmetrien der Beschreibung in der Elektrodynamik zu einer Vermutung gelangt, die er dann zur Voraussetzung erhebt. In dieser Setzung steckt natürlich das gesamte theoretische Risiko. Einstein hat vielfach versucht, den Weg zur Theorie zu verstehen. Der logische Sprung existiert auf der Begriffs- und auf der Aussageebene. Die Sinneseindrücke führen nicht zu einem eindeutigen Satz von Grundbegriffen, hier ist eine Setzung vonnöten. Die Sinneseindrücke führen ebensowenig zu einem festen Aussagensystem, auch hier ist ein Schritt der Hypothesensetzung notwendig. Aus autobiographischen Mitteilungen wissen wir, daß Einstein hier zweifellos von Hume beeinflußt war. Er hatte dessen Induktionskritik aufgenommen, und zudem zeigten ihm Beispiele aus der Wissenschaftsgeschichte, daß die Annahme eines eindeutigen Weges von der Erfahrung zur Theorie vielfach in die Irre geführt hatte. Dadurch war es zu Blockaden in der Theorienbildung gekommen, etwa zu der fixen Vorstellung, die euklidische Geometrie müsse die physikalische Geometrie sein, oder auch zur festgefahrenen Überzeugung, eine absolute Zeit müsse notwendig als die einzig mögliche physikalische Zeit betrachtet werden.

Wenn wir den zweifachen, nicht deduktiv zu rechtfertigenden Sprung konstatieren, wird uns auch eine zweifache Vorläufigkeit in der Geltung der Theorien klar. Begriffe können unanwendbar werden in extremen Situationen der Natur, und Aussagensysteme können scheitern, wenn unvorhersehbare, ungewöhnliche Formen auftauchen. Eines betont Einstein immer wieder, das Begriffssystem, also die Basisbegriffe und ihre Verknüpfungen, sind freie Schöpfungen des menschlichen Geistes. Damit stellt er sich den in den 20er und 30er Jahren herrschenden wissenschaftstheoretischen Positionen, wie etwa dem Positivismus und dem logischen Empirismus, entgegen. Damals versuchte man, das Basisproblem zu lösen, das darin bestand, eine unbezweifelbare Erfahrungsbasis für die Theorienkonstruktion zu gewinnen. Auch der Machschen Erkenntnistheorie ist die in dem Brief an Solovine dargelegte Rekonstruktion entgegengesetzt. Theoretisieren besteht nicht darin, denkökonomische Relationen zwischen Observablen zu finden, wobei unmittelbar an den Phänomenen abgelesen werden kann, was eine Observable ist. Mit der Idee der freien Schöpfung des Begriffssystems ist auch ein konsequenter Fallibilismus verbunden. Die konstruktive Komponente erzeugt eine grundsätzliche Offenheit und die Bereitschaft, neue Ideen einzusetzen. Es paßt zu dieser Einsteinschen Grundeinstellung, daß er keine besonderen Hemmungen hatte, mit revolutionären Begriffen wie Lichtquanten oder Riemannschen Räumen mit variabler Krümmung zu arbeiten.

Es kann nicht als ein Gegensatz zum eben Gesagten angesehen werden, daß Einstein in bezug auf seine Grundbegriffe gelegentlich operationale Formulierungen gebraucht. Wenn er im § 1 seiner klassischen Arbeit zur Elektrodynamik bewegter Körper für Zeit, Raum und den starren Körper operationale Bestimmungen fordert, so hat dies mit der Einführung seiner SRT zu tun, die, wie wir früher betont haben, einen didaktischen Kern besitzt, um bestimmte Unklarheiten der Begriffe in den Äthertheorien zu überwinden.

Auch Einfachheit und Sparsamkeit in den Begriffssystemen ist für ihn ein Desiderat. Es war für ihn ein unbefriedigender Zug der klassischen Mechanik, daß darin die Masse in zwei Bedeutungen vorkommt, die träge Masse in den Bewegungsgleichungen und die schwere Masse in den Gravitationsgleichungen. Diese Doppeldeutigkeit wollte er in der ART überwinden.

Einsteins weitere Schritte in seinem Erkenntnismodell verraten klar eine Strategie, die man heute das hypothetisch-deduktive Denken nennt. Aus der Axiomenbasis werden Einzelaussagen abgeleitet, S, S′, S″.... Um noch einmal das Beispiel der SRT vorwegzunehmen: Wenn Relativitätsprinzip und die Konstanz der Lichtgeschwindigkeit vorausgesetzt werden, dann impliziert dies die Lorentz-Transformation, die Relativität der Gleichzeitigkeit, die Längenkontraktion, die Zeitdilatation und bestimmte Aussagen über meßbare Eigenschaften des Elektrons. In einem letzten Schritt werden nun die Folgerungen S, S′ und S″ zu den beobachtbaren Ereignissen E in Beziehung gesetzt. Einstein sieht hier schon eine Problematik, die später ausführlich in der analytischen Philosophie behandelt werden sollte.[12] Die S, S′, S″... enthalten theoretische Begriffe, die nicht ohne Zusatzkonstruktionen mit den Sinneswahrnehmungen zur Deckung zu bringen sind, weil diese in einer anderen, nämlich einer empirischen Sprache ausgedrückt sind. Hier läßt sich nicht rein analytisch verfahren. Man braucht nichttriviale synthetische Brücken zwischen der theoretischen und der empirischen Sprache. Erst wenn eine solche Überbrückung geglückt ist, kann man von einer positiven Stützung einer Annahme sprechen.

Heute etwas aus der Mode gekommen, aber lange Zeit im wissenschaftstheoretischen Gespräch war die Auseinandersetzung zwischen Verifikationismus und Falsifikationismus. Kann man Einstein hier einordnen? Nun, er spricht davon, daß sich das gesamte Schema E → A → S → E bewährt habe. Aber was versteht er darunter? Er wußte natürlich, daß richtige Prognosen aus falschen Axiomen abgeleitet werden können. Eine positive Instanz bedeutet deshalb keine Gewißheit, daß die Theorie stimmt, und auch hohe Zahlen von Bestätigungen geben keine Sicherheit. Experimentelle Daten sind oft fehlerhaft, wie Einstein bei einer Prüfung seiner SRT selber erfahren sollte. Er fordert daher von einer Theorie zwei Dinge,[13] erstens äußere Bewährung und zweitens innere Vollkommenheit. Das erste Kriterium bestimmt er so, daß die Theorie den Erfahrungstatsachen nicht widersprechen darf, d.h. er verwendet Bewährung im Sinne fehlender Falsifikation. Dabei weiß er natürlich um den psychologischen Unterschied von Verifikation und Falsifikation. Die Experimentatoren wünschen sich Bestätigungen, diese sind aber im logischen Sinne nicht definitiv entscheidend, auch bei vielen positiven Stützen kann man noch skeptisch gegenüber einer Theorie sein. Innere Vollkommenheit ist eine Kategorie, die bei Wissenschaftstheoretikern nie analysiert wird. Sie ergänzt die empirische Bewährung, denn der spekulative Sprung von der Erfahrungsbasis E zum Axiomensystem A der Theorie ist ja nicht eindeutig. Warum wählt man nicht ein Axiomensystem A' oder A", das möglicherweise die vorhandenen Daten gleich gut abdeckt? Wie wählt man denn hier aus der theoretischen Vielfalt überhaupt aus? Wir kennen ausreichend viele wissenschaftshistorische Situationen, die mit dieser Frage belastet waren. Eine zeitlang waren Ptolemaios', Tychos und Kopernikus' Bewegungsmodell der Planeten ungefähr gleich gut in Einklang mit den astronomischen Daten. In solchen Situationen spielen «weiche» Kategorien wie die innere Vollkommenheit eine heuristische Rolle. Sie haben verschiedene Namen: Natürlichkeit oder logische Einfachheit der Prämissen kann den Ausschlag geben, oder es wird gefordert, daß eine Theorie kein Flickwerk darstellen soll, wo bei Falsifikationen immer wieder willkürlich die Axiomenbasis verändert werden kann.[14] Einstein wußte, daß alle diese weichen Kategorien nur schwierig begrifflich exakt zu fassen sind. Es wäre oberflächlich, einfach nur die Axiome abzuzählen und der Minimalzahl bei der Auswahl des Axiomensystems den Vorrang zu geben. Man muß die Axiome auch inhaltlich gewichten. Hier geht vermutlich intuitives Vorwissen ein, das nicht immer reflektiert wird. Beim Einsatz einer solchen Hintergrundmetaphysik tritt natürlich die Rechtfertigungsfrage auf. Einsteins vielleicht nicht mehr weiter hinterfragte Überzeugung war es,[15] daß die Natur so einfach gebaut ist, daß die Gesamtheit aller Phänomene mit einer unitären Theorie, die der Kategorie der inneren Vollkommenheit genügt, erfaßbar ist. Dieses rationalistische Ziel hat ihn vor allem in der späteren Zeit beherrscht: «Wir wollen nicht nur wissen, wie die Natur ist (und wie ihre Vorgänge ablaufen) sondern wir wollen nach Möglichkeit das utopische und anmaßend erscheinende Ziel erreichen zu wissen, warum die Natur *so und nicht anders ist.*»[16]

Mit dem bloßen Aufzeigen einer solchen ontologischen Einfachheitsvorstellung ist natürlich nicht die Annahme gerechtfertigt, daß sie auch zutrifft; somit bleibt die Frage offen, ob sich überhaupt eine bestimmte Restriktion beim spekulativen Sprung der Theorienkonstruktion argumentativ stützen läßt. Herrscht hier wirklich totale Willkür und Irrationalität, kann man etwa die Theorienauswahl auch erwürfeln? Einstein hat selber versucht, hier eine Formulierung zu finden: Der Sprung ist frei, aber nicht beliebig.[17] Es gibt Denkschemata, die zwar nicht identisch sind mit Kantischen Kategorien, weil sie nicht unabänderlich durch die Natur des Verstandes bedingt sind, die aber doch notwendig sind, weil in einem begrifflichen Vakuum ein theoretischer Ansatz gar nicht auf den Weg gebracht werden könnte. Es ist auch unglaubwürdig, daß ein Mensch einmal die unabänderlichen, absolut gültigen Kategorien der Erkenntnis findet, die dann nie wieder in Frage gestellt werden können. Gerald Holton hat für diese Einsteinschen, nichtkantischen Kategorien den Namen Themata geprägt.[18] Alle schöpferischen Forscher verwenden in der Theorienkonstruktion Themata. Sie haben die Rolle von einschränkenden Bedingungen, die die irrationale Beliebigkeit und Willkür begrenzen. Bei Einstein tauchen folgende Leitideen auf:[19]

1. Formale Bedingungen bei der Wahl des mathematischen Instrumentariums (z. B. Bevorzugung partieller Differentialgleichungen)
2. Vereinheitlichung (z. B. möglichst wenig getrennte Kräfte oder Wechselwirkungen)
3. Universelle Reichweite (d. h. Übertragbarkeit eines Gesetzes auf alle Elemente des Gültigkeitsbereiches)
4. Sparsamkeit in den sprachlichen Mitteln und im ontologischen Aufwand (d. h. Begrenzung der Zahl der Klassen von Entitäten)
5. Notwendigkeit (d. h. die Annahmen sollen einen gewissen physikalisch zwingenden Charakter besitzen)
6. Symmetrie (d. h. Symmetrien in den Phänomenklassen sollen durch ebenso symmetrische Theorien beschrieben werden)
7. Einfachheit (zu verwickelte Theorien sind schwieriger zu testen als einfachere)
8. Kausalität (eine Theorie soll das Eintreten von Ereignissen berechenbar machen)
9. Vollständigkeit (alles über ein System Sagbares soll die Theorie ausdrücken)
10. Kontinuum (unerklärbare Diskontinuitäten in den Prozessen sind zu vermeiden)

Diese Leitideen, die in begrifflicher Hinsicht nicht ganz ohne Überschneidungen und auch nicht alle scharf umrissen sind, lassen verstehen, warum Einstein bestimmte Theorien ablehnte, obwohl sie empirisch gestützt waren; sie beruhten eben auf anderen Themata.

Auch in der Auseinandersetzung zwischen rivalisierenden Theorien, die partielle Überdeckungen in der Erklärungsleistung besitzen, kann die Wirkung der Themata im Sinne von Filtern verstanden werden. Von den unendlich vielen logisch möglichen Theorien werden eben mittels dieser Themata Theorien weggefiltert. Diese Ideen sind von professionellen Erkenntnistheoretikern sehr selten behandelt worden und zwar deshalb, weil sie den Entstehungszusammenhang gerne als unanalysierbar betrachten, manchmal auch daran uninteressiert sind und sich fast ausschließlich mit dem Rechtfertigungsproblem befassen. Der Einzelwissenschaftler selbst kann sich aber nicht nur auf den Rechtfertigungszusammenhang konzentrieren, er steht ja unmittelbar vor der Konstruktionsaufgabe.

Wir begannen unsere Überlegungen zur Frage, ob Einstein eine philosophische Leistung erbracht hat, mit einer Darlegung der offenkundigen Ablehnung von Einsteins Metatheorie durch einen Vertreter der Protophysik. Der Gegensatz zwischen beiden Ansätzen ist verstehbar. Einsteins Wissenschaftstheorie beginnt nicht mit der Analyse der Funktion von Werkzeugen und makroskopischen Laborgeräten, mit operationalen Definitionen der Grundbegriffe, sondern mit der Theorie selbst. Schon bei der Analyse der Quantentheorie waren wir auf die Einstein-Heisenberg-Auseinandersetzung gestoßen, die nach dessen Vortrag in Berlin stattfand. Im Verlauf ihres Gespräches fiel der Einstein-Satz: «Erst die Theorie entscheidet darüber, was man beobachten kann».[20] Die Gegensätzlichkeit in den methodologischen Auffassungen kann man anhand eines Beispiels verdeutlichen, das uns später noch beschäftigen wird, nämlich an dem Michelson-Morley-Experiment.[21] Aufgrund von Newtons Theorie der absoluten Raumzeit gibt es zumindest prinzipiell ideale starre Maßstäbe. Unter dieser Voraussetzung beobachtet man mit dem Michelson-Morley-Inferometer, wenn es um 90° gedreht wird, die Ausbreitung des Lichtes durch den Raum. Aufgrund der relativistischen Theorie der Minkowski-Raumzeit gibt es dagegen keinen perfekten starren Körper, man beobachtet also mit demselben Experiment den Grad der Starrheit der Instrumentalanordnung. Erst die Theorie entscheidet also, ob das Inferometer als Driftmesser oder als Starrheitsmesser dient, ob ein optischer oder elastischer Effekt gemessen wird. Dieser Primat der Theorie steht in krassem Gegensatz zum Ansatz der Protophysik.[22]

Janichs Abwertung von Einsteins Erkenntnistheorie hat also zweifellos auch inhaltliche Gründe. Einstein hat sich in seiner Beantwortung von Bridgmans Beitrag zum Schilpp-Band stark gegen den Operationalismus gewandt; er hat sich eindeutig dagegen ausgesprochen, daß die Basisterme einer Theorie in Begriffen makroskopischer Laboroperationen ausgedrückt werden müssen, anders ausgedrückt, daß der Sinn der Terme durch Meßanweisungen definiert würde. «Damit ein logisches System [ein abstrakter mathematischer, ungedeuteter Kalkül] als physikalische Theorie betrachtet werden könne, ist nicht notwendig zu verlangen, daß alle ihre Aussagen selbständig ‹operationally› gedeutet und ‹getestet› werden können; dies ist de facto noch von keiner Theorie geleistet worden und kann auch gar nicht geleistet werden. Damit eine Theorie als physikalische Theorie betrachtet werden könne, ist es nur nötig, daß sie überhaupt empirisch prüfbare Aussagen impliziert.»[23] Damit hat Einstein in der Tat eine sehr liberale Auffassung von theoretischen Aussagen und ihren transobservablen Termen ausgedrückt. In der Philosophie bedurfte es einer langen Entwicklung, bis der Sensualismus Machs, Russells logischer Atomismus und Wittgensteins These, daß alle komplexen Aussagen Wahrheitsfunktionen der Elementaraussagen sind, von einer Auffassung abgelöst worden sind, die derjenigen Einsteins entsprach.

Man sieht dies sehr schön, wenn man die Entwicklung der Positionen in der professionellen Wissenschaftsphilosophie betrachtet. In seinem «logischen Aufbau der Welt» geht Rudolf Carnap im Jahre 1928 noch von einer als sicher erachteten Wahrnehmungsbasis aus, wobei durch logische Konstruktionsvorschriften das gesamte höher organisierte Wissen aufgebaut werden soll. In «Testability and Meaning» (1936) wird dieser Empirismus bereits abgeschwächt. Die Beziehung zwischen den epistemisch abstrakten Schlüsseltermen der Theorien und den Begriffen der empirischen Basis, die sich auf beobachtbare Eigenschaften materialer Dinge beziehen, wird indirekter. Statt expliziter Definitionen werden nun Reduktionssätze vorgeschlagen, aber auch sie reichen bald nicht mehr aus, um die theoretischen Terme zu eliminieren. In Carnaps Werk «Foundations of Logic and Mathematics» von 1939 wird eine wissenschaftliche Disziplin als ein Kalkül behandelt. Die Axiome sind die Grundgleichungen des Gebietes, der Kalkül ist uninterpretiert und das Netz theoretischer Grundbegriffe ist durch Axiome verbunden (freely floating system). Mittels der Grundbegriffe kann man neue Begriffe definitorisch einführen, einige von ihnen werden dann durch semantische Regeln mit den Observablen verknüpft. Dies ist schon näherungsweise das Zwei-Sprachen-Modell, wobei man es auf der einen Seite mit einer voll gedeuteten empirischen Beobachtungssprache zu tun hat und auf der anderen Seite mit einem Netz abstrakter Terme, die untereinander durch eine theoretische Sprache verknüpft sind. Zwischen beiden Ebenen vermitteln Korrespondenzregeln und sorgen dafür, daß die Empirie mit der Theorie verbunden wird. Das Zwei-Sprachen-Modell beruht auf einer effektiv vorliegenden Dichotomie von Beobachtungstermen und theoretischen Termen. Diese war auch für die Schwierigkeiten dieses Ansatzes verantwortlich, denn es ist doch die Frage, wie man diese beiden Klassen von Termen in einer nichtkonventionellen Weise voneinander abgrenzt. Man denke nur an folgendes Beispiel: Beobachtungen können angestellt werden, indem man durch ein gewöhnliches Fensterglas blickt, eine Brille mit 2 Dioptrien aufsetzt, ein Lichtmikroskop gebraucht, ein Elektronenmikroskop einsetzt oder für die stärkste Auflösung ein Feldionenmikroskop verwendet, bei dem mit 10^7facher Vergrößerung noch Objekte mit 3 Å aufgelöst werden können. Zwischen den jeweiligen Bereichen des Auflösevermögens herrscht ein kontinuierlicher Übergang und es ist reine Willkür, Objekten oberhalb eines bestimmten Auflösevermögens einen theoretischen und solchen darunter einen empirischen Status zuzuordnen. Letztendlich ist schon die Erkenntnis theoretisch vermittelt, daß man durch ungeschliffenes Glas ungestört sehen kann. Auch das Sehen mit dem unbewaffneten Auge setzt eine physiologische Theorie voraus.

Wenn man an eine Wissenschaft denkt, die den Bereich zwischen den biologischen Makrosystemen und den physikalischen Mikrosystemen abdeckt, nämlich an die Chemie, dann ergibt sich auch noch das ontologische Argument der Grenzziehung. Aus der chemischen Valenztheorie kennen wir einen stetigen Übergang von kleinen zu immer größeren Molekülen, vom molekularen Wasserstoff zu mittelgroßen Molekülen wie Fettsäuren, Polypeptiden, Viren und zu extrem großen Molekülen wie dem Diamant und Plastikpolymeren. Die letzten sind bereits direkt beobachtbar, trotzdem sind sie echte Moleküle. Warum soll zwischen diesen Klassen eine Grenzlinie des sprachlichen und ontologischen Status' gezogen werden? Was für eine Schranke liegt denn zwischen einem Proteinmolekül, das man nur im Elektronenmikroskop sieht, und einem Polymermolekül, das man auch im optischen Mikroskop betrachten kann?[24] Es wurde immer klarer, daß die Grenzziehung zwischen echten Dingen, denen man einen ontischen Status, und fiktiven Dingen, denen man nur einen syntaktischen Auxiliarstatus zuordnen wollte, nicht sinnvoll ist. Einstein hat die Anerkennung des autonomen Dinges als etwas eigenständigem, auch dort wo es nicht beobachtet werden kann, in seinem Beitrag zum Schilpp-Band für Bertrand Russell formuliert. Er bezieht sich dabei auf Russells Buch «An Inquiry into Meaning and Truth». Angst vor der «Metaphysik» bezeichnet Einstein als Krankheit des gewöhnlichen empiristischen Philosophierens. Nur diese Angst habe Russell dazu gebracht, das «Ding» als Bündel von «sensorischen Qualitäten» aufzufassen. Dagegen wendet er sich: «Demgegenüber sehe ich keine ‹metaphysische› Gefahr darin, das Ding (Objekt im Sinne der Physik) als selbständigen Begriff ins System aufzunehmen in Verbindung mit der zugehörigen Zeit-räumlichen Struktur.»[25] Die innerphilosophische Entwicklung hat Einsteins Intuition völlig recht gegeben. Heute wird in der analytischen Philosophie durchaus wieder Ontologie mit dem Grundbegriff des Dinges getrieben.[26]

Noch an einem anderen Beispiel aus Einsteins eigener Theorie, die wir später noch genauer analysieren werden, sieht man, daß innerhalb eines relativ kurzen Zeitraums eine Verschiebung eines Terms vom theoretischen zum meßbaren Status auftreten kann, welche zu einem bestimmten Zeitpunkt gar nicht vorhersagbar war. Als die ART entstand, gab es wohl kaum eine epistemologisch abstraktere Größe als den Riemannschen Krümmungstensor. Inzwischen hat man Verfahren gefunden, die analog dazu, wie das elektromagnetische Feld über Probeladungen mit der Beobachtungsebene gekoppelt wird, die Krümmung der Raumzeit mit der geodätischen Deviation zweier benachbarter Testteilchen verbinden. Die Relativbeschleunigung beider Teilchen ist ein Indikator für das Gravitationsfeld, d.h. für die Raumzeit-Krümmung. Mit dem Gravitationsgradiometer beschreibt man statische und sich langsam verändernde Krümmungseigenschaften. Schnelle Veränderungen der Krümmung werden dann mit Gravitationswellenantennen getestet. Die Parallele besteht nun im Folgenden: Natürlich liegen theoretische Schritte zwischen der Torsion der orthogonalen Arme des Gradiometers und der Beobachtungsaussage: «Die Riemannsche Krümmung, die von einem 2 km hohen Berg in 15 km Entfernung hervorgebracht wird, ist $10^{-30}\,\mathrm{cm}^{-2}$.» Prinzipiell sind aber die Schritte logisch-strukturell nicht anders als beim Sehen mit einer 2 Dioptrien-Brille. Als vermittelnde Theorie fungiert hier nur anstatt Einsteins Gravitationstheorie die geometrische Optik. Es wäre ausgesprochen unfair, ein mit diesem Sehhilfsmittel betrachtetes Objekt als ein echtes Ding zu bezeichnen, die Krümmung der Raumzeit hingegen als etwas, was keinen ontologischen Status besitzt.

Mitte der 50er Jahre kamen auch Wissenschaftstheoretiker zu der Überzeugung, daß nicht das Austreiben theoretischer Entitäten, sondern ihre Anerkennung den Fortschritt bringt. Wir lesen dies in R. Carnaps intellektueller Biographie: «Das enorme Wachstum der Wissenschaft im letzten Jahrhundert hing wesentlich mit der Möglichkeit zusammen, sich auf unbeobachtbare Entitäten wie Atome und Felder beziehen zu können».[27] Die Wissenschaftstheoretiker haben sich lange Zeit bemüht, unter dem Einsatz bestimmter logischer Sätze Theorien so umzuformulieren, daß sie ausschließlich empirische Größen enthalten. Mittels Ramsey-Sätzen und dem Einsatz des sogenannten Craig-Theorems versuchte man, empirische Platzhaltertheorien zu konstruieren, die keine theoretischen Terme mehr enthalten. Es wurde schon von J. J. C. Smart gezeigt, daß das Ramsey-Verfahren keine ontologische Entscheidung erzwingen kann.[28] Hilary Putnam hat 1965 bewiesen, daß der Satz von Craig nur dann systematische Bedeutung besitzt, wenn man das Ziel der Wissenschaft in der deskriptiven Systematisierung von Beobachtungssätzen sieht.[29] Es soll hier nicht vertreten werden, daß die Diskussionen um den Ramsey-Satz und das Craig-Theorem umsonst waren, aber die Untersuchungen haben gezeigt, daß Einsteins naive Intuition von der Rolle der theoretischen Terme sich im Nachhinein besser begründen läßt als die gegenteilige Auffassung. Durch wissenschaftlichen Instinkt geleitet, hat er die Liberalisierung der Wissenschaftsphilosophie vollzogen, sich vom Machschen Phänomenalismus abgewendet zu einem erkenntnistheoretischen Realismus ohne Scheu. Man kann sich keinen größeren Gegensatz vorstellen als die Intuition Ramseys und die Einsteins, wenn man beidesmal etwa die 30er Jahre zugrunde legt. Ramsey formuliert seinen Hintergrund explizit: «Mein Weltbild hat den Charakter einer Perspektive und ist kein maßstabsgetreues Modell. Der Vordergrund dieses Bildes ist durch Menschen besetzt und die Sterne haben die Größe von 3-Pfennig-Stücken. Ich glaube nicht, daß die Astronomie mehr ist als eine komplizierte Beschreibung der menschlichen und vielleicht der tierischen Wahrnehmung.»[30] Motiviert durch ein solches phänomenalistisches Weltbild versuchte Ramsey nun, theoretische Terme durch Aggregate von Ersatztermen zu eliminieren. Bleiben wir im Bilde Ramseys, dann können wir es so formulieren: Einstein faßt die Sterne nicht als 3-Pfennig-große Sinneseindrücke auf, sondern diese werden als Auswirkung des realen Sternes auf eine sensorische Organisation verstanden. Einsteins Vordergrund ist nicht durch den Menschen besetzt, sondern durch die Welt im großen.

Alle diese vorstehenden Überlegungen zeigen meines Erachtens hinreichend, daß Janichs These von der Trivialität der Einsteinschen erkenntnistheoretischen Annahmen falsch ist. Einstein hatte genau die neuralgischen Punkte erfaßt, was dadurch belegt wird, daß zur gleichen Zeit und oft nur wenig später die gleichen Fragen in der innerphilosophischen Diskussion eine entscheidende Rolle spielten. Janich ist womöglich durch Einsteins einfache Sprache irregeführt worden. Eine einfache Diktion ist aber nicht gleichbedeutend mit mangelndem philosophischem Tiefgang.

Was können wir denn nun nach alledem als Einsteins Erkenntnistheorie betrachten? Es gibt viele Rekonstruktionsversuche; die am ehesten einleuchtende hat wohl Karl Popper gegeben, und die wollen wir hier verkürzt wiedergeben.[31] Popper sieht 10 Prinzipien in Einsteins reifer Erkenntnistheorie, das ist jene, die nach der Emanzipation vom Machschen Phänomenalismus sein Denken beherrschte und die er spätestens ab der Mitte der 30er Jahre, also etwa zur Zeit der Formulierung des EPR-Argumentes, vertreten hat:

1. Es gibt eine objektive Realität hinter den Erscheinungen, eine verborgene autonome Schicht, die allen Beobachtungen zugrunde liegt.
2. Ziel der Wissenschaft ist es, die Gesetze zu entdecken, die diese objektive verborgene Realität regieren. Gesetzesgruppen werden in Theorien zusammengefaßt.
3. Die Kluft zwischen der Erfahrung und der verborgenen Realität ist so weit, daß es keinen logisch geordneten Weg von der Erfahrung zu den Theorien gibt. Es kann keine induktiven Verfahren von den

Beobachtungen zu den Theorien geben. Nur Einfallsreichtum und Vorstellungsvermögen können versuchsweise die Züge der verborgenen Realität anpeilen.

4. Deshalb sind auch unsere Theorien freie Erfindungen des menschlichen Geistes und

5. die freie Erfindung bedeutet, daß wir die Schöpfer der Theorien sind, wobei wir zwar unserer Erfindungskraft Spiel lassen dürfen, aber durchaus bestimmte Beschränkungen berücksichtigen müssen.

6. Diese Beschränkungen liegen in der historischen Problemsituation, aus der heraus wir ein Rätsel zu lösen versuchen. Zu ihnen gehört auch, daß eine neue, versuchsweise vorgeschlagene Theorie eine Verbesserung ihrer Vorgängertheorie sein muß. Sie muß erfolgreich sein überall dort, wo ihre Vorgängertheorie auch Erfolg hatte, und noch mehr leisten. Damit also eine versuchsweise herangezogene Theorie akzeptierbar ist, muß sie progressiv sein.

7. Beschränkungen bestehen auch darin, daß die Konsequenzen der Theorie mit den Tatsachen der Erfahrung, die durch Beobachtung und Experiment bestimmt werden, übereinstimmen müssen. Der Abstand zwischen den logischen Folgen und den theoretischen Annahmen kann dabei sehr groß sein.

8. Diese zweite Einschränkung (7) ist eigentlich alles, was von den früheren Forderungen des Empirismus geblieben ist.

9. Wenn Einstein auch 1933 noch behauptet, daß die Erfahrung den Anfang und das Ende aller Erkenntnis darstelle,[32] bedeutet dies in der Popperschen Sicht nur, daß wir mit Problemen beginnen, die durch bestimmte Erfahrungstatsachen ausgelöst worden sind, und daß am Ende des Erkenntnisprozesses die fernen Konsequenzen der Theorie mit den Fakten der Erfahrung übereinstimmen müssen.

10. Keine Theorie kann durch ihren empirischen Erfolg gerechtfertigt werden. Die Übereinstimmung zwischen abgeleiteten Folgen und Erfahrungstatsachen bedeutet keine Rechtfertigung, auch die Vernunft allein kann eine solche nicht zuwege bringen, denn die Grundannahmen der Theorie sind nicht von etwas Tieferem ableitbar; deshalb ist alle Erkenntnis vorläufig und hypothetisch.

Diese 10 Prinzipien kann man mit einiger Berechtigung als eine Rekonstruktion der Einsteinschen Erkenntnismethode ansehen. Daß sie wirklich belangreiche Thesen zur Erkenntnisgewinnung darstellen, geht auch daraus hervor, daß sie in etwa die Methodologie des Kritischen Rationalismus ausdrücken. Auch Gegner dieser philosophischen Strömung werden kaum umhin können, dieser Methodologie Gehalt zuzusprechen, mögen sie sie auch noch so vehement ablehnen.

III.

Die statistische Physik und die
Realität der Atome

Die atomistische Hypothese, die den Aufbau der Materie aus kleinsten Teilchen beschreibt, stand seit ihrer Einführung durch Leukipp und Demokrit unter dem empiristischen Einwand. Methodisch kann man sie durch die Strategie kennzeichnen, daß die Erscheinungen der sichtbaren Welt durch eine Ebene mit unsichtbaren theoretischen Entitäten erklärt werden. Entsprechend dem klassischen Empirismus ist genau dies unzulässig. Die Erscheinungen stellen ja die primären Gegebenheiten dar, während die nichtbeobachtbaren Größen epistemisch und ontologisch sekundär sind. Schon Aristoteles hatte die atomistische Hypothese als unsinnig gekennzeichnet, da sie zur Folge hätte, daß zwei Elemente wie Feuer und Wasser letztlich aus dem gleichen Material aufgebaut wären, was den Erscheinungen widerspräche. Die Atomisten argumentierten immer mit der größeren Einfachheit und der Kohärenz ihrer Hypothesen. Vor allem, wenn man eine endliche Zahl von Bausteinen verwendet, die in vielen Anordnungen kombiniert werden können, hat die Hypothese eine hohe erklärende Kraft, weil sie sehr viele Phänomene aufbauen kann. Sie steht jedoch vor einer wichtigen Frage: Wie erfolgt die Kopplung der sichtbaren mit der nichtsichtbaren Ebene? Man kann dies das *Wechselwirkungsproblem* des Atomismus nennen. Noch eine zweite Frage muß beantwortet werden: Warum wird gerade diese Art von atomaren Konfigurationen eingeführt? Wie rechtfertigt man sie vor einer anderen? Dies ist das *Eindeutigkeitsproblem* des Atomismus. Der klassische und der moderne Atomismus haben mancherlei Züge gemeinsam. Eine Vielzahl von identischen Bausteinen variiert in ihrer raumzeitlichen Anordnung, die Elementarbausteine sind diskret und individuell. Beide haben aber auch gemeinsame Schwierigkeiten, so z. B. das *Fundamentalitätsproblem*. Ist die gegenwärtig von den Elementarteilchenphysikern als fundamental betrachtete Quark-Lepton-Ebene die tiefste Beschreibungsebene, die denkbar ist? Vor dieser Frage stehen die heutigen Atomisten genauso wie seinerzeit die klassischen Atomisten, die sich der Frage stellen mußten, was es denn sei, was bei einem Atom seine Unteilbarkeit und trotzdem seine endliche Ausdehnung garantiere.

Der Atomismus von Lukrez, über die Jahrhunderte wachgehalten, war in der Philosophiegeschichte kein sehr hochgeschätzter philosophischer Standpunkt. Der Materialismus, der dahinterstand, konnte sich kaum je zu einer philosophisch respektablen Strömung entwickeln.

Einstein hat seine Wertschätzung für den klassischen Atomismus durch ein Geleitwort zu «De rerum natura» zum Ausdruck gebracht, in dem er vor allem, für ihn charakteristisch, die Gesetzesartigkeit der Natur heraushebt: «Einen tiefen Eindruck muß das feste Vertrauen erwecken, das Lukrez als treuer Schüler Demokrits und Epikurs in die Verständlichkeit bzw. den kausalen Zusammenhang alles Weltgeschehens setzt.»[1] Doch trotz der Skepsis der Philosophen und auch trotz der inneren Probleme, etwa wie man das Ende der Teilbarkeit der Materie nach einer endlichen Zahl von Schritten begründet, setzte sich diese physikalische Ontologie in den Theorien erstaunlich gut durch. Am Schluß der Optik von Newton wird dies am deutlichsten ausgedrückt: «In Anbetracht dieser Zusammenhänge scheint es mir wahrscheinlich, daß Gott am Anfang die Materie in festen, massiven, harten, undurchdringlichen, beweglichen Teilchen erschaffen hat ... Damit die Natur dauerhaft ist, dürfen daher die Veränderungen in den stofflichen Dingen nur die Trennungen und neuen Verbindungen und Bewegungen dieser permanenten Teilchen betreffen.»[2]

Bezüglich der Gestalt der Atome herrschten divergierende Zielvorstellungen im klassischen Atomismus. Alle Punkte eines Atoms sollten geometrisch gleichberechtigt sein, damit keine Teile mehr unterschieden werden können. Damit lag die Gestalt der Kugel nahe. Andererseits mußte es Verbindungsmöglichkeiten geben, da die Elementarbausteine ja in der Lage sein sollten, die komplexe Dingwelt aufzubauen. Arbeiteten die antiken Autoren hier noch mit Haken und Ösen, so setzte sich ab etwa 1700 die Idee durch, daß die Kräfte das Bindematerial zwischen den Atomen abgeben könnten. Newton dachte an Kräfte kleiner Reichweite, Jöns Jacob Berzelius gelang dann die elektrische Deutung der chemischen Affinität.

Der moderne Begriff des elementaren Materiebausteins geht auf John Dalton (1808) zurück.[3] Der Basisbegriff seiner chemischen Atomlehre ist der Elementarbaustein, der durch keine Kraft umgewandelt werden kann. Aber Dalton erwähnt auch bereits die Möglichkeit, daß die Elementarebene mit dem wissenschaftlichen Fortschritt tiefergelegt werden könnte. Die Unteilbarkeit der Bausteine ist demnach stets als relativ zu einem Wissens- und Fähigkeitsstand zu betrachten. Es gibt eine endliche Zahl von Atomarten, und alle Atome einer Art müssen gleich sein in Form und Gewicht und jeder anderen Eigenschaft. Noch um 1860 herum schwankte der Begriff des Atoms und war gelegentlich nicht von dem Begriff des Moleküls zu trennen, bis man sich schließlich darauf einigte, daß das Molekül die kleinste Einheit ist, die in chemischen Reaktionen eintritt, und das Atom den kleinsten physikalischen Bestandteil des Moleküls darstellt. Zentraler erkenntnistheoretischer Punkt der damaligen Diskussionen in der Chemie war die Frage, ob der Ausdruck «Atom» nur als Abkürzung für eine chemische Regularität steht oder ob die Atome wirkliche Dinge sind, die einen echten ontologischen Status besitzen und nicht nur eine instrumentelle Brauchbarkeit.

Noch von einer ganz anderen Seite wurde das Problem der Realität der Atome aufgerollt, nämlich von der kinetischen Theorie der Gase. Die Erklärung des Gasdruckes bereitete in der Geschichte der Wissenschaft große Schwierigkeiten. Newton vermutete, daß zwischen den Gasmolekülen abstoßende Kräfte wirken. Daniel Bernoulli gelangte im 18. Jh. zur heute gängigen Auffassung, daß der Gasdruck durch den Stoß der Teilchen auf die Wände zu erklären sei. Rudolf Clausius führte schon 1857 die Differenz zwischen Festkörpern, Flüssigkeiten und Gasen auf verschiedene Typen von Molekülbewegungen zurück.[4] James Clark Maxwell betonte immer wieder die Unzerstörbarkeit der Atome. Man kann sich Katastrophen beliebiger Art vorstellen, die Ruinen aller Umwälzungen sind letztlich immer die Atome: ihre Zahl, ihr Maß und ihr Gewicht bleiben unverändert.[5]

Den nächsten Schritt vollzog Ludwig Boltzmann. Seine mechanische Deutung des 2. Hauptsatzes der Thermodynamik (das sogenannte H-Theorem), wonach die Entropie fast immer wächst (bzw. die H-Funktion fast immer abnimmt), ist ohne die Hypothese der molekularen Realität nicht zu verstehen.[6] Zu den erbittertsten Gegnern des Atomismus gehörte damals Wilhelm Ostwald. Er sah einen scharfen Gegensatz zwischen dem umfassenden Erklärungsanspruch des mechanistischen Weltbildes, wonach die Grundgesetze der Natur mechanischer Art sind, also zwischen Atomen mit Druck und Stoß wirken, mit der Reversibilität der Mechanik. Alle mechanischen Prozesse sind reversibel, d.h. invariant gegenüber einer Ersetzung der Zeitkoordinate t durch -t. Die aktuale Irreversibilität der Naturphänomene spricht jedoch gegen diese mechanistische Grundverfassung. Ein geworfener Ball bleibt nach einigen gedämpften Schwingungen unbeweglich in einer Ecke des Zimmers liegen; kein Ball erhebt sich spontan aus einer Zimmerecke und endet nach einigen aufschaukelnden Schwingungen in der Hand eines Werfers. Boltzmanns Lösungsansatz bestand nun darin, eine mechanistische Rekonstruktion der Irreversibilität zu liefern. Dieses Problem hat große Bedeutung für die Einheit der Physik. Gibt es *eine* Klasse von Gesetzen oder zwei grundsätzlich verschiedene, die reversiblen und die irreversiblen? Wenn Irreversibilität nicht mechanistisch verstanden werden kann, besteht dann ein unüberbrückbarer Hiatus zwischen diesen beiden Gesetzestypen?

Hinter Ostwalds Argumenten stand die Philosophie Ernst Machs, dessen Abneigung gegen theoretische Entitäten und sein extremer Instrumentalismus.[7] Dementsprechend sind Atome menschengemachte, ökonomische Werkzeuge zur Erklärung der Phänomene, sie haben den gleichen Status wie eine mathematische Funktion. Wie gelegentlich auch heute gingen damals die theoretischen Grundsatzdebatten an der aktualen Experimentalphysik vorbei. Seit 1816 versuchte man, die Dimension der Moleküle zu bestimmen, und vor allem wurden immer neue Verfahren entdeckt, die sogenannte Avogadro-Zahl zu bestimmen, die die Anzahl der Moleküle pro Mol angibt. Allen diesen Verfahren war jene Strategie gemeinsam, die später auch Einstein anwenden sollte: Man mußte eine Kopplung zwischen meßbaren Größen und den vermuteten Atomkonstanten herstellen.

Trotz aller Gemeinsamkeiten zwischen klassischem und modernem Atomismus ist nicht zu übersehen, daß hinsichtlich des Atombegriffs partielle semantische Verschiebungen stattfanden. So hielt etwa Maxwell die Atome noch für unveränderlich und unzerstörbar. Dies schließt jedoch nicht aus, daß diese Teilchen auch eine Struktur besitzen können. Eine solche Atomstruktur muß ja nicht gleichbedeutend sein mit der Trennbarkeit. Um die Jahrhundertwende tauchten neue empirische Befunde auf, die die Unteilbarkeit des Atoms in Frage stellten. Die Ionisierung wurde als Abspaltung des Elektrons vom Atom erkannt und die Radioaktivität als Teilung von Atomen identifiziert; die Transformationstheorie von Rutherford und Soddy gibt das Gesetz an, wie unstabile Atome zerfallen. So wurden die Atomisten genaugenommen von zwei Seiten unter Druck gesetzt, von der physikalischen Seite in bezug auf die Unteilbarkeit und von der erkenntnistheoretischen Seite in bezug auf den Phänomenalismus. Dennoch schwanden etwa um 1900 die Zweifel an der Realität der Atome. Ostwald, Mach und ihre Anhänger gerieten ins Hintertreffen, und das demokritische Programm gewann mehr und mehr an Form.

Haupteinwand der Phänomenalisten vom Typ Machs war die grundsätzliche Unsichtbarkeit der Atome. Mach pflegte stets, wenn die Rede auf die Atome kam, seine Gesprächspartner zu fragen: «Ham's eins g'sehn?» Abgesehen davon, daß bei einer liberalen Handhabung von theoretischen Entitäten diese Unsichtbarkeit kein Einwand sein kann, wurde im Jahre 1956 die Vermutung falsifiziert, daß Atome, wenn sie existieren, in jedem Fall unsichtbar sein müssen. Im Feldionen-Mikroskop kann man das Atomgitter eines Kristalls sehen, auch die thermische Bewegung läßt sich unmittelbar beobachten; man muß nur den Kristall erwärmen, dann werden die Bilder automatisch unschärfer. In einem indirekten Sinne konnte man um 1900 bereits Atome sehen, nämlich die Zerfallsprodukte der radioaktiven Atome. Die α-Teilchen (Heliumkerne) blitzten als Szintillationen auf dem Schirm von Zinksulfid auf. Die Phalanx der Skeptiker gegen die Atomhypothese wurde immer schwächer. Wilhelm Ostwald wurde bekehrt, als er Einsteins Arbeiten zur Brownschen Bewegung kennenlernte: «Ich habe mich überzeugt, daß wir seit kurzer Zeit in den Besitz der experimentellen Nachweise für die diskrete oder körnige Natur der Stoffe gelangt sind, welche die Atomhypothese seit Jahrhunderten, ja Jahrtausenden vergeblich gesucht hatte. Die Isolierung und Zählung der Gas-Ionen einerseits, welche die langen und ausgezeichneten Arbeiten von J. J. Thomson mit vollem Erfolg gekrönt haben, und die Übereinstimmung der Brownschen Bewegung mit den Forderungen der kinetischen Hypothese andererseits, welche durch eine Reihe von Forschern, zuletzt am vollständigsten durch J. Perrin, erwiesen worden ist, berechtigen jetzt auch den vorsichtigen Wissenschaftler, von einem experimentellen Beweise der atomistischen Beschaffenheit der raumerfüllten Stoffe zu sprechen. Damit ist die bisherige atomistische Hypothese zum Range einer wissenschaftlich wohlbegründeten Theorie aufgestiegen ...»[8] Ernst Machs skeptische Haltung soll erschüttert worden sein, als er die Lichtblitze von α-Teilchen auf einem Szintillationsschirm sah.

Den entscheidenden Beitrag Einsteins kann man nur verstehen, wenn man die Geschichte jener kurzen Notiz verfolgt, die Robert Brown 1828 über mikroskopische Beobachtungen von Blütenpollen veröffentlicht hat.[9] Er berichtet über Zufallsbewegungen von verschiedenen Teilchen, die in Wasser suspendiert sind. Die nach Brown benannte Zitterbewegung kann man heute leicht im Lichtmikroskop sichtbar machen, wenn man etwas Tusche in Wasser einfließen läßt. Brown hatte keine Theorie dieser Zitterbewegung und ohne Theorie kann man niemals eindeutig formulieren, was effektiv beobachtet wird. Heute ist es für uns einfach zu sagen, was Brown damals gesehen hat. Es ist die Wirkung der bewegten Wassermoleküle, die gegen die schwebenden Teilchen stoßen. Zwischen Beobachtung und Beschreibung liegt aber ein wichtiger theoretischer Schritt, und dieser wurde gerade von Einstein getan. Nun war natürlich Einstein nicht der erste, der sich am Rätsel der Brownschen Bewegung versuchte. Bereits im 19. Jh. wurden zahlreiche experimentelle Arbeiten publiziert und auch theoretische Hypothesen über das Phänomen geäußert. So war es z.B. klar, daß das Phänomen mit abnehmender Größe und Dichte der suspendierten Teilchen wächst und daß das Phänomen auch dann stärker wird, wenn die Zähigkeit der Trägerflüssigkeit abnimmt und ihre Temperatur steigt. Dadurch konnten bereits einige denkbare Hypothesen ausgeschieden werden. Brown selbst sprach die Vermutung aus, daß die Zitterbewegung nicht eine eigene lebendige Kraft der Systeme darstellen könnte. Etwa um die Mitte des Jahrhunderts tauchte die Hypothese auf, daß das Phänomen mit der internen Bewegung der Flüssigkeit zusammenhinge. Die Zick-Zack-Bewegung der eingelagerten Teilchen soll demnach auf die Stöße der Moleküle zurückgehen. Die Brownsche Bewegung war ein Phänomen, das auch Grundsatzdebatten auslöste. Stellte eine solche Bewegung nicht eine Schwierigkeit für die Thermodynamik dar? Niemand hatte bis dahin eine Ursache dieser Bewegung feststellen können. Niemand sah, daß sie irgendwelchen zeitlichen Schwankungen ausgesetzt war. War es denkbar, daß aus dieser unablässigen Bewegung ein perpetuum mobile zweiter Art (ein Prozeß mit Entropieabnahme) konstruiert werden könnte, und daß damit vielleicht der zweite Hauptsatz der Thermodynamik in seinen linearen Dimensionen begrenzt wäre? Perrin hat diese Vermutung in der Tat ausgedrückt.[10] Auch Poincaré war noch nach 1900 der Meinung, daß Maxwells berühmter Dämon hier an der Arbeit sei, daß damit auch das Prinzip von Carnot keine generelle Gültigkeit besitzen könne. Einstein hatte, als er sich der Problematik zuwandte, wie meist bei seinen Ansätzen sich wenig mit der Geschichte des Problems befaßt. «Nicht vertraut mit den früher erschienenen und den Gegenstand tatsächlich erschöpfenden Untersuchungen von Boltzmann und Gibbs, entwickelte ich die statistische Mechanik und die auf sie gegründete molekular-kinetische Theorie der Thermodynamik. Mein Hauptziel dabei war es, Tatsachen zu finden, welche die Existenz von Atomen bestimmter endlicher Größe möglichst sicherstellten.»[11] Als er seine Analyse begann, war er sich nicht einmal sicher, ob das, was er untersuchte, identisch mit der Brownschen Bewegung war.[12] Seine Heuristik war aber klar: Mittels einer Vielzahl von logisch unabhängigen Bestimmungen der sogenannten Avogadro-Zahl wollte er ausreichende Gründe für die Realität der Moleküle finden. Schon Poincaré hatte argumentiert: «Est-ce par hazard?» Ist es wirklich nur Zufall, daß die Überbestimmung einer Größe durch viele verschiedene Experimente konkordante Werte liefert, oder wird diese Übereinstimmung nicht am besten durch eine realistische Interpretation der dabei verwendeten theoretischen Entitäten erklärt?[13]

Methodisch ist Einsteins erster Aufsatz über die Brownsche Bewegung so durchsichtig, daß wir seine Argumentabfolge kurz skizzieren wollen.[14] Seine Überlegungen schlossen direkt an die statistische Mechanik an. In der phänomenologischen Thermodynamik meint Gleichgewicht einen Zustand, in dem nichts geschieht. Dieser statische Gleichgewichtsbegriff wird in der statistischen Mechanik durch einen dynamischen ersetzt. Das bedeutet, daß Myriaden von Zusammenstößen so erfolgen, daß sich makroskopisch, also dort, wo man beobachten kann, nichts ändert. Die mikroskopischen Schwankungen erfolgen so schnell, daß keine makroskopischen Veränderungen sichtbar werden. Einstein fand nun in seiner Arbeit, daß dies zwar auch der Fall sein kann, aber nicht immer so sein muß. Es gibt also makroskopische Effekte der mikroskopischen Fluktuationen. Die Brownsche Bewegung war für ihn ein Auslöser, nach einer Hypothese zu suchen, die die Phänomene im Sinne der statistischen Mechanik verständlich macht. Es ging somit darum, die Zitterbewegung gesetzesartig, d.h. zu einem Anwendungsfall der statistischen Mechanik zu machen. Wenn man kleine Teilchen – die jedoch gegenüber den Molekülen groß sind – in eine Flüssigkeit gibt, dann werden die Teilchen von den Molekülen unregelmäßig gestoßen. Die einzelne Verschiebung ist unmeßbar, man kann jedoch die mittlere Verschiebung mit makroskopisch beobachtbaren Größen verbinden und damit eine statistische Aussage erhalten. Man muß also eine logische Konstruktion einführen, bei der die sichtbare und die unsichtbare Ebene miteinander verbunden werden. Einstein wählte nun einen Parameter aus dem Beobachtungsbereich der Diffusion. Diesen Parameter, der in einer wohlbekannten makroskopischen Differentialgleichung bereits verwendet worden war, verband er über eine logische Konstruktion mit den einzelnen Verschiebungen der Teilchen. Dadurch gewann er eine Aussage über den Diffusionskoeffizienten und seine Koppelung mit der Größe der suspendierten Teilchen. So erhielt Einstein eine Aussage über die Zahl von Avogadro. Perrins experimentelle Bestimmung dieser Zahl N nach der Einstein-Formel lieferte dann auch einen Wert, der sehr nahe an den durch andere Verfahren bestimmten Werten liegt. In Anwendung der früher genannten Denkfigur von Poincaré schloß Perrin aus der Übereinstimmung von Meßergebnissen mit 15 (!) verschiedenen Methoden zur Bestimmung von N, daß es schlechterdings keinen Zweifel mehr an der realen Existenz der Moleküle geben könne: «Angesichts der Tatsache, daß so außerordentlich verschiedene Erscheinungen zu fast denselben Werten führen, ist es schwer, wenn nicht unmöglich, ein Gegner der Molekularhypothese zu sein.»[15]

Wie wir schon gehört haben, hat dieses Ineinandergreifen von theoretischer Analyse und experimenteller Bestimmung selbst einen solch hartnäckigen Skeptiker wie Wilhelm Ostwald von der atomistischen Hypothese überzeugt. Vom modernen Standpunkt aus kann man fragen, ob dadurch wirklich das Problem der Realität der Atome endgültig gelöst ist. Ein halsstarriger Instrumentalist oder Empirist könnte sich dadurch wehren, daß er auf die Nichteindeutigkeit der theoretischen Vermittlung hinweist. Er könnte an seiner Auffassung festhalten, daß das Atom ein metaphysisches Konstrukt ist, weil es nicht nur eine denkbare Verbindung der Zufallsbewegungen mit der theoretisch postulierten unsichtbaren Ebene gibt. Dagegen wird der Realist einwenden, daß die Eindeutigkeit ja nie beweisbar ist und daß ein solcher Nachweis auch zuviel verlangt wäre. Die theoretischen Entitäten sollen ja nicht bis in alle Ewigkeit akzeptiert werden, sondern nur so lange wie sie durch Gesetze, die eine theoretische Verbindung von der beobachtbaren zur nichtbeobachtbaren Ebene herstellen, mit den Phänomenen verbunden sind und man die vorhandene Verbindung nicht durch eine bessere ersetzt hat. Eine theoretische Analyse, wie sie Einstein geliefert hat, ist also eine Brückenhypothese, und diese ist ihrerseits natürlich wieder rational kritisierbar. Nur solange sie sich bewährt, ist es vernünftig, die realistische Hypothese der Atome zu akzeptieren.

Bei der Frage der Akzeptanz der theoretischen Entitäten muß man die psychologische von der logischen Ebene unterscheiden. Logisch gesehen kann es keinen stetigen Übergang zwischen einer instrumentalistischen und einer realistischen Deutung theoretischer Entitäten geben. «Real» und «fiktiv» *ist eine dichotomische Alternative,* und es gibt keine Grade der Realität. Psychologisch gesehen ist ein solch stetiger Übergang sehr wohl dann möglich, wenn die Kopplungen zwischen der theoretischen und der Beobachtungsebene zahlreicher werden. Das Vertrauen wird vergrößert, daß die theoretischen Terme eine Referenz auf tatsächlich existierende Objekte besitzen. Im Prinzip kann man kein zwingendes Argument dafür formulieren, daß z. B. Lichtblitze beim radioaktiven Zerfall durch unsichtbare Materiebausteine verursacht wurden. Man muß sich überlegen, wie man jemandem begegnet, der die Lichtblitze zwar akzeptiert, die angeblichen Ursachen aber als sprachliche Hilfsausdrücke ansieht, um Lichtblitze ökonomisch zu ordnen. Jemand, der mit einem solchen Ökonomieprinzip arbeitet, könnte mit Occam sogar auf seine sparsame Ontologie verweisen. Die Kausalrelation wird in diesem Fall auf Relationen zwischen den Phänomenen eingeschränkt, so wie es auch Kant wollte. Sie gilt nicht für den Ursprung der Phänomene. Im Kontext eines reinen Empirismus ist das Entstehen von Phänomenen aus Nichtphänomenen kein sinnvoller Prozeß. Eine Kausaltheorie der Wahrnehmung ist in einem solchen Falle unmöglich. Sie setzt ja gerade voraus, daß es zwei autonome Systeme, ein erkennendes und ein erkanntes System, gibt und daß das Phänomen gerade das Ergebnis der Wechselwirkung darstellt. Der Realist kann im Gegenzug ein erkenntnistheoretisches Argument einsetzen. Wenn bei vielen logisch unabhängigen Meßmethoden in der Beziehung zwischen einer Phänomengruppe und einer Klasse von theoretischen Entitäten eine Konkordanz vorliegt, dann existiert ein neues unerklärtes Faktum. Wenn z. B. der Moleküldurchmesser aus dem Strahlungsgesetz und aus der Brownschen Bewegung den gleichen Wert ergibt, ist dies ein Faktum, das eine Interpretation herausfordert. Der Empirist, der ja Fiktionalist bezüglich theoretischer Entitäten ist, muß die überraschende Konkordanz als kontingentes Element, als Zufall, stehen lassen. Da zeigt sich also etwas, was im Rahmen des Phänomenalismus nicht auflösbar ist. Der Realist hingegen kann das Zusammentreffen erklären, eben durch die Wirklichkeit der gleichartigen theoretischen Entitäten. Zwar stellte Einstein damals nicht explizit solche erkenntnistheoretischen Überlegungen an, aber sie sind implizit als Motivation seiner Theorienkonstruktion zu erkennen.

1907 verallgemeinerte er seine Ergebnisse über die Brownsche Bewegung noch einmal.[16] Dabei zeigte er, daß jeder makroskopische Parameter eines Systems Schwankungen ausgesetzt ist, und daß sich diese in beobachtbaren Größen äußern. Gleichzeitig gab er eine Methode an, wie man die Größe dieser Schwankungen generell bestimmen kann. Die Brownsche Bewegung beschäftigte Einstein nach 1909 auch noch im Zusammenhang mit dem Planckschen Gesetz.[17] Hier ging es nicht mehr um die Atomhypothese, sondern vielmehr um die atomistische Struktur des Lichtes, also um die Lichtquanten, später Photonen genannt. Mittels des Planckschen Strahlungsgesetzes analysierte er die Energieschwankungen eines Strahlungsfeldes und dessen Wirkung auf einen selektiv reflektierenden Spiegel, der im Strahlungsfeld hängt. Die Brownsche Bewegung des Spiegels ergibt sich dann aus zwei Termen von sehr verschiedener Größenordnung. Einen kleinen Term erhält man aus den Maxwell-Gleichungen und ein großer Term läßt sich aus der Wirkung der Photonen herleiten. Hier kündigt sich schon eine Thematik an, mit der sich Einstein über Jahrzehnte hinweg befassen sollte, nämlich die Dualität von Licht und Materie. In dieser frühen Arbeit konnte er zeigen, daß auch die Schwankungen sich aus einem Wellen- und einem Teilchenanteil zusammensetzen.

Einstein hatte gute Beziehungen zu einer Reihe von Physikern, die auf dem Gebiet der statistischen Physik arbeiteten, etwa zu Marian v. Smoluchowski. Smoluchowski hat wesentlich zur Durchsetzung eines objektiven Wahrscheinlichkeitsbegriffes in der Physik beigetragen. Zufall ist nicht nur durch die Unkenntnis einer Teilursache eines Prozesses bedingt, sondern echter Zufall liegt auch dort vor, wo wir es mit nichtberechenbaren Instabilitäten zu tun haben, wo winzige Unterschiede in den Anfangsbedingungen radikale Verschiedenheiten in den Wirkungen auslösen.[18] Smoluchowski hatte gleichzeitig mit Einstein erkannt, daß die ältere Auffassung, wonach die Wirkungen der Stöße der Moleküle sich aufheben sollten, falsch war. Er konnte zeigen, daß die molekularen Schwankungsphänomene Vorgänge sind, wo sich antientropisches Verhalten offen auf der Beobachtungsebene zeigt. Lange Zeit glaubte man nämlich, daß die Umkehr thermodynamisch irreversibler Prozesse in der statistischen Mechanik möglich wäre, wenngleich sie extrem selten auftreten sollte, sie also rein theoretischen Status besäße. Smoluchowski konnte Beispiele aufzeigen, wo die Reversibilität etwa der Diffusion von Sauerstoff und Stickstoff offen zu Tage tritt.[19]

Mit Einstein trat Smoluchowski vor allem über das Problem der kritischen Opaleszenz in Kommunikation. Dieses wohlbekannte Phänomen, daß Lichtstreuung beim Durchgang durch ein Gas in der Nähe des kritischen Punktes stark anwächst, schrieb Smoluchowski als erster den starken Dichteschwankungen zu, die in der Nähe des kritischen Punktes auftreten. Die kritische Opaleszenz hat demnach also ihre Ursache in der veränderlichen Teilchendichte des Gases, womit sich wieder ein klarer Hinweis auf die kinetische Theorie der Materie ergibt. Hier zeigt sich auch eine Beziehung zum Phänomen der Himmelsbläue, die schon 1869

von John Tyndall als Effekt der Lichtstreuung durch Staubpartikel oder
Wassertropfen erklärt worden war. Vor Einstein war es unklar, welcher
Zusammenhang besteht zwischen den Streuvorgängen, die die Himmelsbläue erzeugen, und dem Effekt der kritischen Opaleszenz. Einstein be-
rechnete 1910 exakt die Streuvorgänge an den Molekülen und wies nach,
daß es nur einen qualitativen Unterschied gibt, und daß die Himmelsbläue einen speziellen Fall von kritischer Opaleszenz darstellt.[20]

Wenn wir heute Einsteins Arbeiten über Schwankungen überblicken,
so sehen wir, daß sie eine wichtige Rolle erfüllten. Zur damaligen Zeit
war es nicht sicher, daß die Thermodynamik aus der statistischen Mechanik abgeleitet werden könnte. Das logische Verhältnis dieser beiden
Theorien war demnach noch nicht geklärt. Aber selbst wenn eine solche
Ableitung durchführbar gewesen wäre, war die Notwendigkeit einer solchen Tieferlegung durch eine statistische Theorie erst dann einzusehen,
wenn man zeigen konnte, daß es Phänomene gibt, die die Thermodynamik nicht enthält. Die Rechtfertigung der statistischen Betrachtung wird
also durch die Überschußbedeutung dieser Theorie gegenüber der phänomenologischen Thermodynamik geliefert. Smoluchowski und Einstein
konnten zeigen, daß es sich bei diesem Überschuß um Phänomene handelt, die von Abweichungen der normal gemittelten Größen abhängen
müssen. Machs scharfe Kritik an Boltzmann in seinem atomistischen
Ansatz veranlaßte Einstein vermutlich, nach beobachtbaren Wirkungen
der Schwankungen zu suchen. Wenn die Abweichungen von den mittleren Größen sich auf der sichtbaren Ebene manifestieren, dann muß dies
sogar für einen überzeugten Phänomenalisten vom Typ Machs ein Grund
sein, an die Überschußbedeutung der statistischen Mechanik und damit
an den ontologischen Status der Atome zu glauben.

IV.
Quanten, Dualität und die Natur des Lichtes

1. Quantentheorie und Quantenmechanik

Obwohl Einstein einer breiten Öffentlichkeit im wesentlichen als Autor der beiden Relativitätstheorien bekannt geworden ist, war er in vielfacher Weise an der Entstehungsgeschichte der älteren Quantentheorie beteiligt, sowohl konstruktiv als Mitarbeiter vieler physikalischer Detailuntersuchungen als auch als Analysator der erkenntnistheoretischen Situation. In bezug auf die neuere Quantenmechanik spielte er dagegen eine etwas andere Rolle, nämlich eher die eines kritischen Beobachters, der die Entwicklung der Dinge zwar mit Interesse verfolgt, aber doch überzeugt ist, daß die Theorie bestimmte Schwachstellen besitzt. In diesem Zusammenhang sind seine Versuche zu nennen, die Inkonsistenz der Quantenmechanik nachzuweisen, und später, als er sah, daß dieses Anliegen gescheitert war, die Unvollständigkeit der Theorie zu beweisen. Von einem modernen Standpunkt aus gesprochen hat er in seiner Gemeinschaftsarbeit mit Podolsky und Rosen de facto einen neuen Typ von Systemen entdeckt, die nur die Quantenmechanik zuläßt, nämlich wechselwirkungsfreie Systeme in Korrelationszuständen.[1] Nachträglich betrachtet hat er damit auch zur Quantenmechanik eher einen positiven und nicht so sehr einen kritischen Beitrag geleistet. Dennoch ist es von der Systematik her sinnvoll, die verschiedenen Rollen Einsteins in der älteren Quantentheorie und in der neueren Quantenmechanik auseinanderzuhalten. Deshalb werden wir seine berühmte Auseinandersetzung mit Niels Bohr auf den nächsten Abschnitt verschieben.

Einsteins Arbeiten zur älteren Quantentheorie schließen in vieler Hinsicht an seine statistischen Arbeiten an. Auch hier ging es sehr oft noch um die Bestimmung der Avogadro-Zahl N, die eine Schlüsselrolle für die philosophische Frage der Realität der Atome besaß. Auch methodisch und erkenntnistheoretisch kann man viele Gemeinsamkeiten dieser beiden Schaffensepochen feststellen. Bemerkenswert ist, daß sich in diesem Intervall bereits bestimmte Vorbehalte gegen ein indeterministisches Weltbild ankündigen, die es ahnen lassen, daß Einstein später einmal Gegner eines fundamentalen Indeterminismus werden sollte. Nichtsdestoweniger hat er mit einer Reihe von wichtigen Ideen die ältere Quantentheorie vorangebracht. Diese begann ihr Eigenleben mit Plancks Strahlungsgesetz und entwickelte sich über die verschiedenen Versionen der Atommodelle von Thomson und Rutherford, Bohr und Sommerfeld bis zum Vorabend der eigentlichen Quantenmechanik. Alle Beiträge Einsteins zur Quantentheorie enthalten fundamentale begriffliche Neuerungen. In seiner Lichtquantenhypothese ist es der klassisch völlig ungewohnte Korpuskularcharakter des Lichtes, in seinem Beitrag zur Theorie der spezifischen Wärme der Festkörper ergibt sich ein Konflikt mit dem Äquipartitionstheorem der klassischen statistischen Mechanik, bei seiner Erarbeitung des Photonbegriffes, wo das Lichtquantum nicht nur als ein Energiepaket $E = h\nu$, sondern auch als ein Teilchen mit Impuls $p = h\nu/c$ behandelt wird, festigt sich die Dualität von Licht und Materie, in seinen Arbeiten zur Quantenstatistik, wo Einstein unter Anwendung einer Idee von Bose eine neue Besetzung des Phasenraumes mit Teilchen vorschlägt, ergibt sich ein Gegensatz zum klassischen Leibniz-Prinzip der Ununterscheidbarkeit des Gleichen, und in seiner Förderung des Gedankens von de Broglie kann er als einer der Wegbereiter der Wellenmechanik angesehen werden und damit auch als ein Vorbereiter des endgültigen Umsturzes des klassischen Weltbildes.

In der Methodologie der Teilchenentdeckung kann man zwei grundlegend verschiedene wissenschaftstheoretische Situationen unterscheiden. Die erste trat gerade jüngst wieder ein. Ende Juli 1984 fand man sechs Ereignisse des sogenannten t-Quarks, und zwar über den Zerfall eines W-Bosons in ein t und ein b̄. Für das t-Quark wurde dabei eine Masse von 40 GeV gefunden. Bei dieser Entdeckung handelte es sich um eine sehnsüchtig erwartete Vervollständigung der Quark-Lepton-Symmetrie. Die Theoretiker hatten das t prophezeit und die Experimentatoren hatten es gefunden. In der gleichen Situation befinden sich heute die Teilchenphysiker in bezug auf die sogenannten Higgs-Teilchen für die Symmetriebrechung, die nach der Theorie ebenfalls existieren sollten und die man in absehbarer Zeit in den Beschleunigern zu erzeugen hofft. In der Frühzeit der Teilchenphysik dagegen war die Situation ganz anders, da man nicht im Besitz von Theorien war, die zumindest approximativ die Teilcheneigenschaften, die Massen und die anderen Quantenzahlen voraussagen konnten. Das Elektron, das Proton, das Neutron, das Myon waren fast alle unerwartete Zufallsentdeckungen der Experimentalphysik, was nicht heißen soll, daß sie überhaupt ohne irgendeine Hintergrundhypothese gesucht worden sind. Ohne eine Vermutung kann man gar nichts finden. Die Existenz dieser Teilchen löste immer wieder Probleme. So löste etwa das Elektron das offene Problem der Natur der Kathodenstrahlen. «Zufallsentdeckung» heißt in diesem Zusammenhang, daß die grundlegende Theorie, in der das Teilchen eine entscheidende Rolle spielt, noch nicht existierte.

Etwas später, als der theoretische Anteil der Teilchenphysik wuchs, kam es zum Teil zur Voraussage der Existenz von Teilchen. Dies trifft für das Neutrino, das Pion, das Positron, aber auch für das Photon zu. Es entspricht einem gesunden Konservativismus, daß die Physiker beim Photon, dem ersten theoretisch vorhergesagten Teilchen, einen starken Widerstand aufbauten. Nach der klassischen Theorie wird ja das Licht von einer elektromagnetischen Welle beschrieben. Dem Licht Teilchencharakter zuzuschreiben ist demgemäß ein revolutionärer Akt, und da die Dualität etwas klassisch völlig Unbekanntes war, kann man es durchaus als eine vernünftige Strategie betrachten, daß sich viele Physiker lange Zeit gegen die neuartige Dualität wehrten.

2. Die Lichtquantenhypothese

Einen Bruch in der begrifflichen Entwicklung einer Wissenschaft kann man sehr gut beschreiben, indem man ihn als eine Art Phasenübergang behandelt. Eine solche Veränderung enthält im Gegensatz zu einem stetigen Übergang einen qualitativen Bruch in der Erscheinungsform, z.B. eine neue Kristallstruktur oder etwa den Übergang vom flüssigen zum festen Zustand, jedenfalls ein abruptes Ändern der Parameter. Auch in den begrifflichen Voraussetzungen der Physik kann man wiederholt solche Phasenübergänge erkennen, so auch im Fall der Quantentheorie. Die Quantentheorie hat ihren Ursprung tief im 19. Jh., und zwar im sogenannten Strahlungsproblem.

Seit den Tagen Gustav Kirchhoffs (1859) harrte das Strahlungsproblem seiner Lösung. Kirchhoff hatte durch seine Einführung des Begriffs der schwarzen Hohlraumstrahlung die Voraussetzung dafür geschaffen, daß sich das Strahlungsproblem auf die Frage reduzierte, wie die Emissionsfähigkeit eines schwarzen Körpers E_s von der Frequenz ν und der Temperatur T abhängt. Damit konnte in jedem Fall das Strahlungsproblem unabhängig von den individuellen Eigenschaften eines Körpers gelöst werden. Unter Benützung dieser begrifflichen Idealisierung und nach einer Reihe von Teilresultaten, die Grenzgesetze für kleine Werte von T/ν (Wiensches Exponentialgesetz) und für große Werte von T/ν (Rayleigh-Jeans-Formel) betrafen, fand Max Planck 1900 eine einheitliche Spektralgleichung, die beide Grenzfälle, aber auch das mittlere Intervall streng umfaßt. In der von Planck vorgeschlagenen funktionalen Abhängigkeit wird nun mit tiefliegenden Voraussetzungen der klassischen Physik gebrochen. In erster Linie ist es das Äquipartitionstheorem, wonach alle Freiheitsgrade (Eigenfrequenzen) gleichmäßig mit Energie bedacht werden, das einer Veränderung unterworfen werden mußte. Setzt man nämlich voraus, daß jeder Freiheitsgrad die mittlere Energie kT (k = Boltzmann-Konstante) erhält, ergibt sich das Strahlungsgesetz von Rayleigh-Jeans, das nur für große Werte von T/ν mit der Erfahrung in Einklang steht. Der Gleichverteilungssatz oder das Äquipartitionstheorem gründet in der Annahme der klassischen statistischen Mechanik, daß die apriori-Wahrscheinlichkeiten der einzelnen Phasenraumelemente gleich sind. Plancks revolutionärer Ansatz bestand nun darin, die Gewichte der einzelnen Elemente des Zustandsraumes anders zu wählen. Seine Hypothese forderte, daß die Energie eines harmonischen Oszillators nicht alle beliebigen Energiewerte, sondern nur diskrete Werte $U_n = nh\nu$ annehmen könnte, wobei $n = 0, 1, 2 \ldots$ und h eine Konstante vom Wert h = $6, 6 \cdot 10^{-27}$ erg sec darstellt. Diese neue, vom Äquipartitionstheorem abweichende Gewichtsverteilung im Phasenraum führt dann auf das Plancksche Strahlungsgesetz. Planck war sich zum Zeitpunkt der Entdeckung nicht klar, ob er seine Entdeckung einer neuen Diskretheit der Energiewerte realistisch interpretieren sollte oder nicht, aber es war sofort deutlich, daß, wenn dies rechtens wäre, die Physik an eine neue Schwelle gekommen war. Wenn so in theoretischer Hinsicht auch noch alles offen war, in bezug auf den empirischen Aspekt war es keine Frage, daß Planck die Aufgabe gelöst hatte, die Kirchhoff 1859 den Physikern gestellt hatte. Die Messungen von H. Rubens und F. Kurlbaum, sowie von O. Lummer und E. Pringsheim mit den Reststrahlen von Steinsalz erbrachten die überzeugenden Bestätigungen des Planckschen Gesetzes.[2]

In theoretischer Hinsicht markierte die neuartige nichtklassische Diskretheit, die in diesem Gesetz steckt, den Beginn einer begrifflichen Umwälzung, die bis in die Gegenwart andauert und zu endlosen Kontroversen geführt hat. Auch im Jahre 1987 können wir nicht sagen, daß mehr Klarheit über das Interpretationsproblem der Quantenmechanik herrscht. Allerdings steht heute nicht mehr das Wirkungsquantum h als zentraler nichtklassischer Zug im Brennpunkt des erkenntnistheoretischen Interesses, wie dies für die ältere Quantentheorie der Fall war, sondern eher die Nichtseparierbarkeit der Systeme, die die moderne Quantenmechanik aussagt, jener holistische Zug, den Einstein und seine Mitarbeiter 1935 ans Tageslicht förderten. Mit dem Wirkungsquantum jedoch begannen der lange Weg der Deutungsfragen und die Suche nach dem Verhältnis von klassischer und quantenmechanischer Beschreibung in der Physik. Eine Fundamentalkonstante, hier von der Dimension einer Wirkung (Energie · Zeit), führte ein neues kontingentes Element in das Naturverständnis ein. Im Rahmen der Theorie, die dieses Element verwendet, kann ihr absoluter Wert nicht verstanden werden, es läßt sich nur eine Begründung dafür angeben, warum beim Strahlungsgesetz überhaupt eine körnige Struktur für die Energie physikalisch notwendig ist, im Gegensatz zum klassischen Fall, wo die Funktionen die völlige Variabilität des kontinuierlichen Hintergrundraumes ausschöpfen. Als einzige Rechtfertigung, die freilich zum Verständnis wenig beiträgt, kann man den Erfolg anführen. Das gleiche gilt übrigens auch für den absoluten Wert der Lichtgeschwindigkeit und ebenso für die Größe der Gravitationskopplungskonstante. Warum diese Größen denjenigen Wert haben, den sie tatsächlich besitzen, kann von den Theorien her, in denen sie vorkommen, nicht erklärt werden. Es läßt sich allerdings einsehen, daß z. B. der absolute Wert von h für den Typus der Welt, in der wir leben, konstitutiv ist. Wäre etwa h unendlich klein, dann wären auch die Lichtquanten hv unendlich klein, d. h. in einem Strahlungspaket mit endlicher Energie wären unendlich viele Quanten. Dann hätte auch die Strahlung einen kontinuierlichen, rein wellenartigen Charakter. Wäre h und damit auch hv sehr groß, dann wäre man schon in der klassischen Dynamik auf den Wellencharakter der Materieteilchen gestoßen. Die aktuale Größe von h, die de facto sehr klein ist, läßt die Gründe verstehen, warum die ältere Physik das Licht als aus Wellen und die Materie aus Teilchen bestehend betrachtete. Die klassisch nicht ans Tageslicht getretenen Züge der Natur, nämlich die Teilchennatur des Lichtes und die Wellennatur der Materie, also die vollständige Dualität, entdeckt man nur bei hochauflösenden Experimenten, und dies ist so, eben weil das Wirkungsquantum so klein ist. Unsere makroskopische Alltagswelt ist offensichtlich keine Quantenwelt.

Die wissenschaftliche Welt war zögernd in der Aufnahme von Plancks Hypothese; auch Einstein war sehr vorsichtig, das zeigen seine Formulierungen in seinem ersten Aufsatz zur Quantentheorie.[3] Die Verwendung des Ausdruckes «heuristisch» im Titel des Aufsatzes weist darauf hin, daß Einstein sich der Kühnheit seines Gedankens bewußt war. Er war sich klar darüber, daß Plancks Strahlungsgesetz noch keine theoretische Fundierung besaß, wenngleich es sich empirisch bewährt hatte. Dieses Wissen muß ihn bewogen haben, in seiner Untersuchung von dem älteren Wienschen Gesetz auszugehen, das den Fall kleiner Strahlungsdichte abdeckt. Seine Fragestellung war statistischer Natur. Er wollte die Art der Statistik hinter dem Strahlungsgesetz ergründen und wählte sich dazu den Wien-Bereich aus. Das klingt heute nicht sonderlich aufregend, war damals aber durchaus ungewöhnlich. Auf welche Weise sollte man denn hinter einem nach klassischem Verständnis kontinuierlichen Wellenvorgang, nämlich dem des Lichtes, einen diskontinuierlichen Prozeß vermuten, in dem die Statistik eine Rolle spielt? Einsteins Vermutung bestand darin, daß die Maxwell-Theorie, die die Strahlungsvorgänge mit stetigen Feldfunktionen beschreibt, nur für das zeitliche Mittel einer großen Zahl von diskontinuierlichen Elementarprozessen gilt. Stetiges Verhalten wäre somit eine Sache der Perspektive: In bezug auf den Emissions- oder Absorptionsvorgang zeigt sich im Kleinen der Teilchencharakter, während sich bei einer groben Mittelung die Feldnatur der Strahlung herausbildet. Erkenntnistheoretisch wichtig ist hier wiederum, daß die heuristische

Basis nicht der damals noch unerklärte Photoeffekt war, sondern die *Idee der Dualität.* «Die mit kontinuierlichen Raumfunktionen operierende Undulationstheorie des Lichtes hat sich zur Darstellung der rein optischen Phänomene vortrefflich bewährt und wird wohl nie durch eine andere Theorie ersetzt werden. Es ist jedoch im Auge zu behalten, daß sich die optischen Beobachtungen auf zeitliche Mittelwerte, nicht aber auf Momentanwerte beziehen, und es ist trotz der vollständigen Bestätigung der Theorie der Beugung, Reflexion, Brechung, Dispersion etc. durch das Experiment wohl denkbar, daß die mit kontinuierlichen Raumfunktionen operierende Theorie des Lichtes zu Widersprüchen mit der Erfahrung führt, wenn man sie auf die Erscheinungen der Lichterzeugung und Lichtverwandlung anwendet.»[4] Immer wieder werden wir darauf stoßen, daß Einstein seine Gründe zur Konstruktion einer neuen Theorie nicht aus irgendeinem winzigen Effekt bezog, der von den vorhandenen Theorien noch nicht erklärt werden konnte, sondern daß er zumeist von einer viel weiteren Fragestellung ausging, daß es sich aber im nachhinein herausstellte, daß dieser Effekt von der Erklärungsleistung seiner vorgeschlagenen Theorie mitabgedeckt wurde.

Für die quantitative Durchrechnung der Lichtquantenhypothese verwendete er ein Modell, das das Teilchenbild auf Strahlung anwendbar macht. Die entscheidende Idee seines Ansatzes ist die einer strukturalen Analogie. Die Wahrscheinlichkeit, daß man alle betrachtete Strahlung nur in einem bestimmten Teilvolumen des gesamten Rauminhaltes findet, hat die gleiche Form, als wenn n gleiche Teilchen statt des gesamten Raumes nur einen endlichen Teil davon einnehmen. Über diese Formengleichheit für den Wahrscheinlichkeitsausdruck gewann er die Lichtquantenhypothese. Seine zentrale Aussage lautete: «Monochromatische Strahlung von geringer Dichte (...) verhält sich in wärmetheoretischer Beziehung so, wie wenn sie aus voneinander unabhängigen Energiequanten von der Größe $R\beta v/N[= hv]$ bestünde.»[5] Den weitreichenden Charakter der Lichtquantenannahme sieht man daran, daß Einstein die Hypothese nicht nur für die freie Strahlung aussprach, sondern auch für die Wechselwirkung der Strahlung mit Materie als gültig betrachtete. Das ist der Sinn seines Titelpassus «Erzeugung und Verwandlung des Lichtes». Gerade darüber entstand aber dann später eine sehr heftige Diskussion. Geradeso wie beim Planckschen Strahlungsgesetz tauchte jetzt auch wieder die ontologische Frage auf: Wie war das hv zu deuten, fiktionalistisch oder realistisch? Wie immer in der Naturwissenschaft konnte nur ein Erklärungserfolg der Hypothese eine Entscheidung darüber bringen. Der ausschlaggebende Anwendungsfall der Lichtquantenhypothese war nun der photoelektrische Effekt.

Der Photoeffekt war schon lange bekannt. 1887 war Heinrich Hertz, der die berühmte Voraussage der Maxwell-Theorie, nämlich die Existenz elektromagnetischer Wellen, nachgewiesen hatte, beim Studium von Funkenentladungen, die durch Potentialdifferenzen zwischen zwei Metalloberflächen erzeugt worden waren, rein zufällig auf einen Sekundäreffekt gestoßen. Er analysierte diesen dann experimentell weiter mit dem Ergebnis, daß ultraviolettes Licht Funken aus Metalloberflächen auslösen kann. Weitere Untersuchungen von Wilhelm Hallwachs ergaben, daß Metalloberflächen nach Bestrahlung mit UV-Licht sich elektrisch aufladen. Genauer gesagt, negativ geladene Leiter verlieren die Ladung vollständig, ungeladene Platten laden sich bis zu einem positiven sogenannten Haltepotential auf, und positiv geladene Platten mit einem Potential, das größer ist als das Haltepotential, behalten die Ladung. Zur damaligen Zeit hatte niemand eine Vermutung über den Mechanismus des Effekts. Erst J. J. Thomson erkannte 1899, daß die ausgelösten Teilchen aus Elektronen bestehen, aber erst Philip Lenard fand die für eine wellentheoretische Erklärung des Phänomens entscheidende Schwierigkeit. Nach der Wellentheorie müßte man sich vorstellen, daß die Elektronen durch das elektromagnetische Feld in Schwingungen versetzt werden, daß die Amplitude der Schwingungen stetig zunimmt, bis bei der letzten Halbschwingung ein Elektron das Metall verläßt. Die Einwirkung eines schwachen Lichtes sollte somit ein langsames Aufschaukeln bewirken, und damit müßte der Beginn des Effektes verzögert sein, wohingegen bei einer starken Bestrahlung ein schneller Effekt zu erwarten war. Die Geschwindigkeit der austretenden Elektronen sollte dabei proportional der Intensität des eingestrahlten Lichtes sein. Die Energie der abgelösten Elektronen müßte also mit der Intensität des Lichtes zunehmen. Lenard stellte nun fest, daß selbst bei einer Variation der Intensität um den Faktor 1000 keine Abhängigkeit der kinetischen Energie der Elektronen von der Intensität zu bemerken war. Die wachsende Intensität erhöhte nur die Zahl der emittierten Elektronen. Die kinetische Energie der Elektronen wuchs hingegen linear mit der Frequenz ν des Lichtes. Überdies trat der Effekt ohne jede Verzögerung ein, d.h. in einem Intervall unter 10^{-8} sec. Diese Frequenzabhängigkeit des Effektes war das Problem. Je kurzwelliger das Licht, d.h. je größer ν, als desto größer ergab sich die Geschwindigkeit der Elektronen. Bei einer bestimmten kleinen Grenzfrequenz ν_0 hörte der Effekt überhaupt auf, das ist die sogenannte langwellige Grenze des Effektes. Der Photoeffekt schien einer klassischen Wellenerklärung zu widerstreiten. Man könnte daran denken, daß das Licht vielleicht nur auslösende Wirkung besitzt und die Elektronen statt von der Strahlung ihre Energie bzw. ihre Geschwindigkeit von der inneren Wärmebewegung des Metalls erhalten. Dann wird aber die Abhängigkeit von der Wellenlänge bzw. der Frequenz nicht klar. Die Elektronengeschwindigkeit müßte sich erhöhen, wenn man das Metall erhitzt. Gerade dieser Effekt tritt aber nicht ein. Andererseits muß die Energie der Elektronen aber aus der Strahlung oder aus dem Atom selber stammen, irgendwoher muß sie ja kommen. Damit schien eine Grenze der klassischen Erklärbarkeit erreicht zu sein.

Einstein gab nun in seiner Arbeit von 1905 den Lenardschen Ergebnissen eine Deutung. Wendet man die vorher geschilderte Lichtquantenhypothese auf diese Situation an, dann bedeutet dies, daß ein Lichtquant hv seine Energie an ein einzelnes Elektron abgibt. Der Energietransfer eines Lichtquantes ist völlig unabhängig von all den anderen Übertragungsvorgängen. Natürlich muß das Elektron erst einmal eine bestimmte Arbeit leisten, um die Metalloberfläche zu erreichen. Wenn dieser Energieverlust im Grenzfall Null ist, dann ist E_{max} = hv-A, wobei A die Austrittsarbeit ist, das ist jene Arbeit, die zum Entfernen eines Elektrons aus dem Metall erforderlich ist. Aus dem Erklärungsvorschlag Einsteins sieht man sofort, daß die Energie linear von der Frequenz abhängt. Die Neigung der Geraden, die geometrisch diese E-v-Beziehung darstellt, ist unabhängig vom bestrahlten Material und sie liefert genau wieder die Plancksche Konstante, wie wir sie aus dem Strahlungsgesetz schon kennen. Einstein faßte gegen Ende seiner Arbeit den Grundgedanken zusammen: «Nach der Auffassung, daß das erregende Licht aus Energiequanten von der Energie (R/N)βv bestehe, läßt sich die Erzeugung von Kathodenstrahlen durch Licht folgendermaßen auffassen: In die oberflächliche Schicht des Körpers dringen Energiequanten ein, und deren Energie verwandelt sich wenigstens zum Teil in kinetische Energie von Elektronen. Die einfachste Vorstellung ist die, daß ein Lichtquant seine ganze Energie an ein einziges Elektron abgibt; wir wollen annehmen, daß dies vorkomme.»[6] Der Photonbegriff selber tauchte in Einsteins Arbeit noch nicht auf. Seine neu postulierten Entitäten, die als Energiepakete hv definiert werden, führte er als Lichtquanten ein. Nun könnte jemand einwenden, daß die erfolgreiche Erklärung eines einzigen Effektes noch nicht gleich die Herbeiführung einer wissenschaftlichen Revolution bedeute. Auch dieses Problem des Nachweises von weiterer Überschußbedeutung hat Einstein gesehen, und er zeigte gleich eine Reihe von Anwendungen seines «heuristischen Prinzips» auf. Das Stokes'sche Gesetz der Photoluminiszenz, die Photoionisierung und der inverse Photoeffekt oder sogenannte Volta-Effekt sind weitere Anwendungen, die darauf hinweisen, daß Einsteins Hypothese kein Willkürakt war, sondern eine gut begründete weitreichende Vermutung.

3. Das Problem der Dualität

Die Reaktion der Gelehrtenwelt auf die Lichtquantenhypothese war gespalten. Berühmt geworden sind die Worte von Max Planck, die dieser 1913 anläßlich der Aufnahme Einsteins in die Preußische Akademie der

Wissenschaften ausgesprochen hat. Trotz des großen Lobes, das Planck für Einstein findet, merkt er an: «Daß Einstein in seinen Spekulationen gelegentlich auch einmal über das Ziel hinausgeschossen haben mag wie z.b. in seiner Photonenhypothese, wird man ihm nicht allzusehr anrechnen dürfen, denn ohne ein Risiko zu wagen, läßt sich auch in den exakten Wissenschaften keine wirkliche Neuerung einführen.»[7] Bemerkenswert ist hier, daß der Entdecker des Wirkungsquantums dem Entdecker des Lichtquantums vorwirft, daß er seine Hypothese ernst nimmt. Aber so weit, wie es hier scheint, gingen die Auffassungen der beiden gar nicht auseinander. Einstein hielt die Quantentheorie sein ganzes Leben lang für ein Krisenphänomen, daher war er auch nicht zufrieden mit dem Erklärungserfolg der Lichtquantenhypothese. Er war zweifellos nicht der Auffassung, wie dies später einmal Norwood Russell Hanson für kosmologische Theorien formuliert hat, daß es völlig gleichgültig ist, welche Schlüsselbegriffe in den Axiomen einer physikalischen Theorie auftauchen und daß man sich eigentlich nur darum kümmern muß, was in den daraus gefolgerten Beobachtungssätzen ausgesagt wird. «Wichtig ist nicht so sehr was bei den kosmologischen Theorien ‹oben auf der Seite› steht, sondern vielmehr das Ableitungsverfahren, das zu den Beobachtungssätzen führt, die ‹unten auf der Seite› stehen.»[8] Einstein wäre also nicht mit der Empfehlung zufrieden gewesen, sich über das, was oben auf der Seite steht, also die theoretischen Annahmen und ihren ontologischen Status, keine Gedanken zu machen, solange das, was unten auf der Seite steht, mit den Experimenten übereinstimmt. In empirischer Hinsicht hätte er zufrieden sein können, dennoch schreibt er 1951 an Besso: «Die ganzen 50 Jahre bewusster Grübelei haben mich der Antwort auf die Frage ‹Was sind Lichtquanten?› nicht näher gebracht. Heute glaubt zwar jeder Lump, er wisse es, aber er täuscht sich.»[9]

Einstein stellte ganz explizit die essentialistische Frage nach der Natur der Lichtquanten, war also offensichtlich an der ontologischen Dimension interessiert. Sie sind aber auch wirklich seltsame Teilchen, wenn man sie vom Standpunkt der klassischen Korpuskulartheorie aus betrachtet. In der Relation $E = hv$ drückt sich aus, daß diese Teilchen durch die Schwingungszahl v definiert werden; dies ist aber eine Welleneigenschaft. Sie besitzen, wie sich später ergab, keine Ruhemasse, sondern eine relativistische Masse hv/c^2, und wie sich ebenfalls später zeigte, den Impuls hv/c. In allen drei konstitutiven Bestimmungsgrößen taucht die Welleneigenschaft auf, deswegen hat man von der Lichtquantenhypothese auch als von einer semikorpuskularen Lichttheorie gesprochen. Es waren also keine Newtonschen Korpuskeln mehr, harte, undurchdringliche, unteilbare, unzerstörbare, kugelförmige Teilchen, die ihren festen Platz in Raum und Zeit einnehmen. Sogar die letzte Eigenschaft ist problematisch. Wie man zeigen kann, ist das Photon kein einfach lokalisierbares Teilchen. Ein monochromatisches Photon besitzt keine klar angebbare räumliche Ausdehnung. So nimmt es nicht wunder, daß der Entdecker und seine Zeitgenossen sehr kritisch, ja fast skeptisch gegenüber dem Photonbegriff eingestellt waren. Dazu kommt, daß der Begriff ja nur in einem Teilbereich des gesamten Spektralbereiches eingeführt war, in dem sogenannten Wien-Bereich, wo $h\nu/kT \gg 1$ ist. Die Ausdehnbarkeit dieses Begriffes auf andere Spektralbereiche war damit durchaus offen. Auf der Solvay-Konferenz von 1911 wurde daher auch vor allem der vorläufige Charakter des Lichtquantenbegriffes betont.[10] Man war sich klar, daß hier eine Unvereinbarkeit mit den experimentell bestätigten Konsequenzen der Wellentheorie vorlag. Einsteins Vorsicht war auch insofern berechtigt, als durch die ältere Quantentheorie, wie sie seit dem Bohrschen Atommodell von 1913 existierte, die Wechselwirkung von Strahlung und Materie nicht erfaßt war, ein Problem, das erst in den modernen Quantenfeldtheorien, wo man Teilchenentstehung und -vernichtung formulieren kann, ins Auge gefaßt wurde. Max Planck hatte schon 1907 und 1909 darauf hingewiesen, daß die Hauptrolle des Wirkungsquantums dort zu suchen sei, wo Emissions- und Absorptionsvorgänge ablaufen, während für freie Felder die Maxwell-Gleichungen als streng gültig betrachtet werden könnten. Die Quantenparadoxa gründeten also in jenem Bereich der Wechselwirkung von Strahlung und Materie, der theoretisch noch nicht erfaßt sei. Auch Robert Millikan hatte stärkste Vorbehalte gegen die ‹elektromagnetischen Lichtteilchen›, eben weil ihre Existenz all dem widerspricht, was wir über die Interferenz des Lichtes wissen. Er hat die Einstein-Relation $E = h\nu - A$ einer genauen Prüfung unterworfen,[11] obwohl er die ganze Semikorpuskular-Theorie für untragbar hielt. Der Widerstand ist erklärbar, weil hier bereits das Rätsel der Dualität sichtbar ist. Die Lichtquanten scheinen jenem Teil der Maxwell-Theorie zu widersprechen, den man eigentlich am besten zu verstehen glaubte, nämlich der Theorie des freien Feldes.

Für die meisten Physiker kam allerdings die Entscheidung durch den Compton-Effekt. Dieser enthält eine neue Abhängigkeit. Streut man Röntgenstrahlen an einem Körper, verringert sich die Frequenz. So etwas ist mit der Wellentheorie des Lichtes kaum erklärbar. Elektronen würden in dem Fall durch die Strahlung zu Schwingungen angeregt und deshalb müßten sie Strahlung mit derselben Frequenz aussenden. Die Frequenzänderung ist in der Wellentheorie nicht erklärbar. Die Deutung gab 1922 Arthur Compton selber. Bei der Streuung stoßen Photonen und Elektronen des Körpers zusammen. Ein Teil der Energie $E = h\nu$ wird abgegeben, deswegen haben die gestreuten Photonen eine geringere Energie $E' = h\nu'$ und die Frequenzverringerung läßt sich aus dem Energiesatz und dem Impulssatz berechnen. Damit ergibt sich, daß der Photonimpuls $p = h/\lambda$

ein sinnvoller Begriff ist. Der Compton-Effekt festigte also den Teilchencharakter des Photons.

Der Compton-Effekt hatte zudem eine wichtige Funktion in der Geschichte der Erhaltungssätze. Die Zweifel an der Gültigkeit der Energie-
und Impulserhaltung wurden durch ihn beseitigt. Aber das Rätsel wird
dadurch nur umso größer. Wie kann ein physikalisches Objekt Teilchen
und Welle sein? Klassisch gesehen handelt es sich hier um einen Widerspruch, weil inkompatible Prädikate vorliegen; hier kann eine Entität nur
Teilchen oder Welle sein. Entsprechend den Aussagen der Quantentheorie bestehen aber die Wellen- und Teilcheneigenschaften gerade nebeneinander. Einstein hat 1909 ein weiteres wichtiges Ergebnis zu dieser
Form der «Simultanexistenz» geliefert.[12] Diese Arbeit enthält auch seine
Stellungnahme zur berühmten Kontroverse mit Walter Ritz.[13]

Walter Ritz hatte behauptet, wenn man die Wellengleichung mit den
retardierten Potentialen löst und die avancierten ignoriert, dann führt
man eine Asymmetrie zwischen Vergangenheit und Zukunft ein, und das
ist der Ursprung der Irreversibilität der Strahlungsphänomene und auch
jener Irreversibilitäten, die man im zweiten Hauptsatz der Thermodynamik findet. Einstein war da anderer Meinung; er behauptete, man muß
die Wellengleichung nicht unbedingt mit dem Anfangszustand lösen,
man kann auch den Endzustand verwenden und dann mit avancierten
Potentialen arbeiten. Die Irreversibilität der Strahlung ist hingegen statistischer Natur, sie liegt in der Statistik der Lichtquanten. Hier haben wir
eine Aussage von ontologischem Gewicht. Die Teilchennatur manifestiert sich nicht nur bei der Emission und Absorption, es ist notwendig
anzunehmen, daß die Strahlungsenergie wirklich in Paketen hν existiert,
auch dann, wenn keine Wechselwirkung mit der Materie vorhanden ist.
Diese Stärkung des ontologischen Status' der Energiequanten will Einstein nun durch eine Analyse der Energieschwankungen der schwarzen
Strahlung demonstrieren. Er geht dabei von folgender Situation aus: Wir
stellen uns einen Hohlraum vom Volumen V_1 vor, der in Verbindung mit
dem kleinen Volumen V_2 sein soll. Beide seien angefüllt mit schwarzer
Strahlung der Temperatur T. Damit herrscht also ein Gleichgewichtszustand, und die Entropie S ist ein Maximum. Da die Energiedichte konstant ist, verhalten sich die Einzelenergien U_1 zu U_2 wie die Volumina V_1
zu V_2. In den beiden Hohlräumen ist nun Strahlung aller Frequenzen
vorhanden. Da die verschiedenen Frequenzen alle unabhängig voneinander sind, kann man die Energiedichte eines kleinen spektralen Intervalls
betrachten, eines Intervalls, das zwischen ν und ν + dν liegt, d.h. sich
nur mit der Größe u(ν)dν befassen. Im kleineren Hohlraum bleibt nach
der phänomenologischen Thermodynamik die Energie $U_2 = V_2 \cdot u(\nu)d\nu$
konstant und die Entropie S_2 hat immer ein Maximum. Dies kann aber
nach der statistischen Mechanik nicht in Strenge wahr sein. Es muß

immer Schwankungen um das Gleichgewicht geben. Das wird auch der Fall sein, wenn wir die semikorpuskulare Natur der Strahlung in Rechnung stellen. Die Strahlungsdichte $u(v)dv$ in einem Punkt wird schwanken, d.h. die Energien U_1 und U_2 werden nicht dauernd im Verhältnis V_1 zu V_2 stehen. Diese Schwankungen will Einstein nun berechnen. Schon vom Wellenaspekt her sind Schwankungen zu erwarten. Alle Wände des Hohlraumes strahlen, und die Strahlung kreuzt sich in bestimmten Punkten, es gibt also Interferenzen. Auch wenn sie nicht direkt beobachtet werden können, ist es klar, daß die Intensität schwanken muß. Wir wollen die Energieschwankung mit ε bezeichnen, $\varepsilon = U - \bar{U}$, d.h. die Energie U, z.B. des kleineren Hohlraumes, weicht vom Normalwert U um die Größe ε ab. $\bar{\varepsilon}$ ist nun Null, der Mittelwert der Schwankung verschwindet, nicht aber das mittlere Schwankungsquadrat $\bar{\varepsilon^2}$, dieses ist von Null verschieden. Einstein berechnet nun $\bar{\varepsilon^2}$ unter Verwendung der Planckschen Formel. Wir wollen diese Rechnungen hier nicht weiter verfolgen; aber auch ohne daß wir das quantitative Ergebnis betrachten, können wir konstatieren, daß das mittlere Schwankungsquadrat in der Einsteinschen Berechnung aus zwei Gliedern besteht, einem klassischen und einem quantentheoretischen Anteil der Schwankung. Der klassische Anteil ist so beschaffen, daß er allein vorhanden wäre, wenn das Wirkungsquantum h = O wäre. Der quantentheoretische Anteil ist von der Art, daß er allein vorhanden wäre, wenn die Strahlung nur aus vollkommen unabhängigen Quanten hv bestünde und die Strahlung keine Welleneigenschaften hätte. Damit wird die Dualität direkt sichtbar gemacht. Der korpuskulare und der undulatorische Anteil der Strahlung sind beide im Photon vereinigt. Dieses Ergebnis hat eine besondere Bedeutung für die Heuristik der kommenden Theorienkonstruktionen. Es war Einstein bereits 1909 klar, daß die kommende Entwicklung der Physik eine Fusion beider Aspekte bringen müßte. Sie sind nämlich durchaus nicht inkompatibel, daher muß eine Theorie konstruiert werden, in der sich die beiden ergänzen. In gewissem Sinne ist dies eine Antizipation von Bohrs Komplementaritätsgedanken von 1928. Dennoch, so können wir jetzt schon vorwegnehmen, als im Jahre 1925 dann eine Quantenmechanik vorlag, in der die Dualität an der Basis der Theorie eingebaut war, zeigte sich Einstein nicht bereit, diese Theorie als eine fundamentale Theorie zu akzeptieren. Diese Diskrepanz in der Haltung Einsteins gibt ein Rätsel auf, mit dem wir uns noch zu befassen haben. Die Auflösung liegt m.E. in seiner Hintergrundmetaphysik.

Im gleichen Jahr (1909) liefert Einstein noch eine andere Veranschaulichung des doppelten Anteiles der Schwankung. Er verwendet dabei einen anderen Parameter, nicht die Strahlungsdichte, sondern den Strahlungsdruck. In seinem Vortrag von 1909 beim 81. Naturforscher-Kongreß in Salzburg[14] bezeichnet Einstein das Photon als lokalisiertes, punktförmiges Teilchen, das sich immer mit Lichtgeschwindigkeit bewegt und die Energie hv besitzt. Während diese beiden Eigenschaften des Photons sich später durchaus als problematisch erweisen, ist es wichtig, daß Einstein jetzt das Photon nicht nur als mit Energie, sondern mit Impuls ausgestattet betrachtet. Seine Vorstellung ist recht anschaulich. Wenn die Strahlungsdichte schwankt, dann ist es naheliegend, daß dies auch für den Strahlungsdruck gilt, denn ein Druck bedeutet ja nichts anderes als das Teilchenbombardement auf die Wände des Hohlraums, d. h. eine Impulsübertragung. Er stellt sich folgendes Modell vor: Man hat einen Spiegel der Fläche f, welcher im Strahlungsfeld hängt und senkrecht zur Oberfläche beweglich ist. Der Spiegel reflektiert die Strahlung zwischen v und v + dv und ist für alle anderen Frequenzen transparent. Durch den Strahlungsdruck wird nun der Spiegel in Schwankungsbewegungen versetzt. Wenn man Δ als die Schwankung des während der Zeit τ auf den Spiegel übertragenen Impulses analysiert und das Plancksche Gesetz anwendet, dann kann man analog dem Vorhergehenden eine Formel für $\overline{\Delta^2}$ ableiten. Aus dem quantitativen Ausdruck für dieses $\overline{\Delta^2}$ wird wieder die Dualität sichtbar. Auch diese Schwankungsformel besteht aus zwei Termen. Der erste Term spiegelt die Quantennatur der Strahlung, die Lichtteilchen verhalten sich bei Druckschwankungen so, als ob sie aus unabhängigen Impulsquanten der Größe hv/c bestünden. Die Brownsche Bewegung der Lichtquanten besitzt aber auch einen klassischen Anteil, der auf die Wellennatur des Photons zurückgeht und das wird im zweiten Term ausgedrückt.

Wiederum ist auf einen methodischen Punkt hinzuweisen. Es kann, wie man aus Einsteins Analyse sieht, durchaus makroskopische Messungen geben, die im Prinzip Aufschluß über elementare Strahlungsprozesse geben. Damit ist die Natur der Lichtquanten indirekt durch makroskopische Beobachtungen analysierbar. In einem bestimmten Sinne kann sogar das unbewaffnete Auge als Meßgerät zur Enthüllung der Natur der Strahlung dienen. Nimmt man sehr kleine Lichtintensitäten, kann das Auge auch in einem gleichförmigen Lichtstrom Helligkeitsschwankungen wahrnehmen, dies ist der sogenannte Schroteffekt. Liefert man dem Auge eine regelmäßige periodische Folge von sehr schwachen Lichtblitzen, wird diese nicht als eine solche gesehen, sondern einige von diesen Lichtblitzen fallen aus, weil die Photonenzahl, d. h. also die Intensität, zu klein ist. 40–100 Photonen reichen z. B. schon aus, um die Helligkeitsempfindung «grün» zu erzeugen. Bei dieser Größenordnung ist die Schwankung aber bereits ca. 30%. Wäre das Auge nur 10 mal empfindlicher als es tatsächlich ist, würde man das Licht von schwachen Sternen tatsächlich «heruntertropfen» sehen.[15]

Es kann keine Frage sein, daß Einstein spätestens seit 1916 den Photonbegriff im heutigen Sinne mit seinen Bestimmungsstücken Energie,

Impuls und Masse gebraucht. Erst alle drei Eigenschaften zusammen
konstituieren eigentlich das Lichtteilchen. Der Name dieses Lichtteil-
chens geht nicht auf Einstein zurück, sondern wurde 1926 von dem
Chemiker Gilbert Lewis eingeführt, der zu zeigen versuchte, daß es auch
für Photonen einen Erhaltungssssatz gibt. Diese Vermutung bestätigte
sich nicht, aber der von ihm vorgeschlagene Name, der vom griechischen
φῶς, das Licht, kommt, blieb erhalten.

In allen Ableitungen der Schwankungserscheinungen hat Einstein
Plancks Gesetz verwendet und die darin liegende verborgene Dualität
enthüllt. Dies bedeutet jedoch nicht, daß Einstein das Rätsel der Dualität
lösen konnte, er hat nur ihre Objektivität in den Quantenphänomenen
aufgewiesen. In einem fundamentalen Sinne, so muß man wahrscheinlich
behaupten, ist der Welle-Teilchen-Dualismus selbst nach der Existenz
der Quantenfeldtheorie noch immer ungelöst.[16] Dualität wird also als
eine Konsequenz des Planckschen Gesetzes sichtbar, aber was ist mit
diesem Gesetz selber? Einstein zerbrach sich jahrelang den Kopf darüber,
ob man dieses Gesetz auch von seinem Zustandekommen her verstehen
kann. In seiner Arbeit von 1905 hatte er noch den Vorgang der Emission
und Absorption aus der Wechselwirkung von Strahlung und Materie
ausgeklammert. In gewissem Sinne kann man davon sprechen, daß sein
Vorschlag eine black-box-Annahme war, eine phänomenologische Hypothese, was den Vorgang der Energieübertragung vom Photon zum
Elektron anbelangt. Inzwischen war aber etwas Bedeutendes geschehen.
1913 hatte Bohr die neue physikalische Idee zutage gefördert, wonach
ein Atom verschiedene Energiezustände besitzen kann und der Übergang
zwischen diesen Zuständen durch eine Abstrahlungsbedingung regiert
wird. Dies ermöglichte nun Einstein im Jahre 1917, nicht mehr nur die
Statistik der Strahlung eines Hohlraumes der Temperatur T zu untersu-
chen, sondern sich mit dem Mechanismus der Emission und Absorption
an den Wänden zu befassen, wenn sich die Strahlung bei der Temperatur T im thermodynamischen Gleichgewichtszustand befindet.[17] Als Modell wählt er wieder einen Hohlraum mit Strahlung, wobei die Wände
und der Raum bei der Temperatur T im Gleichgewicht sind. Er betrachtet zwei Energieniveaus E_1 und E_2, wobei E_1 höher als E_2 sei, und nimmt
an, daß sich N_1 Atome im Zustand E_1 und N_2 im Zustand E_2 befinden.
Dann stellt er die Frage, wieviele der Atome vom höheren auf das niedrigere Energieniveau springen. Dabei führt er einen wichtigen neuen Begriff in die Physik ein, nämlich den der Übergangswahrscheinlichkeit.
Eine bestimmte Zahl von Atomen geht unter spontaner Emission eines
Photons auf das niedrigere Energieniveau über. Eine äußere Quelle wird
für diesen Vorgang nicht gebraucht. Ebenso geht auch eine bestimmte
Zahl von Atomen vom niedrigeren Niveau E_2 auf das höhere E_1 über,
wobei sie ein Photon absorbieren. Dies ist durchaus möglich, weil ja

Strahlung in diesem Hohlraum vorhanden ist. Ein bestimmter Teil der N_2-Atome beteiligt sich also an der sogenannten induzierten Absorption. Sie erfolgt in diesem Fall über eine äußere Quelle, nämlich die vorhandene Strahlung.[18] Eigentlich sollte man meinen, daß mit diesen beiden Prozessen das Gleichgewicht in diesem Hohlraum bereits ausreichend beschrieben sei. Wenn man die beiden Prozesse gleichsetzt, müßte es eigentlich möglich sein, das Strahlungsgesetz für den Gleichgewichtszustand zu bekommen. Wie jedoch die quantitative Analyse erweist, stimmt dies nicht. Man erhält zwar ein Strahlungsgesetz, aber nur das Gesetz von Wien für die schwache Strahlungsdichte. Offensichtlich ist hier noch ein dritter Prozeß am Werk und es ist wieder ein schönes Beispiel für Einsteins physikalischen Instinkt, daß er hier den richtigen Vorgang erriet. Man muß noch zusätzlich eine induzierte oder stimulierte Emission annehmen. Dies ist ein zweiter Emissionsvorgang, der besagt, daß Strahlung, d.h. ein Photon, auch veranlassen kann, daß ein Elektron von einem höheren zu einem niedrigeren Energieniveau übergeht. Eine solche induzierte Emission wird daher proportional der vorhandenen Strahlungsdichte sein. Erst diese drei Prozesse zusammen, die spontane Emission, die induzierte Absorption und die induzierte Emission, liefern die Gleichgewichtsbedingung. Einstein gelang es, unter der weiteren Voraussetzung des Boltzmannschen Verteilungsgesetzes und der Bohrschen Ausstrahlungsbedingung $E_1 - E_2 = hv$ das Planck-Gesetz für die Strahlungsdichte zu finden.

Einsteins Ableitung des Planck-Gesetzes ist ein in mehrfacher Hinsicht bedeutsames Ergebnis. Es handelt sich um eine rein quantenhafte Ableitung unter Verwendung von drei Voraussetzungen: Einerseits wird angenommen, daß die Ausbreitung des Lichtes auf einer Kugelfläche durch das Zusammenwirken einer großen Zahl von Photonen passiert. Diese große Zahl von Photonen erweckt den Eindruck, als ob das Strahlungszentrum von einer Kugelfläche umgeben ist, die sogenannte Wellenfläche, die stetig mit Energie belegt ist. Dennoch ist jeder Elementarprozeß der Emission stets gerichtet. Es handelt sich also um eine sogenannte Nadelstrahlung. Die Vielzahl von Photonen, die keine Richtung bevorzugen, erzeugen den Eindruck einer ungerichteten Strahlung oder einer Kugelwelle.[19] Neben dieser statistischen Annahme steckte Einstein in seine Ableitung noch die Voraussetzung, daß jedes atomare System nur in diskreten Energiezuständen existieren kann und machte zudem Gebrauch von der Bohrschen Frequenzbedingung. Damit wurde es auch recht unwahrscheinlich, daß es noch jemals ein klassisches Verständnis des Planckschen Strahlungsgesetzes geben könnte. Mehr und mehr zeichnete sich ab, daß das Wirkungsquantum keine fiktive Größe ist, und daß Plancks zweite Alternative, daß sich mit dem Wirkungsquantum etwas ganz Neues, bis dahin Unerhörtes, ankündige, die richtige Deutung war.

Eine weitere Konsequenz hatte die Einsteinsche Ableitung: Mit der Einführung der stimulierten Emission hatte er nämlich die theoretische Voraussetzung für den Laser geschaffen. Wenn wir eine hohe Strahlungsdichte erzeugen, das höhere Energieniveau E_1 mit einer ausreichenden Zahl von Elektronen besetzen und die Frequenzen richtig abstimmen (die Phasen richtig wählen), dann ergibt die stimulierte Emission eine große Zahl von Photonen der Frequenz v, d.h. man erhält eine starke monochromatische Strahlung. Dies hat man später «light amplification by stimulated emission of radiation» (abgekürzt: Laser) genannt und zuerst für Mikrowellen und dann für Lichtwellen realisiert. Laser (Lichtverstärkung durch angeregte Strahlungsemission) und Maser (Mikrowellenverstärkung durch angeregte Strahlungsemission) haben heute enorme technische Anwendungen. Ihre Existenz ist aber auch von erkenntnistheoretischer Bedeutung, sie stellen die makroskopische Manifestation eines Quantenphänomenes dar. Daraus sieht man schon, daß die einfache schematische Einteilung, nach der die Quantentheorie die Theorie für das ganz Kleine ist und die klassische Theorie immer im Großen gilt, zu vordergründig ist. Die Quantentheorie ist offensichtlich nicht nur einfach die Theorie für das Mikroskopische, auch Teile der sichtbaren Welt sind offenbar quantenhaft. Die partielle Quantenhaftigkeit der Makrowelt erzeugt aber eine bohrende Frage: Wo und wie grenzen klassische Theorie und Quantentheorie aneinander? In welchem Ausmaß ist die makroskopische Welt quantenhaft? Es sind tiefe, ungelöste Fragen der physikalischen Ontologie, in die Einsteins Untersuchung von 1917 hineinführt.

Der Laser ist nicht nur ein Beispiel für eine makroskopische Quantenerscheinung, er ist auch insofern ein besonderes System, als er alle Züge einer sich selbst organisierenden Struktur enthält. Grundsätzlich ist er nur ein Sonderfall einer Gasentladungsröhre, bei dem man das Licht durch Anbringung zweier Spiegel zwingt, länger in der Laseranordnung zu bleiben. Wie Hermann Haken gezeigt hat, kann man dann die Entstehung des Laser-Lichtes so deuten, daß eine Art Konkurrenz zwischen den verschiedenen Wellenlängen auftritt, das vorhandene Licht einen Modus verstärkt und die anderen Modi unterdrückt, d.h. also im Sinne eines Selektionsvorganges.[20] Die Leuchtelektronen der Gasatome werden durch Energiezufuhr angeregt, also durch stimulierte Emission, jenen neuen Prozeß, den Einstein eingeführt hatte. Ab einer bestimmten kritischen Stromstärke ändert sich nun der Ordnungszustand des Systems und es passiert das, was man einen Phasenübergang nennt. Der Laser ist ein typisches offenes System, das weit entfernt vom thermodynamischen Gleichgewicht arbeitet. Wenn die Energiezufuhr einen Schwellenwert überschreitet, organisiert er sich selbst und sendet dann kohärentes Licht aus. Zweifellos ist der Weg weit von Einsteins Einführung der stimulierten Emission bis zum Verständnis von Phasenübergängen; wie wir später

sehen werden, hat er noch einmal in einer anderen Arbeit, nämlich bei
der sogenannten Bose-Einstein-Kondensation, erste Voraussetzungen für
das Verständnis eines Phasenüberganges geschaffen.

4. Die Rolle des Zufalls

Es hat schon viele Wissenschaftshistoriker und Erkenntnistheoretiker interessiert, wie aus jenem Einstein, der die erwähnten starken Stützen für
die Dualität in der Quantenmechanik gefunden hat, jener Einstein werden konnte, der seine starken Vorbehalte gegen das Zufallselement in
dieser Theorie geltend machte. Es war keine Frage, daß, je mehr quantentheoretische Effekte und je mehr theoretische Zusammenhänge verstanden wurden, Zufallselemente stärker an Einfluß gewannen. Betrachtet
man die spontane Emission bei der Nadelstrahlung, so liefert die Theorie
keine Aussage, wann ein Photon spontan emittiert wird und wohin es
fliegt. Die Übergangswahrscheinlichkeit, so erkannte Einstein bald, die er
ja bei der spontanen Emission neu eingeführt hatte, war eine neue nichtklassische Größe, die den gleichen Status hatte wie die radioaktiven
Übergänge. Verglichen mit den klassischen deterministischen Beschreibungen fehlte etwas bei den spontanen Prozessen. Die Frage war nur, ob
dies ein vorläufiges Erklärungsdefizit darstellte oder eine endgültige Situation.[21]

Es war bei ihm wohl schon eine Ahnung vorhanden, daß in der Quantentheorie ein statistisches Residuum bleiben würde und daß man die
Strahlungsübergänge niemals mehr im Sinne einer vollständigen Kausalität würde verstehen können. So lange weder ein empirisches noch ein
theoretisches Stück Wissen auf eine verborgene Kausalität hinweist, ist es
einfach ein Akt der Hoffnung oder, wenn man will, auch ein ungedeckter
Wechsel auf die Zukunft, zu glauben, daß die Wahrscheinlichkeiten wieder eliminiert werden. Die Entwicklung ging in eine ganz andere Richtung. Die neuen Befunde etablierten den Photonbegriff immer deutlicher,
der Compton-Effekt zeigte eindeutig, daß Strahlung nicht nur in bezug
auf den Energietransfer, sondern auch in bezug auf den Impulsübertrag,
d.h. die Stoßwirkung, Teilchencharakter besitzt. Licht verhält sich wie
ein Schwarm von Teilchen, nicht nur, was seine Energiequantisierung
betrifft, sondern es zeigte sich, daß auch der mechanische Begriff des
Stoßes zwischen den einzelnen Teilchen von den Materieteilchen her
adäquat übertragbar ist. Die Dualität ist aber auch mit der Wahl der
Experimentalanordnung verbunden. Es schien so zu sein, daß der Welle-
oder Teilchencharakter eines seiner inneren Natur nach unergründbaren
Objektes sich je nach der Experimentalanordnung zeigt. Dieser Zusammenhang wurde dann später empiristisch meist so gedeutet, daß der

anscheinend willkürliche experimentelle Eingriff in den Bauplan der Natur eine konstitutive Rolle beim Hervorbringen der charakteristischen Eigenschaften der Materie spielt. Der erste, der auch theoretisch versucht hat, mit der Dualität ernst zu machen, und für Materie und Strahlung Welle- und Teilcheneigenschaft postulierte, war Louis de Broglie. Jedem Teilchen ist eine Welle mit der Wellenlänge λ = h/mv zugeordnet. 1924 verteidigt de Broglie seine Doktorthese «Recherche sur la théorie des quanta»,[22] in der er fordert, daß die Doppelnatur, die Einstein 1905 für die Photonen gefordert hatte, auch für Materieteilchen gelten sollte, speziell auch für das Elektron. Wenn mit dem Elektron eine fiktive Welle assoziiert ist, dann müßte ein Strom von Elektronen, die einen Spalt passieren, dessen Dimension klein gegenüber der Wellenlänge des Elektrons ist, Beugungserscheinungen zeigen. Genau das ist passiert. 1927 haben dann Clinton Joseph Davisson, Lester Germer und 1928 G. P. Thomson gezeigt,[23] daß Elektronenstrahlen an Kristallen Beugungserscheinungen zeigen, die man im Prinzip von Laue-Diagrammen, die die Beugung von Röntgenstrahlen zeigen, nicht unterscheiden kann.

Obwohl sich theoretisch und experimentell die Dualität mehr und mehr manifestierte, war das klassische Paradigma doch so stark, daß sich auch auf der obersten Expertenebene noch Vorurteile gegen das Photon hielten. So hat etwa Niels Bohr in Zusammenarbeit mit Hendrik Anton Kramers und John Clarke Slater eine Theorie (BKS) entwickelt, bei der die Wechselwirkung von Strahlung und Materie ohne Verwendung des Photonbegriffes erklärt wird.[24] Diese BKS-Theorie ist, obzwar widerlegt, begrifflich insofern interessant, als sie zeigt, welche Prinzipien die Physiker aufzugeben bereit sind, wenn extrem widerspenstige Daten vorliegen. Um den Photonbegriff nicht verwenden zu müssen, waren die BKS-Theoretiker sogar geneigt, Energie- und Impulserhaltung nicht für die elementaren einzelnen Übergänge gelten zu lassen, sondern nur für das statistische Mittel vieler Übergänge. Einsteins Deutung des Photoeffektes und Compton und Debye's Deutung des Compton-Effektes behaupteten die Gültigkeit beider Erhaltungssätze für den Elementarprozeß und außerdem die Gleichzeitigkeit der Produktion von sekundären Photonen und Rückstoßelektronen, also die Kausalität für den Einzelprozeß. Bohr und seine Mitarbeiter hingegen folgerten aus ihrer Theorie, daß die Streuung des Photons und die Emission des Elektrons unabhängig voneinander sein sollten und daß die Zusammengehörigkeit, sozusagen die Kausalität auf der phänomenologischen Oberfläche, erst im Zeitmittel über viele einzelne Prozesse zustandekommen sollte. Hier war ein Fall vorhanden, der durch ein experimentum crucis entschieden werden konnte. Walther Bothe und Hans Geiger prüften durch Koinzidenzmessungen an zwei Geigerspitzenzählern die BKS-Behauptung;[25] mit der Wahrscheinlichkeit von 400000 : 1 ergab sich, daß diese beiden Ereignisse nicht zufällig waren. Dies legte die Vermutung nahe, daß das Photon die Ursache für die Abschleuderung des Elektrons ist. Dadurch wurde die kausale Deutung gestützt, die Gültigkeit der Erhaltungssätze im Elementarprozeß gesichert und die Realität des Photons bestätigt. Die konservative Physik hatte sich durchgesetzt.

5. Spezifische Wärme

Die Umbruchphase von der klassischen zur Quantenphysik zog sich über mehrere Jahrzehnte hin. Einstein war während dieser gesamten Zeit stark involviert. Wo er nicht aktiv an den Gesprächen teilnahm, hatte seine Meinung bei den Zeitgenossen zumeist eine katalytische Wirkung. Es gab viele rätselhafte Effekte, die an den verschiedensten Stellen das klassische Bild störten. Die Probleme, die mit dem Strahlungsgesetz zusammenhängen, waren nur eines der Indizien, die die Unvollständigkeit des klassischen Bildes der Natur andeuteten. Die grundsätzliche Mehrdeutigkeit, die immer dann vorhanden ist, wenn in einer komplexen Theorie eine Konsequenz auf den Widerstand empirischer Daten stößt, war beim Strahlungsgesetz in der Weise entschieden worden, daß eine bestimmte klassische Annahme, nämlich das sogenannte Äquipartitionstheorem, als neuralgischer Punkt identifiziert worden war. Die Gleichverteilung der Energie auf alle Freiheitsgrade war jene klassische Annahme, die geändert werden mußte, um ein Strahlungsgesetz zu erhalten, das mit den Phänomenen in Einklang war.

Nun lag es natürlich nahe, eine parallele Strategie auch an anderen Stellen zu verwenden, wo Schwierigkeiten auftauchten und das Äquipartitionstheorem eine Rolle spielte. Der nächste Komplex, wo wiederum Einstein den ersten entscheidenden Schritt tat, war das Problem der spezifischen Wärme. Erinnern wir uns kurz an die physikalischen Tatsachen. Die spezifische Wärme, mit dem Buchstaben c bezeichnet, ist jene Wärmemenge, die ein Körper mit der Masse M = 1 bei einer Temperaturänderung um 1 °C aufnimmt oder abgibt. Zur Normierung legt man üblicherweise fest, daß Wasser zwischen 14,5 °C und 15,5 °C den Wert c = 1 besitzt. Die Einheit der Wärmemenge ist die Gramm-Kalorie (cal). Man braucht also eine Kalorie, um ein Gramm Wasser von 14,5 °C auf 15,5 °C zu erwärmen. Eine Zusatzschwierigkeit existiert bei spezifischer Wärme von Gasen. Gase dehnen sich bei Erwärmung erheblich aus, feste und flüssige Körper jedoch nicht. Hier muß man zwischen der spezifischen Wärme bei konstantem Druck c_p und der spezifischen Wärme bei konstantem Volumen c_v unterscheiden. Bei festen und flüssigen Körpern gilt $c_p = c_v$.

Vergleicht man das Problem der spezifischen Wärme mit dem der

Brownschen Bewegung, so ergibt sich eine interessante Parallele. In beiden Fällen war ein aus der klassischen Physik tradiertes, seltsames ungeklärtes Phänomen vorhanden. Bereits seit dem 19. Jahrhundert kannte man die geringe spezifische Wärme von Diamant bei Zimmertemperatur. Bis zu Einsteins Lösung des Rätsels, daß nämlich diese Anomalie als Quanteneffekt verstanden werden konnte, waren viele scharfsinnige Überlegungen im Bereich der Festkörperphysik durchgeführt worden. Bereits 1819 fanden P. L. Dulong und A. Th. Petit, daß c, die spezifische Wärme pro Grammatom,[26] für Metalle, aber auch für Schwefel 6 cal/grad mol beträgt. Dulong und Petit machten die damals nächstliegende Generalisierung, daß alle einfachen Körper, also alle Elemente, die gleiche Wärmekapazität besitzen. Es wurde dann ab 1830 klar, daß diese Behauptung auf Festkörper eingeschränkt werden mußte, daß es aber selbst hier auffallende Ausnahmen gab. Vor allem der Wert für Kohlenstoff paßte nicht hinein; das c für Kohlenstoff, vor allem für Diamanten, ergab sich zu 1,4 bis 1,8. In der zweiten Hälfte des 19. Jahrhunderts fand man eine systematische Variation von c mit der Temperatur. Es wurde offenbar, daß es sich hier nicht nur um kleine Irregularitäten handelte, sondern um eine starke Abhängigkeit von der Temperatur T. Zwischen − 100 °C und + 1000 °C zeigte der Diamant eine Variation in bezug auf c vom Faktor 15. Aber nicht nur Irregularitäten zeigten sich, man erkannte auch, daß mit hoher Temperatur c sich dem Dulong/Petit-Wert näherte, daß dieses Gesetz also den Charakter eines Grenzgesetzes besitzen mußte. Untersuchungen bei tiefen Temperaturen unter Verwendung von flüssigem Wasserstoff zeigten, daß c zwischen 20° und 85° Kelvin für Diamant bei etwa 0,05 liegt.

Man wollte aber nicht nur messen, sondern man bemühte sich auch um ein theoretisches Verständnis. Vor allem Ludwig Boltzmann versuchte eine Deutung im Rahmen der molekular-kinetischen Hypothese, entsprechend dem klassischen Ansatz, allerdings unter Verwendung des Äquipartitionstheorems, bei dem die mittlere kinetische Energie pro Freiheitsgrad gleich ½ kT ist. Boltzmann stellte sich vor, daß ein Mol eines Festkörpers aus n Massenpunkten besteht, die um eine Gleichgewichtslage schwingen, das System somit 3 n Freiheitsgrade bzw. Eigenschwingungen besitzt. Da bei harmonischen Schwingungen die potentielle Energie im Mittel gleich der kinetischen Energie ist, ergibt sich pro Freiheitsgrad die mittlere Gesamtenergie kT. Der Energieinhalt U pro mol Festkörper ist damit U = 3 nkT = 3 RT.

$$\text{Da } C_v = \frac{dU}{dT} = 3R \text{ ist, ergibt sich } C_v \text{ zu } 6\ \frac{cal}{mol\ grad}.$$

Dies kann man als eine theoretische Rechtfertigung des Dulong/Petit-Gesetzes ansehen. Boltzmann erkannte nun zwar die Ausnahmen, die für

Kohlenstoff, Bor und Silizium existierten, er ahnte aber nicht die Ursache der Anomalie, und es war Einstein, der 1907 zum erstenmal die Diamantanomalie mit dem Äquipartitionstheorem verbunden hat.[27] Boltzmanns Vermutung, daß die Anomalie irgendetwas mit dem Verlust von Freiheitsgraden zu tun hätte, wenn die Atome im Gitter bei tiefen Temperaturen näher zusammenrücken, bestätigte sich nicht. Einen schwachen Anhaltspunkt hatte Einstein jedoch. Zweifel am Äquipartitionstheorem waren schon bezüglich der spezifischen Wärme von Gasen ausgesprochen worden. Maxwell und später Lord Kelvin hatten gewisse Bedenken geäußert, daß der Gleichverteilungssatz überall anwendbar ist. Einsteins Strategie zur Lösung des Problems bestand darin, eine früher als erfolgreich erprobte Denkfigur auf ein neues Gebiet zu übertragen. Hier wie beim Strahlungsproblem kam es darauf an, wie Sommerfeld sich später ausgedrückt hat, daß die Freiheitsgrade gewogen und nicht nur gezählt werden. Nicht jeder Oszillator, egal welche Frequenz ihm zukommt, darf dieselbe mittlere Energie kT erhalten. Beim Strahlungsproblem führte ja das Äquipartitionstheorem auf die Rayleigh-Jeans-Formel. Die Ersetzung von

$$\bar{u} = kT \text{ durch } \bar{u} = h\nu \frac{1}{e^{h\nu/kT}-1} \text{ lieferte aber dann das richtige}$$

Plancksche Quantengesetz der Strahlung. Diese Strategie könnte doch auch für die spezifische Wärme gute Dienste tun. Schon an dem Vergleich dieser beiden Verteilungsformeln sehen wir, daß die mittlere Energie $\bar{u}$ hier von der Frequenz ν abhängt. Oszillatoren mit verschiedener Frequenz erhalten nicht einfach die gleiche Energie. Einstein gelang es nun zu zeigen, daß für hohe Temperaturen das Dulong-Petitsche Gesetz $C_v = 3\,R$ nach wie vor gültig ist, daß für tiefe Temperaturen

$$\lim_{T \to 0} C_v \text{ jedoch verschwindet.}$$

Damit hatte er zweierlei gezeigt: Einerseits stellt die klassische Formel ein Grenzgesetz dar, nämlich dann, wenn das Äquipartitionstheorem als gültig zu erachten ist, auf der anderen Seite existiert eine nichtklassische Temperaturabhängigkeit der spezifischen Wärme, wie sie vom Experiment gefordert wird. Die Atomwärme und die spezifische Wärme der festen Körper werden also beim absoluten Nullpunkt selbst Null. Einsteins Formel für die spezifische Wärme gibt qualitativ den richtigen Trend wieder, war aber, wie sich zeigte, quantitativ noch nicht voll an die experimentellen Daten angepaßt. Die entscheidenden Verbesserungen erfolgten hier durch Nernst und Lindemann 1911 und die endgültige Lösung kam von Peter Debye im Jahre 1912. Der Grund lag darin, daß Einstein als Modell für den festen Körper eine etwas zu einfache Vorstellung verwendet hatte. Ein fester einatomiger Körper muß als ein System von n gekoppelten Massenpunkten betrachtet werden, und das System hat dann nicht eine, sondern 3 n Eigenschwingungen.

Wenn wir Einsteins Vorgangsweise wieder vom methodischen Standpunkt aus betrachten, so ist folgendes zu bemerken: Zielsicher gelang es ihm, den neuralgischen Punkt im theoretischen System zu finden, wo Voraussetzungen der klassischen Physik zu korrigieren sind. Auf der anderen Seite konnte er aber den Anschluß an die klassische Denkweise aufrechterhalten. Beide Bereiche sind nicht durch einen Bruch, sondern durch einen stetigen Übergang charakterisiert. Die klassische Welt und die Quantenwelt zerfallen nicht, man kann den überlappenden Bereich der beiden Theorieformen festmachen. Für das Problem der Theoriendynamik und die Fragen des Erkenntnisfortschrittes ergibt sich damit wieder ein wichtiges Detailindiz zur Beurteilung gegensätzlicher Konzeptionen.

6. Die Ununterscheidbarkeit des Gleichen

Im Jahre 1924 wurde Einstein auf indirekte Weise in ein altes philosophisches Problem verwickelt, das er am Anfang selbst nicht durchschaute, nämlich in das Problem der Identität. In diesem Jahr bemühte sich ein indischer Physiker namens Satyendranath Bose um eine neue Ableitung des Planckschen Strahlungsgesetzes. Als sein Aufsatz veröffentlicht werden sollte, war es den Gutachtern dieser Zeitschrift zuerst unklar, welchen Stellenwert die Arbeit hatte. Einstein erhielt Kenntnis von diesem Aufsatz und überblickte wesentlich schneller als der Autor selber die Implikationen des Ansatzes, in dem zum erstenmal in einer statistischen Arbeit von den klassischen Boltzmannschen Prinzipien abgewichen wird. Bose versuchte, eine Ableitung des Planckschen Gesetzes für masselose Teilchen im thermischen Gleichgewicht zu geben, die zwei Polarisationszustände haben, deren Teilchenzahl nicht erhalten bleibt und die – und das ist nun das Bedeutsame – einer neuen Statistik gehorchen.[28] Diese neue Statistik ist das revolutionäre Moment mit der entsprechenden philosophischen Folgelast. Die neue Quantenstatistik besitzt nämlich Relevanz für ein berühmtes Prinzip, das zuerst von Leibniz gefunden worden ist, nämlich das Prinzip der Ununterscheidbarkeit des Gleichen (principium indiscernibilium identitatis). Eines der entscheidenden Elemente der klassischen oder sogenannten Boltzmann-Statistik ist die Tatsache der Unabhängigkeit der Atome. In der Sprache der statistischen Mechanik bedeutet dies, daß für die Wahrscheinlichkeit, daß ein bestimmtes Atom in einer Zelle des Phasenraumes liegt, es gleichgültig ist, ob schon andere Atome dort sind. Von dieser Voraussetzung weicht nun Bose ab und kommt deshalb zu einer anderen Zählung jener Mikrozustände, die die thermodynamische Wahrscheinlichkeit konstituieren. Es zeigt sich, daß die zwei verschiedenen Arten und Weisen, die Verteilung der Mikrozustände im Phasenraum zu zählen, makroskopisch zu verschiedenen Strahlungsgesetzen führen. Wenn man die thermodynamische Wahrscheinlichkeit nach Boltzmann berechnet, gelangt man zum Wienschen Strahlungsgesetz, das aber in Strenge falsch ist, offensichtlich deshalb, weil die Photonen eben keine unabhängigen Teilchen sind. Zählt man die thermodynamische Wahrscheinlichkeit nach Bose, gelangt man zum Planck-Gesetz, in dem eine bestimmte Abhängigkeit der Photonen ausgesprochen wird. Es ist nicht uninteressant, sich zu überlegen, daß Einstein 1905 mit seiner Lichtquantenhypothese nur deshalb Erfolg hatte, weil er darin den klassischen Wien-Bereich vorausgesetzt hat, von dem sich jetzt herausstellte, daß es korrekt ist, hier mit der Boltzmann-Statistik zu rechnen. Dieser Fall belegt wieder, daß auch im Entdeckungszusammenhang von großen neuen theoretischen Bezügen ein bißchen Glück vonnöten ist. Der Vollständigkeit halber ist noch zu erwähnen, daß Boses Zählung der Mikrozustände nicht die einzig mögliche ist, daß es noch eine weitere gibt, die Fermi 1926 gefunden hat und bei der ebenfalls die Unabhängigkeit der Atome aufgegeben wird.

Welche begrifflichen Probleme die Neuentdeckung von Bose und Einsteins Erkenntnis ihrer hohen Wichtigkeit zur Folge hatten,[29] merkte man daran, daß der Unterschied zwischen der Boltzmann-Maxwell- und der Bose-Einstein-Zählung darauf hinauskommt, daß hier die Quanten einen geheimnisvollen Einfluß aufeinander ausüben. Einstein entdeckte damit etwas, was sich später aufgrund seiner Arbeit mit Podolsky und Rosen als ein weiterer besonderer Zug der Quantentheorie herausstellen sollte, nämlich einen holistischen Zug dieser Systeme. Die physikalische Bedeutung der Bose-Einstein-Statistik liegt vor allem in ihrer Relevanz für die Kondensation von Gasen. Die Bose-Einstein-Kondensation wird sehr oft als erste Beschreibung eines Phasenüberganges angesehen. Darüber hinaus war sie ein Hinweis, daß es auch makroskopische Quanteneffekte gibt. Phänomene wie die Suprafluidität weisen darauf hin, daß die Quantentheorie nicht bloß als eine Theorie des ganz Kleinen angesehen werden kann, die keine Bedeutung im makroskopischen Bereich besitzt, sondern daß es sehr wohl Überschneidungen der Geltungsbereiche gibt.

Die philosophische Relevanz wird in ihrem Bezug zum Satz von Leibniz gesehen, der seinerzeit formuliert hatte: «*non dari posse in natura duas res singulares solo numero differentes.*» (Wenn zwei Dinge wirklich Individuen sind, müssen sie sich auch in einer angebbaren Eigenschaft unterscheiden).[30] Es geht also nicht an, daß Dinge der Zahl nach verschieden sind, aber dennoch in allen Eigenschaften übereinstimmen. Die Voraussetzung des Leibniz-Satzes ist jedoch die Individuierbarkeit der einzelnen Elemente. Diese Voraussetzung wird hier verletzt. Bosonen sind in ihrem Verhalten gerade dadurch verschieden von klassischen Teilchen, daß sie grundsätzlich ununterscheidbar und nicht individuell sind, d. h., daß sie ihre Eigenschaften nicht unabhängig davon besitzen, ob andere Teilchen die gleichen oder andere Eigenschaften aufweisen. Der Leibniz-Satz ist also unanwendbar, weil eine entscheidende Voraussetzung nicht mehr erfüllt ist, nämlich daß man einzelne Teilchen mit Namen belegen und jedem Teilchen ein Zeichen zuordnen kann. Er konnte nicht wissen, daß es Teilchen gibt, die keine distinkten Entitäten mehr sind. Zwei Photonen der gleichen Energie stimmen effektiv in allen Eigenschaften überein. Der Ursprung der wechselseitigen Abhängigkeit der Photonen ist, wie aus der Quantenmechanik klar wird, der undulatorische Charakter. Er manifestiert sich durch das Vorhandensein der Interferenzen. Die Art der Abhängigkeit wird aus dem reinen Zählvorgang in der Statistik nicht klar. Man kann nur sagen, daß die Bose-Einstein-Statistik den Typ der Abhängigkeit enthält, der letzten Endes zum Erfolg führt, eben zum Planckschen Gesetz. Die Begründung, die die Quantenmechanik später lieferte, ist kaum anschaulich umsetzbar: Die Photonen sind Bosonen, sie werden durch eine symmetrische Wellenfunktion beschrieben und haben ganzzahligen Spin. Ebensowenig ist es in ein raumzeitliches Modell integrierbar, daß die Teilchen, die noch eine Zusatzforderung, nämlich das Pauli-Prinzip, erfüllen müssen, durch eine antisymmetrische Wellenfunktion beschrieben werden, der Fermi-Dirac-Statistik gehorchen und halbzahligen Spin besitzen. Aus dem Zählvorgang der Fermi-Dirac-Statistik weiß man, daß die Zahl der Zustandsmöglichkeiten noch einmal reduziert wird, weil die Doppelbelegungen im Phasenraum wegfallen. Aber es gibt kein raumzeitliches Modell für die geheimnisvolle Verschränkung der Teilchen, die der Quantenstatistik unterworfen sind.

Am besten kann man sich den Unterschied zwischen den drei Statistiken durch ein Gleichnis von Schrödinger klarmachen.[31] Schrödinger illustriert den Unterschied zwischen der Maxwell-Boltzmann-, der Bose-Einstein- und der Fermi-Dirac-Statistik an einem Fall, wo drei Knaben insgesamt zwei Belohnungen erhalten sollen und man sich drei Typen von Belohnungen vorstellen kann. Die erste Möglichkeit besteht darin, zwei Medaillen mit dem Portrait von Newton bzw. Shakespeare zu verteilen. In diesem Fall kann jede Medaille jedem Knaben gegeben werden, und da die beiden Medaillen unterscheidbar sind, gibt es also insgesamt neun Verteilungsmöglichkeiten, was der klassischen Statistik von Maxwell-Boltzmann entspricht. Nun könnten die Belohnungen auch aus zwei Münzen von gleichem Wert bestehen. Da die Münzen ununterscheidbar sind, gibt es hier nur 6 Verteilungsmöglichkeiten und das ist der Fall von Bose und Einstein. Zuletzt kann es sich bei den Belohnungen auch um

zwei Plätze in einer Fußballmannschaft handeln. Die beiden Mitglied-
schaften sind natürlich gleich und es ist klar, daß kein Knabe zwei Belohnungen erhalten kann. Da hier nur 3 Verteilungsmöglichkeiten vorliegen,
ist es der Fall einer Fermi-Dirac-Statistik. Es muß allerdings klar sein,
daß Schrödingers Gleichnis zwar eine gute Veranschaulichung darstellt,
aber letzten Endes das Quantenrätsel der geheimnisvollen Verbindung
der Teilchen auch nicht löst.

V.
Die Auseinandersetzung mit der Quantenmechanik

1. Ist die Quantenmechanik widersprüchlich?

Hinsichtlich einer schwer durchschaubaren Phase in Einsteins intellektueller Entwicklung taucht die Frage auf, wie sein Meinungsumschwung bezüglich der Quantentheorie zustande kam. Wie kann man es verstehen, daß jemand, der so viel zur Entwicklung einer Theorie beigetragen hatte, genau diesen Typ von Theorie ziemlich abwertend betrachtet und sich in seiner Spätzeit einem alternativen Forschungsprogramm widmet? Der Weg von der älteren Quantentheorie zur modernen Quantenmechanik bestand in einem jahrzehntelangen begrifflichen Ringen. Im Juli 1925 und im Januar 1926 waren die Debatten zu einem vorläufigen Abschluß gekommen. Die neue Mechanik existierte in zwei Formen: in Heisenbergs Matrizen-Mechanik und in Schrödingers Wellen-Mechanik. Empirisch waren sie äquivalent, aber von der Heuristik, vom mathematischen Instrumentarium und von der semantischen Intention her waren sie so verschieden wie zwei Theorien nur sein können. Die Quantenmechanik hatte nicht nur den Abschluß einer alten Entwicklung, sondern auch den Anfang einer philosophischen Strömung gebracht, die kein Beispiel ihresgleichen in der Geschichte der Physik besitzt. Noch nie war eine physikalische Theorie in bezug auf ihren Aussagegehalt, ihre Tragweite, ihre Bedeutung, ihre philosophischen Konsequenzen mit einem derartig disparaten Spektrum von Alternativen beladen gewesen. Einsteins skeptische Haltung zur neuen Mechanik ist schon sehr früh zu konstatieren: «Das Interessanteste, was die Theorie in letzter Zeit geliefert hat, ist die Heisenberg-Born-Jordan'sche Theorie der Quantenzustände. Ein wahres Hexeneinmaleins, in dem unendliche Determinanten (Matrizen) an die Stelle der kartesischen Koordinaten treten. Höchst geistreich und durch große Kompliziertheit gegen den Beweis der Unrichtigkeit hinreichend geschützt».[1]

Dennoch hatte er zu den beiden Versionen der Quantenmechanik eine durchaus verschiedene Einstellung. Schrödinger hatte für seine Wellenmechanik den sehr aufschlußreichen Titel «Quantisierung als Eigenwertproblem» gewählt. Seine Fassung liegt näher an den mathematischen Hilfsmitteln der klassischen Physik. Die Quantisierung wird nicht durch externe Regeln erzwungen, sondern der Ausgangspunkt ist eine Wellengleichung in Differentialgleichungsform. Es ist wohlbekannt, daß man eine Differentialgleichung nur durch Vorgabe von Randbedingungen lösen kann. Diese Art der Diskretheit ist von der klassischen Physik her vertraut. Jeder endliche elastische Körper besitzt nur bestimmte Schwingungsformen, Eigenschwingungen bzw. Eigenfrequenzen. Seit den Tagen der Pythagoräer hatte an dieser Art der Diskretheit niemand Anstoß genommen. Ebensowenig kann es als Neuheit betrachtet werden, daß alle atomaren Systeme räumlich begrenzt sind; deshalb muß die Wellenfunktion im Unendlichen verschwinden. So nimmt es auch nicht wunder, daß die Schrödinger-Gleichung nur Lösungen für bestimmte Eigenfrequenzen besitzt und wegen der Planckschen Gleichung $E = h\nu$ auch für bestimmte Energiewerte. Damit führt die Schrödinger-Gleichung zu dem natürlichen Verständnis der stationären Energiezustände und der stabilen Bahnen des Bohr-Sommerfeldschen Atommodells. Begrifflich entscheidend ist beim Schrödingerschen Ansatz die enge Verknüpfung der Randwerte mit der Quantelung. Frei sich bewegende Elektronen werden durch keine Quantelung beschränkt. Die Diskretheit hängt also mit der Bindung der Elementarkonstituenten im Atomverband zusammen. Dies entspricht auch vollkommen dem spektroskopischen Befund. An jede Linienserie schließt sich ein Kontinuum an, das durch freie Elektronen erzeugt wird. Die gedankliche Achse zwischen Einstein und Schrödinger wird verständlich, wenn man bedenkt, daß die Heuristik Schrödingers darin besteht, Kontinuität, Kausalität und anschauliche Verstehbarkeit der atomaren Prozesse zu retten. In seiner ersten Mitteilung zur Wellenmechanik bringt er zum Ausdruck, «daß in der Quantenvorschrift nicht mehr die geheimnisvolle ‹Ganzzahligkeitsforderung› auftritt, sondern diese ... sozusagen einen Schritt weiter zurückverfolgt ist: Sie hat ihren Grund in der Endlichkeit und Eindeutigkeit einer gewissen Raumfunktion».[2] Dieser Auffassung brachte Einstein viel mehr Sympathie entgegen als der Heisenberg-Born-Jordanschen Matrizen-Mechanik.

Heisenbergs Form der Quantenmechanik kann als mathematische Organisation des Phänomenalen unter Verzicht auf jegliche tieferliegende Struktur angesprochen werden. Die Matrizen-Mechanik ist eine Algebraisierung der Diskontinuität, die auf eine Beschreibung der Mikrosysteme in Raum und Zeit verzichtet, auch wenn sie durch ihre Betonung der Übergangswahrscheinlichkeiten in dem Frequenzschema im Grunde auf dem Teilchenbild aufbaut. Die Spektrallinien sind das empirisch Gegebene. Jede Spektrallinie stellt einen Übergang zwischen zwei Zuständen dar, deshalb müssen die Partialschwingungen des Elektrons eine zweifache Mannigfaltigkeit q_{nm} bilden, wobei $q_{nm} = a_{nm} \cdot e^{2\pi i \nu_{nm} t}$ ist, die a_{nm} die Übergangswahrscheinlichkeiten zwischen den zwei Zuständen darstellen und $|a_{nm}|^2$ die Intensität der Spektrallinie liefert.[3] Aus Einsteins erkenntnistheoretischem Ansatz wird es unmittelbar einsichtig, daß eine solche nach dem Minimalprinzip der Denkökonomie konstruierte Verknüpfung von empirisch realisierbaren Termen nicht seinen Beifall finden konnte. In Briefen aus dieser Zeit[4] erkennt man seine Sympathie für den wellenmechanischen Ansatz. Die gedankliche Verbindung zwischen Schrödinger und Einstein blieb über viele Jahrzehnte erhalten. Dies zeigte sich auch zehn Jahre später, als Schrödinger mit seiner Arbeit über die korrelierten Zustände in der Quantenmechanik und mit seiner berühmten Katze in die gleiche Richtung zielte wie Einstein, Podolsky und Rosen mit ihrem Argument zur Systemverschränkung. Die erkenntnistheoretische Übereinstimmung hat sich bis in die späten Jahre beider Forscher gehalten, wie folgende Briefstelle Einsteins an Schrödinger vom 22. 12. 1950 zeigt: «Du bist (neben Laue) unter den zeitgenössischen Physikern der Einzige, der sieht, daß man um die Setzung der Wirklichkeit nicht herumkommen kann – wenn man nur ehrlich ist. Die meisten sehen gar nicht, was sie für ein gewagtes Spiel mit der Wirklichkeit treiben – Wirklichkeit als etwas von dem Konstatierten Unabhängiges.»[5]

Trotz dieser Parallelität in den Intentionen hatten es weder Einstein noch Schrödinger leicht, ihre Sicht von der Interpretation der Quantenmechanik durchzusetzen. Die 5. Solvay-Konferenz vom 24.–29. 10. 1927, eine in der Reihe der berühmten Zusammenkünfte, wo sich die physikalische Elite der Zeit traf und die brennendsten Probleme diskutierte, brachte die erste große Konfrontation. Charakteristisch für die frühen Auseinandersetzungen war, daß die Vertreter der Kopenhagen-Interpretation immer noch meinten, daß Einstein im Gefolge von Mach eine positivistische Epistemologie befürworte und daß es deshalb gar nicht so schwierig sein könne, ihn von der Adäquatheit der neuen Komplementaritätsdeutung zu überzeugen. Die Vertreter der Kopenhagen-Deutung versuchten immer wieder, Einstein zu gewinnen, indem sie darauf hinwiesen, daß ihre Deutung der Quantenmechanik doch durch Einsteins Analyse der Gleichzeitigkeit in der SRT katalysiert worden sei. Die operationalistische Formulierung der Hochgeschwindigkeitsmechanik, wonach man nicht von der Gleichzeitigkeit räumlich entfernter Ereignisse sprechen darf, ehe ein Verfahren zur Uhrensynchronisation festgelegt ist, entspräche doch dem Bedeutungspostulat, daß der Ausdruck «Ort eines Gegenstandes» keinen Sinn besitzt, ehe nicht explizit eine experimentelle Anweisung zur Messung der Eigenschaft gegeben wurde.

Einer der entscheidenden Punkte des Dissenses zwischen Born und Heisenberg auf der einen Seite und Einstein, Schrödinger und Planck auf der anderen Seite betraf den Indeterminismus der neuen Mechanik. Die Kopenhagener vertraten unmißverständlich die Auffassung, daß sich aus der Unschärferelation der Sinn des Wirkungsquantums in der Weise ergäbe, daß es eine allgemeine Eichung des Indeterminismus liefert, der in einer Theorie steckt und der dem Welle-Teilchen-Dualismus entspricht.

Einstein trug auf der 5. Solvay-Konferenz seine Kritik dieses Standpunktes in Form eines sehr durchsichtigen Gedankenexperimentes vor, das wir wegen seiner einfachen Durchschaubarkeit kurz besprechen wollen: Er betrachtete eine Versuchsanordnung, die aus einem Schirm S mit einem Spalt O und einem photographischen Film P besteht. An ihr läßt sich studieren, wie man die Quantentheorie von zwei verschiedenen Standpunkten aus betrachten kann.

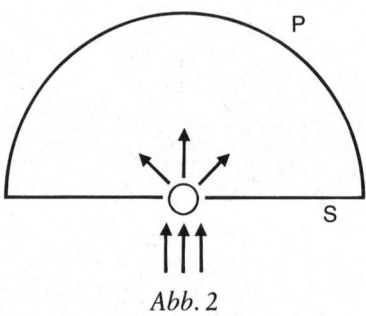

Abb. 2

Man stelle sich vor, Teilchen, etwa Photonen oder Elektronen, fallen auf den Schirm mit dem Spalt O. Dann wird die ψ-Welle des Teilchens in O gebeugt und der Film P im Halbkreis hinter O meldet die Ankunft des Teilchens. Die Wahrscheinlichkeit dieses Ereignisses wird durch die Intensität der gebeugten sphärischen Wellen an einem bestimmten Punkt gemessen. Nun kann man sich zwei Standpunkte denken:

I: ψ stellt nicht das einzelne Teilchen dar, sondern ein Ensemble von Teilchen, die im Raum verteilt sind. $|\psi(r)|^2$ drückt dann die Wahrscheinlichkeit bzw. die Wahrscheinlichkeitsdichte aus, daß ein bestimmtes Teilchen des Ensembles bei r vorhanden ist.

II: Alternativ dazu kann man die Quantenmechanik als eine vollständige Theorie des Einzelprozesses betrachten, dann ist jedes Teilchen, das sich auf den Schirm zubewegt, ein Wellenpaket, das nach der Beugung einen bestimmten Punkt auf dem Film P erreicht. $|\psi(r)|^2$ drückt dann die Wahrscheinlichkeit aus, daß ein bestimmtes Teilchen zum betrachteten Zeitpunkt bei r liegt.

Einstein wandte sich nun explizit gegen die Deutung II. Wenn $|\psi|^2$ im Sinne von II gedeutet wird, muß, solange keine Lokalisierung des Teilchens vorliegt, das Teilchen überall potentiell über den ganzen Schirm präsent sein. Tritt dann die Lokalisierung ein, muß man eine momentane Fernwirkung annehmen, die verhindert, daß die kontinuierlich ausgebreitete Welle an zwei Orten auf dem Schirm eine Wirkung zeigt. Dies steht aber im Widerspruch mit der lokalen Kausalität der speziellen Relativitätstheorie.[6] Diese Schwierigkeit verlangt nun, daß die Beschreibung des Vorganges durch eine Wellenfunktion ergänzt werden muß durch die Angabe der Lokalisation des Teilchens während der Ausbreitung seiner Welle. Daß Einstein mit seinem Gedankenexperiment einen neuralgischen Punkt der Quantenmechanik getroffen hatte, wird belegt durch eine spätere Formulierung von Paul Ehrenfest: «Wir sollten uns immer wieder daran erinnern, eine wie unheimliche Fernwirkungstheorie die Schrödingersche Wellentheorie ist, um unser Heimweh nach einer 4-dimensionalen Nahwirkungstheorie wachzuhalten.»[7] Einsteins Argumentationsziel wird also sehr deutlich. Der Kollaps der Wellenfunktion des einzelnen Teilchens im Augenblick der Lokalisation setzt einen speziellen Mechanismus mit einer Fernwirkung voraus. Die lokale Kausalität ist aber gerade durch die SRT sehr gut in der Physik verankert. Einsteins Einwand traf damit alle damals bekannten Ansätze einer Quantenmechanik der Messung. Sowohl der Kollaps der Wellenfunktion bei Schrödinger wie auch die Reduktion des Wellenpaketes bei Heisenberg oder das Projektionspostulat von Johann von Neumann, sie alle sind von einer Verletzung der lokalen Kausalität betroffen. Es war klar, daß Einstein somit die erste Deutung favorisierte, also die Ensembleinterpretation der Quantenmechanik. Danach sagt diese Theorie nichts aus über das Verhalten einzelner Teilchen, sondern nur über ein Ensemble identischer Systeme. Auf der Phänomenebene betrachtet haben beide Auffassungen eine gewisse Gemeinsamkeit. Sie führen zu denselben experimentellen Voraussagen und beide sind auch statistische Deutungen, jedoch verwenden sie einen verschiedenen Begriff der Wahrscheinlichkeit.[8] Die zweite, also Bohrs Deutung, schließt Borns probabilistische Hypothese ein, wonach die Theorie die Wahrscheinlichkeit des Ergebnisses eines einzelnen Experimentes mit einem einzigen Teilchen voraussagt; Einsteins Deutung besagt hingegen, daß die quantenmechanischen Wahrscheinlichkeiten relative Häufigkeiten von Resultaten eines Ensembles von identischen Experimenten darstellen. Dieser semantische Unterschied auf der Interpretationsebene besitzt heuristische Relevanz. Die beiden Wahrscheinlichkeitsdeutungen führen nicht zu anderen empirischen Folgen, denn für die Bestätigung der Voraussagen muß man immer ein Ensemble identischer Experimente verwenden. Sie führen aber sehr wohl zu anderen Interpretationskonsequenzen. Die Tatsache, daß sich nicht nur Einstein, sondern auch die anderen Konstrukteure der neuen Mechanik so ausgiebig, so lange und mit so viel Aufwand mit dem philosophischen Interpretationsproblem beschäftigt haben, stellt nicht eine extravagante Spielerei dar, einen luxuriösen Überbau oder eine ästhetische Verzierung, sondern hat physikalisch-inhaltliche Bedeutung. Einsteins Häufigkeitsdeutung der Wahrscheinlichkeit öffnet nämlich den Weg zu einer Theorie mit verborgenen Parametern, innerhalb der die

Quantenmechanik zu einem Zweig der statistischen Mechanik werden würde. Die probabilistische Deutung der Wahrscheinlichkeit von Bohr und Born hingegen schließt eine solche Ergänzung in Richtung auf eine Substruktur mit verborgenen Parametern aus.

Zur damaligen Zeit versuchten auch noch andere Theoretiker in der gleichen Richtung zu denken, wie etwa Louis de Broglie, der eine kausaldeterministische Theorie der mikrophysikalischen Phänomene konzipieren wollte, in der eine Führungswelle die Bahn des Teilchens in Raum und Zeit bestimmt. Da der Ansatz von de Broglie der Kritik von Pauli jedoch nicht standhielt, war Einstein mehr oder weniger auf sich gestellt. Er wollte nicht den durch seine Interpretation möglichen Weg einer Theorie mit kausaler Substruktur gehen, sondern suchte vielmehr nach Gedankenexperimenten, mit denen die Heisenberg-Relationen unterlaufen werden könnten. Für ihn war es unaufgebbar, daß der Energie- und Impulstransfer der einzelnen Teilchenprozesse in einer raumzeitlichen Beschreibung aufgefangen werden mußte.

2. Die Bohr-Einstein-Debatte

Diese große Auseinandersetzung wurde immer wieder, und wie es scheint, zu Recht, mit der Newton-Leibniz-Kontroverse des 18. Jahrhunderts verglichen, in der ebenfalls diametral verschiedene philosophische Ansichten über fundamentale Probleme der Physik Anlaß zu einem enormen geistigen Ringen gegeben hatten. Wissenschaftstheoretisch gehört es zu den erstaunlichen Phänomenen, daß die beiden Kontrahenten, obwohl sie in ihrer Theorienbeurteilung von ganz verschiedenen metaphysischen Hintergrundannahmen ausgingen, zu einem fruchtbaren rationalen Gespräch kamen, das nicht nur mit einer Verständigung endete, sondern sogar zu neuen Ergebnissen der Physik führte. Es hat sich nämlich später herausgestellt, daß die Bohr-Einstein-Debatte bisher unbekannte Züge der Quantenmechanik ans Tageslicht förderte. Unabhängig von der Frage, wer die Auseinandersetzung gewonnen hat, muß sie als eine der fruchtbarsten und philosophisch bedeutendsten intellektuellen Gespräche angesehen werden. Es ist eigenartig, daß die Rollen, die beide in dem Gespräch einnehmen sollten, nicht im voraus klar festgelegt waren. Zu Beginn der Beziehungen, um 1920, hatte Bohr Schwierigkeiten, sich mit dem Einsteinschen Photonbegriff abzufinden. Bohr betont um diese Zeit mehr die Unvereinbarkeit zwischen dem Lichtquantenbegriff und dem Phänomen der Interferenz. Einstein argumentierte damals eher progressiv in dem Sinne, daß eine vollständige Theorie des Lichtes Wellen und Teilchenzüge enthalten muß. Bohr schien es damals, daß die Frequenz v in der Gleichung $E = hv$ gerade jene Größe ist, die durch

Interferenzexperimente bestimmt wird, daß solche aber nur in einer Wellentheorie des Lichtes sinnvoll sind. Der undulatorische Term ν scheint in der Grundgleichung der Photonentheorie keinen rechten Sinn zu ergeben. Gewisse Unterschiede in den Positionen waren jedoch schon damals sichtbar, wenn man die anvisierten Lösungen der Situation ins Auge faßte. Bohr glaubte nicht mehr, daß die zukünftige Lösung in Einklang mit der klassischen Physik erreicht werden könne, während Einstein eine Theorie mit eingebauter Dualität anvisierte, in der aber die beiden Aspekte kausal verbunden sind. Obwohl Bohr ja der Autor des Korrespondenzprinzipes war, betonte er stärker die Unversöhnlichkeit der beiden Typen von Theorien. Es gibt Andeutungen, daß Einstein schon recht früh die Idee hatte, wie man in einer reinen Feldtheorie mittels punktartiger singulärer Lösungen Darstellungen von Teilcheneigenschaften vornehmen könnte. Jedenfalls tendierte er zu der Konstruktion einer einheitlichen kausalen Theorie aller physikalischen Phänomene. Mit Bohrs Ansatz, der auf ein unverbundenes Nebeneinander der dualen Aspekte abzielte, konnte er sich nicht abfinden. In seinem Brief an Max Born vom 4. Juni 1919 zog er den Vergleich mit der Jesuitenregel heran: «Eine Hand darf nicht wissen, was die andere Hand tut».[9] Es ist nicht uninteressant, daß Einstein bereits zu dieser Zeit, also vor der Existenz der eigentlichen Quantenmechanik, die Idee gefaßt hatte, die Quantenstruktur als Resultat einer Überbestimmung von Differentialgleichungen zu verstehen.[10] Unter Überbestimmung der Gesetze meinte er, daß mehr Differentialgleichungen existieren als Feldvariable und daß aus dieser Überbestimmung sich dann die Quantenbedingungen ergeben würden. Diese Idee sollte er später noch explizit ausarbeiten.

Einstweilen ging die physikalische Entwicklung jedoch in eine andere Richtung. Bohr konnte sich lange Zeit nicht mit der Teilchennatur des Lichtes abfinden. Nach der Entdeckung des Compton-Effektes jedoch erschien der Partikelcharakter des Lichtes stark gestützt. Bohrs Versuch, eine Theorie zu konstruieren, in der er ohne Photonbegriff, nur mit statistischer Erhaltung von Energie und Impuls, das Auslangen finden konnte, wurde, wie schon früher geschildert, durch die Experimente von Bothe und Geiger zunichte gemacht, die durch Koinzidenzmessungen zeigen konnten, daß die Gültigkeit der Erhaltungssätze im Einzelereignis gewährleistet ist. Damit hatte Einstein gegenüber Bohr in einer Beziehung recht behalten: Der Teilchencharakter des Lichtes läßt sich nicht eliminieren.

Zum gegenwärtigen Zeitpunkt, wo die Quantenfeldtheorie unausweichlich Teilchenbild und Wellenbild miteinander verknüpft, mutet es seltsam an, wenn man hört, daß Bohr und Einstein 1925 die Frage aufwarfen, ob es so etwas wie ein experimentum crucis zwischen der klassischen Wellentheorie und Bohrs quantentheoretischen Formeln gäbe. Damals war es eben nicht klar, ob und wie man diese beiden Aspekte kohärent verbinden könnte. Einstein kam damals nach einigen Umwegen zu dem Schluß – und dies liegt durchaus auf der Linie der heutigen quantenfeldtheoretischen Überlegungen – daß sich keine ausschließende Entscheidung treffen ließe und kein Experiment vorstellbar sei, mit dem man einen Aspekt des Lichtes eliminieren könnte. Bohrs Abwehr gegen den Photonbegriff ließ mit der Zeit nach, aber das Rätsel, wie klassische Begriffe auf die Quantenphänomene anzuwenden wären, war nicht gelöst. «Diese Begriffe geben uns ja nur die Wahl zwischen Charybdis und Scylla, je nachdem wir unsere Aufmerksamkeit auf die kontinuierliche oder diskontinuierliche Seite der Beschreibung richten».[11] Wenn man will, kann man hierin eine unscharfe Formulierung der Komplementaritätsidee sehen.

Eine entscheidende Rolle in der Bohrschen Einstellung spielten die Heisenbergschen Unschäferelationen. Bohr glaubte lange Zeit hindurch an die Gefahr einer Inkonsistenz in der Theorie des Lichtes, und dieser Verdacht hatte ja auch seine Abwehr gegen den Photonbegriff genährt. Die Heisenberg-Relationen jedoch waren für Bohr der klare Beweis, daß Inkonsistenzen vermieden werden können, da Beschränkungen der Begriffe mit Beschränkungen der Beobachtungsmöglichkeiten zusammenfallen. Photonbegriff und Wellenbegriff können beide angewendet werden und die Heisenberg-Relationen verhindern gerade den Widerspruch. Sie sorgen dafür, daß in einer physikalischen Situation diese beiden einander ausschließenden klassischen Begriffe nicht zugleich zum Tragen kommen. Es war jedoch klar, daß Einstein mit dieser Lösung nicht zufrieden sein konnte. Die reine Tatsache, daß es Relationen gibt, die im klassischen Sinne die Inkonsistenz der neuen Theorie verhindern, erfüllte keineswegs seine Vorstellung, daß es eine kausale Beziehung zwischen den beiden Aspekten geben müsse.

Einstein hatte generelle Vorbehalte gegenüber den Heisenberg-Relationen. Dies kam in dem berühmten Gespräch zwischen Heisenberg und Einstein zum Ausdruck, das anläßlich eines Vortrages von Heisenberg in Berlin 1926 zustande kam. Einstein hatte hier vor allem Anstoß an Heisenbergs Idee der Auflösung des Bahnbegriffes genommen. In dem Gespräch wollte Einstein immer wieder wissen, wieso der Bahnbegriff unanwendbar werden soll, wenn man den eingeschlossenen Raum um ein Elektron immer kleiner macht. Die Bahnen der Elektronen kann man doch in der Nebelkammer sehen, wandte er ein. Heisenberg war damit nicht einverstanden. Nach seiner Auffassung kann man die Bahnen der Elektronen nicht direkt sehen, sondern nur aus der Strahlung, die vom Atom beim Entladungsvorgang ausgesandt wird, die Frequenzen und Amplituden erschließen. Diese Größen sind der Ersatz für die klassischen Elektronenbahnen, sie allein sind beobachtbar. Im Verlaufe des Gesprächs wurde deutlich, wie sehr sich Einsteins erkenntnistheoretische Basis verschoben hatte. Er wandte sich vor allem gegen die metatheoretische These, daß man nur beobachtbare Größen in eine Theorie aufnehmen darf. Auch Heisenbergs Hinweis, daß dies doch die Strategie der Relativitätstheorie gewesen sei und in gewissem Sinne die Erfüllung der Machschen Erkenntnistheorie, konnte Einstein nicht umstimmen. Er gab zwar zu, daß der operationalistische Ansatz eine heuristische Funktion bei der Genese der Relativitätstheorie gehabt habe, fügte aber hinzu, daß er, systematisch betrachtet, völlig falsch sei. Bei dieser Gelegenheit formulierte Einstein einen entscheidenden Satz seiner Erkenntnistheorie: Erst die Theorie entscheidet darüber, was man beobachten kann.[12] Der Primat der Theorie gegenüber der Erfahrungsbasis ist eine jener Einsichten, die die moderne Wissenschaftstheorie, zweifellos unter dem Einfluß Einsteins, sich später zu eigen gemacht hat.

Heisenberg und Einstein versuchten noch über einen anderen Punkt Klarheit zu gewinnen. Einstein sprach die diskreten Energiewerte an, die bei Übergängen zwischen stationären Zuständen des Atoms ausgesandt werden, und wollte wissen, wie sie zu verstehen sind. Heisenberg gab eine eindeutige Antwort: jedenfalls nicht raumzeitlich. Er wollte nicht ausschließen, daß ein Anschluß an die raumzeitliche Sprech- und Denkweise noch möglich ist und vielleicht in der Zukunft innerhalb einer noch zu findenden Interpretation der Quantenmechanik gesucht werden könnte. Von der Gegenwart aus beurteilt, scheint die Chance einer solchen Deutung gering zu sein. Heute mehren sich die Anzeichen dafür, daß die Mikrowelt vielleicht gar nicht raumzeitlich organisiert ist, sondern daß Raumzeit eine Systemeigenschaft ist, die erst dann entsteht, wenn viele Elemente in einer tieferen Beschreibungsebene zusammenwirken. Die Einstein-Podolsky-Rosen-Korrelationen, die Experimente der verzögerten Entscheidung, der Gedanke der resonierenden Mikrotopologien und die schaumartige Struktur der Raumzeit (spacetime foam), dies alles sind jüngste Ideen, die eher in die Richtung weisen, daß raumzeitliche Organisation eine ebenenabhängige Beschreibungsform ist.

Einer der zentralen Gesprächsgegenstände zwischen Bohr und Einstein war auch die Frage, ob die quantenmechanische Beschreibung einer Verfeinerung fähig ist, wie Einstein meinte, oder ob damit alle Beobachtungsmöglichkeiten ausgeschöpft sind, was Bohr vertrat. In der Folge wurden mehrfach Gedankenexperimente ausgetauscht. Gedankenexperimente können zwar niemals echte Experimente ersetzen, sie können aber doch die begrifflichen Möglichkeiten einer Theorie ausloten. Sie lassen bis zu einem gewissen Grade verstehen, was innerhalb einer Theorie möglich ist und was nicht. Heisenberg hatte dies schon getan, als er sein berühmtes Gammastrahlen-Experiment zur Verteidigung der ersten Unschärferelation diskutierte. Aus diesem Gedankenexperiment geht hervor, daß die Messung der Lage eines Elektrons mittels eines Meßgerätes durch hochfrequente Strahlung immer mit Impulsaustausch zwischen Elektron und Meßgerät verbunden ist. Der Impulsübertrag ist umso größer, je genauer die Lage bestimmt werden soll, was dazu führt, daß $\triangle q \cdot \triangle p \geqq h$ ist.[13] Bohr gelangte in einem abstraktiven Deutungsschritt von diesem Gedankenexperiment zur gegenseitigen Ausschließung von raumzeitlicher und kausaler Beschreibungsform. Einstein versuchte hingegen, Gedankenexperimente vorzulegen, die zeigen, daß eine simultane kausale und raumzeitliche Beschreibung nötig ist. Da die Heisenberg-Relationen ja universale Beziehungen darstellen, wäre für Einstein ein einziger Fall ausreichend gewesen, wo ein exakter raumzeitlicher Ablauf eines individuellen Prozesses zusammen mit einer vollständigen Angabe des Energie- und Impulstransfers hätte aufgezeigt werden können. Einstein betrachtete zuerst den Zwei-Spalt-Versuch und versuchte, hier Meßanordnungen zu finden, die den Minimalwert für die Orts-Impuls-Unschärfe unterschreiten. Hier konnte Bohr sicher kontern. An einer bestimmten Stelle hatte Einstein das Einfließen einer Unschärfe übersehen. Die Bohr-Einstein-Debatte auf der 5. Solvay-Konferenz endete damit, daß Bohr die Konsistenz der Komplementaritätsdeutung verteidigen konnte. Einstein war damit jedoch noch keineswegs von der logischen Notwendigkeit der Komplementarität überzeugt. Er sah in der Komplementaritätsdeutung immer nur eine klug ausgedachte Beruhigungsphilosophie, derart, daß die Anhänger und Verteidiger der Quantenmechanik ruhig schlafen können, ohne sich weiter den Kopf zerbrechen zu müssen.

Bohr versuchte immer wieder, Einstein zu seiner Auffassung herüberzuziehen, indem er ihm Brücken baute, die die Parallelität zwischen der relativistischen und der quantenmechanischen Situation deutlich machten.[14] In dreifacher Hinsicht verglich er die Komplementaritätsdeutung mit Einsteins Relativitätstheorie. Plancks Entdeckung des Wirkungsquantums h ähnelt ganz der Entdeckung der Endlichkeit und des Grenzcharakters der Lichtgeschwindigkeit c. Die Kleinheit normaler Geschwindigkeiten in der Makromechanik erlaubt es hier, Raum und Zeit zu trennen. Ebenso gestattet es die Kleinheit von h im Makroskopischen, simultan raumzeitliche und kausale Beschreibungen durchzuführen. Im Mikroskopischen dagegen verändert h die Situation ebenso grundsätzlich wie c bei den Hochgeschwindigkeitsphänomenen in der SRT. Der Komplementarität der Messung in der Quantenmechanik entspricht also die Relativität der Beobachtung hinsichtlich der Gleichzeitigkeit.[15] Bohr gelang es, noch eine weitere Beziehung herzustellen. Die Heisenberg-Relationen garantieren die Konsistenz der Quantenmechanik genauso, wie die Unmöglichkeit von Signalgeschwindigkeiten v > c die Konsistenz der Relativitätstheorie sichert. Analysiert die Relativitätstheorie die Beobachtbarkeit der Raumzeit-Begriffe mit dem Ergebnis, daß Raum und Zeit für sich betrachtet bezugssystemabhängig sind – Bohr sagt in diesem Kontext «subjektiv», meint aber zweifelsohne «relativ» –, so liefert die Quantenmechanik parallel dazu wegen der Unteilbarkeit des Wirkungsquantums eine weitere Revision der klassischen Begriffe der Naturbeschreibung. Noch mit einem dritten Argument versuchte Bohr, Einstein davon zu überzeugen, daß die epistemische Situation in der Relativitätstheorie doch sehr ähnlich derjenigen in der Quantenmechanik wäre. Einsteins Kritik an Newtons absoluter Zeit basierte doch darauf, daß es keine operationale Definition der absoluten Gleichzeitigkeit gäbe. Die operationale Unmöglichkeit, simultan konjugierte Variable beliebig genau zu messen, führte doch nun in die gleiche Richtung, nämlich, daß die gleichzeitige Anwendung solcher Begriffe beschränkt ist. Bohr machte hier noch von der Voraussetzung Gebrauch, daß die SRT notwendigerweise in einer operationalen Sprache ausgedrückt werden muß. Mit einer Kritik dieser Auffassung werden wir uns noch befassen. Mit dieser Parallele versuchte Bohr, Einstein direkt psychologisch zu beeinflussen. Bohr hoffte immer noch, Einstein mit einem Appell an seine empiristisch-operationalistische erkenntnistheoretische Einstellung, die er bei ihm in der Gefolgschaft von Mach erwartete, ins Lager der Quantenmechanik hinüberziehen zu können. Es war ein Versuch, goldene Brücken zu bauen, oder in einer Art von tu quoque-Argument die Gleichheit der Strategie zu betonen. Einstein selber reagierte recht trocken, als er von mehreren Seiten auf diese methodologische Parallele hingewiesen wurde: «Aber man darf doch einen gelungenen Witz nicht zu oft wiederholen».[16] Diese abwertende Beurteilung sagt aus, daß er damals seine erkenntnistheoretische Grundeinstellung bereits in Richtung auf einen Realismus geändert hatte.

Unabhängig von Einsteins Reaktion können wir aber fragen, ob Bohrs Parallelisierung de facto korrekt ist. Diese Frage ist deshalb sehr wichtig, weil gegenwärtig in der Wissenschaftsdiskussion eine heftige Auseinandersetzung zwischen zwei erkenntnistheoretischen Positionen stattfindet, nämlich dem internen Realismus und dem dazu meist antagonistisch gesehenen metaphysischen Realismus, um die Terminologie Hilary Putnams zu verwenden. Der metaphysische Realismus schließt eine strukturale Abbildung der Wirklichkeit im Sinne einer Korrespondenztheorie der Wahrheit ein, während sich der interne Realismus nur mit der rationalen Akzeptierbarkeit von Theorien befaßt und das Abbildungsproblem als unlösbar ausklammert. Der interne Realismus setzt immerhin voraus, daß innerhalb eines Bezugsrahmens kein Unterschied zwischen gemessenen und ungemessenen Werten einer Meßgröße bestehen soll; hier ist eine Gemeinsamkeit mit der starken metaphysischen realistischen Position vorhanden. Die Theorie handelt also nicht nur von Meßwerten, wie ein extremer Empirismus es haben möchte. Der interne Realist lehnt aber Einsteins Idee des vom System getrennten Beobachters ab. Putnam formuliert es so: «There are real entities, but which they are is relative to the observer».[17] Für diese Kontroverse ist Bohrs Parallelisierung zwischen Quantentheorie und Relativitätstheorie von hoher Relevanz.[18] An einigen Punkten ist es schnell zu sehen, daß die Situation in den beiden Theorien nicht symmetrisch ist. Bohr behauptet, die Relativitätstheorie enthülle den subjektiven Charakter aller klassischen Begriffe. Schon ein kurzer semantischer Vergleich zeigt, daß «Bezugssystemabhängigkeit» nicht die gleiche Intension wie «Beobachterabhängigkeit» besitzt. Eine subjektive Größe ist selbstredend relativ, sie ist eben relativ auf einen Beobachter. Aber nicht jede relative Größe ist auch subjektiv. Ein Bezugssystem ist immer ein objektiv existierendes physikalisches System, z.B. die Sonne, oder das galaktische Zentrum. Aber die meisten Bezugssysteme sind unbewohnt, sie tragen keine Beobachter und sind schon gar nicht identisch mit einem solchen.

Zweiter Einwand: In der Relativitätstheorie gibt es bezugssystemabhängige metrische Attribute wie Länge und Dauer, die in der Newtonschen Physik Invarianten sind. In der Relativitätstheorie sind aber auch Invarianten vorhanden, wie Ruhmasse, Eigenzeit, Ladung, Entropie. Das 4-dimensionale «Ereignis», der Weltpunkt, z.B. die Kollision zweier Teilchen, beschrieben als Schnitt zweier Weltlinien in einem Minkowski-Diagramm, ist absolut, d.h. unabhängig vom Bezugssystem und a fortiori unabhängig vom Beobachter.

Drittens: Die Transformationen zwischen Inertialsystemen der Relativitätstheorie haben Gruppencharakter. Zu jeder Transformationsgruppe gibt es Invarianten. Invarianten, wie früher schon bemerkt, sind gute Kandidaten für eine objektive Weltbeschreibung, das entsprechende quantenmechanische Analogon dazu innerhalb der Klasse der Experimentalsituationen gibt es jedoch nicht.[19] Daß Einstein und Bohr sich über diesen Punkt nicht einigen konnten, geht sicherlich darauf zurück, daß Einstein schon damals einsah, daß die Relationalität der quantenmechanischen Zustände nicht dasselbe ist wie die Bezugssystemabhängigkeit der relativistischen Systeme. Vom heutigen Standpunkt aus kann man diesen beiden Abhängigkeiten höchstens eine Familienähnlichkeit zubilligen, die in der Notwendigkeit zum Ausdruck kommt, eine Perspektive zu wählen. Eine Perspektive kann danach als eine kognitive Plattform angesehen werden, die sich im Fall der Relativitätstheorie als Bezugssystem und im Fall der Quantenmechanik als Experimentalanordnung ausprägt.[20] Der Perspektivismus stiftet jedoch nur eine so schwache Gemeinsamkeit zwischen der quantenmechanischen und der relativistischen Situation, daß Einstein im Nachhinein Recht gegeben werden muß, daß er sich gegen Bohrs Parallelisierung wehrte.

Der 6. Solvay-Kongreß, der vom 20.–25. 10. 1930 stattfand, brachte eine Fortsetzung der Bohr-Einstein-Debatte, welche hier dramatische Formen annahm.[21] Dies betrifft natürlich immer nur die inhaltliche Ebene, die persönliche Freundschaft zwischen beiden Gelehrten wurde durch die sachlichen Differenzen nie erschüttert. Es kann sein, daß Einstein durch Bohrs Erwähnung der Relativitätstheorie angeregt worden ist, diese Theorie zur Erschütterung der Energie-Zeit-Unschärferelation einzusetzen, nämlich der Relation $\triangle E \cdot \triangle t \geqq \hbar/2$. Um ein Gegenbeispiel zu dieser Relation zu finden, verwendet Einstein seine berühmte Gleichung $E = mc^2$. Wieder konstruiert er ein Gedankenexperiment, diesmal die sogenannte Photonenschachtel. Es hat etwa folgende Form: Man stelle sich einen Behälter mit ideal reflektierenden Wänden vor, der sich voll Strahlung befindet. Die Schachtel hat eine Öffnung mit einem Schließmechanismus, also einer Tür. Dieser Mechanismus wird durch eine Uhr gesteuert. Die Uhr soll die Tür bei $t = t_1$ öffnen, aber nur ein winziges Intervall, nämlich bis $t = t_2$, wobei dann $t_2 - t_1 = \triangle t$ ist. Das $\triangle t$ sei so kurz, daß nur ein einzelnes Photon entweichen kann. Die Schachtel ist nun vor und nach der Emission des Photons zu wiegen. Wegen der Relation $E = mc^2$ könnte dann die Energiedifferenz im Prinzip mit beliebig kleinem $\triangle E$ gemessen werden. Aufgrund des Satzes der Energieerhaltung müßte diese Größe $\triangle E$ gleich der Energie des emittierten Photons sein. Da das $\triangle t$ auch beliebig klein sein könnte, ließe sich in diesem Falle exakt vorhersagen, wann und mit welcher Energie das Photon auf einem Schirm außerhalb der Schachtel aufträfe. Die Widerlegung Bohrs setzt nun am Wiegevorgang selbst an. Unter Einsatz der Rotverschiebungsformel der ART zeigt Bohr, daß durch den Wiegevorgang selbst in der Uhrenanzeige eine Zeitunschärfe erzeugt wird. Der Gebrauch des Apparates zur Messung der Photonenergie hindert uns, den Augenblick des Entweichens des Photons zu finden. Der Vorgang des Wiegens beeinflußt den Gang der Uhr selbst. Einstein war von der Widerlegung Bohrs beeindruckt und akzeptierte sie. Der Gegenzug Bohrs beendete auch seine Versuche, die Inkonsistenz der Quantenmechanik nachzuweisen. Es weist auf die komplexe logische Situation hin, daß sich trotz der Akzeptanz von Seiten Einsteins eine wissenschaftstheoretische Sekundärdiskussion entsponnen hat, nämlich zur Frage, ob Bohr wirklich die Auseinandersetzung gewonnen hat.[22] Karl Popper und Joseph Agassi z.B. haben dies bestritten, sie fanden es nicht legitim, daß man zur ART greift, um die Zeit-Energie-Unschärfe zu retten, aber Schrödinger hat bemerkt, daß Einstein selber ja bei seinem Gedankenexperiment das Wiegen als Messung der trägen Masse der Schachtel eingeführt hat. Was ist näherliegend, als die beste momentan verfügbare Gravitationstheorie für diesen Wiegevorgang heranzuziehen?

Viele Einwände, die sich mit der Bohr-Einstein-Kontroverse befaßt haben, berühren auch die Tatsache, daß bei der vierten Heisenberg-Relation die Zeit involviert ist. Die Zeit t hat in der Quantenmechanik einen Sonderstatus, sie ist kein Operator, sondern ein Parameter, in Diracs Redeweise: t ist keine q-, sondern eine c-Zahl.[23] Die Tatsache, daß t in der Quantenmechanik einen anderen mathematischen Status besitzt, hat manche Wissenschaftstheoretiker sogar dazu veranlaßt, für die Weglassung der vierten Heisenberg-Relation aus der Quantenmechanik zu plädieren, da diese Relation dem Formalismus fremd sei.

3. Ist die Quantenmechanik unvollständig?

Im Selbstverständnis war es Einstein nicht geglückt, die Inkonsistenz der Quantenmechanik zu zeigen. Dennoch motivierte ihn nach wie vor sein Unbehagen über die Komplementaritätsphilosophie, die ihm erkenntnistheoretisch unbefriedigend erschien. Er versuchte, seinem Ziel, den Determinismus, den Objektivismus und den Realismus für alle Fundamentaltheorien der Physik aufrechtzuhalten, dadurch näherzukommen, daß er mit neuen Gedankenexperimenten die Vollständigkeit der Quantenmechanik angriff. Dies geschah zuerst in einer Gemeinschaftsarbeit mit Boris Podolsky und Nathan Rosen (EPR).[24] Der Beginn dieser wahrhaft epochemachenden Arbeit weist überaus deutlich auf die Steuerfunktion philosophischer Annahmen hin. Das gesamte EPR-Unternehmen ist unverständlich, wenn man glaubt, daß die Physik ein erkenntnistheoretisch neutrales Unterfangen sei. Die EPR-Diskussion ist die Widerlegung der Neutralitätsdoktrin der Wissenschaften. Einsteins klassische Arbeit mit Podolsky und Rosen beginnt mit zwei Begriffserklärungen. Sie formulieren ein Kriterium der Realität im Sinne einer hinreichenden Bedingung: «Wenn man, ohne das System zu stören, mit Sicherheit (d.h. mit der Wahrscheinlichkeit eins) den Wert einer physikalischen Größe voraussagen kann, gibt es ein Element der Realität, das dieser Größe entspricht.»[25] Die drei Autoren machen also vollständig klar, daß eine Messung keine Elemente der Realität produzieren kann; was faktisch vorliegt, wird durch die Messung festgestellt, aber nicht festgelegt. Danach formulieren sie die notwendige Bedingung für die Vollständigkeit: «Jedes [einschlägige] Element der physikalischen Realität muß ein Gegenstück in der physikalischen Theorie haben».[26] Die entscheidende Frage war, ob die Quantenmechanik diese notwendige Bedingung für Vollständigkeit erfüllt oder nicht. Um sie zu entscheiden, führen die drei Autoren nun ein Gedankenexperiment durch. Man stelle sich ein System vor, das aus zwei Teilchen I und II besteht. Bis zum Zeitpunkt t_0 haben I und II wechselgewirkt, dann werden die beiden Systeme getrennt. Die Quantenmechanik beschreibt die dynamische Entwicklung des zusammengesetzten Systems durch *eine* Wellenfunktion, liefert aber im Rahmen dieser Beschreibung keine Aussage über ein Teilsystem. Will man etwas über den Zustand von I *oder* II erfahren, muß man eine Messung vornehmen. Dazu kann man entweder den Impuls- oder den Ortsoperator verwenden. Mißt man den Impuls von I, nennen wir ihn p_I, so ist p_{II} festgelegt – es gilt ja die Impulserhaltung – ohne daß man eine Messung an II vollzogen hat. Ohne II zu stören (die Teilchen wechselwirken ja nicht mehr miteinander), kann man also mit Sicherheit voraussagen, daß der Impuls von II gleich p_{II} ist. Wenden wir nur das Realitätskriterium an, können wir sagen, daß es ein Element der Realität geben muß, das p_{II} entspricht. Wegen des Vollständigkeitskriteriums muß nun p_{II} ein Gegenstück in der Theorie haben. Wenn man nun statt des Impulses den Ort von I mißt und das Ergebnis q_I ist, folgt analog, daß es ein Element der Realität zu q_{II} geben muß und q_{II} ein Gegenstück in der Theorie haben muß, wenn sie vollständig ist. p und q sind aber nun konjugierte Größen, nach der Quantenmechanik können sie nicht gleichzeitig ein Gegenstück in der Theorie haben, also folgt, daß die Quantenmechanik unvollständig ist. Die Wellenfunktion oder der Zustandsvektor $|\psi>$ kann keine vollständige Beschreibung der Realität sein, und es bleibt erst einmal offen, ob es eine solche gibt. Einstein selber hat versucht, durch eine Feldtheorie diese Frage positiv zu beantworten.

Eine Kritik hatten die drei Autoren vorhergesehen, nämlich, daß das Realitätskriterium zu weit gefaßt wäre. Es sollte eigentlich heißen, physikalische Größen können nur dann gleichzeitige Elemente der Realität sein, wenn man sie gleichzeitig messen oder vorhersagen kann. Dagegen aber wenden sich die drei. Nach diesem engeren Realitätskriterium hinge die Realität von p_{II} bzw. q_{II} von I ab, das nicht mit II wechselwirkt. I und II wären dann gar nicht mehr richtig trennbar, sie wären nicht im eigentlichen Sinne zwei Systeme. Die drei sind sich aber darüber einig, daß eine vernünftige Definition von Realität solche Dinge nicht erlauben darf. Einstein hat es später noch einmal klar ausgedrückt.[27] Dinge, die in sehr verschiedenen Teilen des Raumes liegen, besitzen eine voneinander unabhängige Existenz. Diese relative Unabhängigkeit macht allein erst die Existenz abgeschlossener Systeme möglich und sie allein verwirklicht auch das Prinzip der lokalen Kausalität. In seiner sechs Wochen nach dem EPR-Artikel erschienenen Antwort kritisiert Bohr, wie schon vermutet, Einsteins Realitätskriterium.[28] Er bemerkt die Doppeldeutigkeit des Passus «ohne ein System in irgendeiner Weise zu stören», d. h. Bohr bezweifelt nicht, daß in der letzten Phase des Meßprozesses das Teilchen II von I nicht mehr beeinflußbar ist, aber er meint, daß selbst in diesem Stadium die Bedingungen der Meßsituation in die Voraussagen über die Entwicklung des Systems miteingehen. In der Bohrschen Sicht müssen in die Definition des Termes «physikalische Realität» die Bedingungen der

Erzeugung eines Phänomens eingehen. Nur wenn man die Einsteinsche, der Quantenmechanik inadäquate Definition von Realität verwendet, kommt man zu der Unvollständigkeitsbehauptung. Schon an dieser Reaktion kann man sehr deutlich die philosophische Wurzel der Einstein/ Bohr-Debatte erkennen. Bohrs Antwort versteht sich von der Kopenhagen-Interpretation her. Alle Meßergebnisse müssen danach in klassischen Begriffen beschrieben werden, und wegen der Endlichkeit des Wirkungsquantums bildet das Mikroobjekt mit dem Makroobjekt immer eine untrennbare Einheit (Quantenholismus). Es gibt also eine Begrenzung der gleichzeitigen Anwendbarkeit klassischer Begriffe. Diese Anwendbarkeit hängt von der Gesamtheit der physikalischen Situation ab und diese schließt immer das Meßgerät mit ein. Angewandt auf die EPR-Situation bedeutet dies, daß die Messung einer konjugierten Größe (Impuls) einen experimentellen Eingriff erfordert und daß dieser unvereinbar ist mit dem Eingriff durch die Ortsmessung. Beide Beschreibungen schließen sich aus. Das Argument von Einstein, Podolsky und Rosen beruht demnach fehlerhaft auf der gleichzeitigen Verwendung beider Beschreibungen. Einstein hatte allerdings diese Antwort vorausgesehen und den holistischen Realitätsbegriff der Kopenhagen-Interpretation der Quantenmechanik abgelehnt. Die meisten Physiker waren jedoch von Bohrs Antwort befriedigt. Die Quantenmechanik ist eben nur dann unvollständig, wenn eine einsteinartige klassizistische Definition der Realität verwendet wird. Diese enthält aber eben nicht die typisch quantenmechanische Nichtseparierbarkeit von Mikroobjekt und klassischem Meßgerät.

Das EPR-Argument wird oft mit der Begründung von Theorien mit verborgenen Parametern in Zusammenhang gebracht. Es ist jedoch historisch inkorrekt, das Ergebnis des EPR-Arguments so zu verstehen, als ob Einstein damit solche Theorien mit kausaler Substruktur stützen wollte. Er strebte eine Vervollständigung der von ihm als unvollständig betrachteten Quantenmechanik an, allerdings mit Hilfe einer klassischen Feldtheorie.

Verborgene Parametertheorien sind nur eine Art, die mögliche Unvollständigkeit der Quantenmechanik zu ergänzen, jedenfalls nicht diejenige, die Einstein im Auge hatte. Allerdings sind einige solche Theorien mit einer tieferen Kausalstruktur in der Lage, die EPR-Korrelation zu erklären, ohne die statistischen Voraussagen der Quantenmechanik zu verändern. Man versteht danach, warum zwischen den räumlich getrennten Teilchen eine solche Abhängigkeit besteht, aber es ist nicht richtig, die Quantenmechanik mit der verborgenen Parameter-Ergänzung als Wiedergewinn klassischer physikalischer Prinzipien anzusehen. In Bohrs frühen Theorien gab es im Gegensatz dazu instantane Wirkungsübertragungen in Verletzung von Prinzipien der SRT. Einstein bestand jedoch immer auf dem Nahewirkungsprinzip. Noch 1949 betonte er, daß die reale

Situation von System I dann unabhängig von System II ist, wenn die beiden raumartig zueinander liegen. Logisch gesehen wird diese Situation heute meist so rekonstruiert,[29] daß vier metatheoretische Elemente unvereinbar sind, nämlich die Geltung der Quantenmechanik, der Realismus, die Vollständigkeit im Sinne der Einsteinschen Bestimmung und das Prinzip der Nahewirkung, also die lokale Kausalität.[30] Ehe wir uns damit befassen, wie die Art der Vervollständigung ausgesehen hätte, die Einstein vorschwebte, müssen wir darauf hinweisen, daß die Weiterentwicklung nach seinem Tode nicht in die von ihm vermutete Richtung lief. Es ergab sich, daß jede Theorie mit verborgenen Parametern, die die EPR-Korrelationen wiedergibt und auch sonst alle empirischen Voraussagen der Quantenmechanik enthält, nichtlokale Wechselwirkungen einführen muß, d. h. gerade jene instantanen Wirkungsübertragungen verwenden muß, die Einstein vermeiden wollte. Joseph Bell konnte 1964 beweisen, daß jede Theorie mit verborgenen Parametern, die lokal ist, zu anderen experimentellen Ergebnissen führt als die Standardquantenmechanik.

In der nacheinsteinschen Zeit hat sich der Gegensatz zwischen Nahewirkung und Geltung der Quantenmechanik verschärft. Wenn die Quantenmechanik wahr ist, gilt in der Natur nicht die Nahewirkung. Es gibt korrelierte Teilchen, die um Lichtjahre voneinander entfernt sein können und die doch durch eine Messung beeinflußt werden. Wenn in der Natur die Nahewirkung gilt, dann folgt aus der Bellschen Ungleichung, daß die Quantenmechanik falsch ist. Anders als zu Einsteins Zeiten ist diese Alternative heute empirisch entscheidbar. Viele Experimente, die inzwischen durchgeführt worden sind, zeigen Übereinstimmung mit der Quantenmechanik. Die Diskussionen sind hier noch stark im Fluß; die Zukunft wird zeigen müssen, ob wirklich das letzte Wort in der Widerlegung der lokalen Kausalität gesprochen ist, ob die Natur wirklich Fernwirkung und Nichtseparabilität realisiert und ob das Universum eine Art nichtklassischer Unteilbarkeit besitzt, die es einen großen Teil rätselhafter machen würde als es zuvor war.

VI.

Einheitliche Feldtheorie

Man würde ein falsches Bild vom Verhältnis Einsteins zur Quantenmechanik zeichnen, wenn man ihn als jemanden charakterisierte, der die Quantenmechanik schlechthin ablehnte. Er sprach immer wieder von der erstaunlichen Übereinstimmung dieser Theorie mit den Tatsachen. Erstaunlich schien ihm dies vor allem deshalb, weil er sie, wie aus dem vorigen Kapitel hervorgeht, für keine grundlegende Theorie hielt; vielmehr kennzeichnete er sie mittels seiner Ensemble-Interpretation als vorläufig. Dies mag auch damit zusammenhängen, daß er selbst mit solchen Theorien Erfolg gehabt hat, die sehr starken Gebrauch von epistemisch abstrakten Begriffen machen, die sehr viele theoretische Terme verwenden und erst über einen relativ langen logischen Weg mit der Erfahrung in Kontakt gebracht werden können. In der gewöhnlichen Deutung ist die Quantenmechanik dagegen eine sehr erfahrungsnahe Theorie, wenn man z.B. in Rechnung stellt, daß sehr häufig das Beobachterprinzip eingesetzt wird, wonach die Quantenmechanik nur über meßbare Zustände spricht. Eine gängige Formulierung des Beobachterprinzips ist etwa: «Jede Observable wird durch einen linearen hermiteschen Operator (eine lineare reelle Transformation des Hilbert-Raumes auf sich selbst) dargestellt.» In der Anwendung hatte die Quantenmechanik überdies einen enormen Erfolg, aber sie lieferte nicht Aussagen über Ereignisse, sondern nur über die Wahrscheinlichkeit des Eintretens von Ereignissen. Es ist nicht ausgeschlossen, daß diese beiden Eigenschaften in Einstein die Überzeugung genährt haben, daß die Quantenmechanik, wie übrigens auch die klassische Mechanik und die klassische Gravitationstheorie, eine zwar erfolgreiche, aber doch unvollständige Theorie darstellt, welche später durch eine Theorie ersetzt werden sollte, die, wie die Relativitätstheorie, nicht über die Wahrscheinlichkeit des Eintretens von Ereignissen, sondern über die Ereignisse selbst sprechen sollte.

Vorbild einer perfekten Theorie war für Einstein immer die Maxwellsche Elektrodynamik. Nach ihr ist auch die Relativitätstheorie konstruiert und sie prägte wohl seine Zielvorstellung und Heuristik. Abraham Pais faßt Einsteins Zukunftsvorstellung in drei Punkten treffend zusammen:[1]

1. Die Quantenmechanik ist Grenzfall einer noch zu entdeckenden Theorie, wie die Elektrostatik in bezug auf die Maxwell-Theorie oder die Thermodynamik in bezug auf die statistische Mechanik.

2. Der heuristische Weg darf nicht von der Quantenmechanik selbst ausgehen; eine Verfeinerung, auch eine Reinterpretation oder ein Basteln an der physikalischen Semantik, das alles führt nicht weiter. Es gibt eben keinen Weg von einer Approximation zur strengen Theorie, nur das Umgekehrte ist möglich. Aus diesem Grunde ist auch eine Quantentheorie der Felder, die sogenannte zweite Quantisierung, eine Sackgasse. Die Schwierigkeiten, die man mit dieser Theorie lange Zeit hatte, nämlich sie in eine meßbare Form zu fassen, das sogenannte Regularisierungs- und Renormierungsproblem, müssen Einstein in dieser Überzeugung bestärkt haben.

3. Man muß einen neuen Entwurf starten und die Quantenmechanik dann als Nebenprodukt wiedergewinnen. Der Neuentwurf kann nicht in einer einfachen Verallgemeinerung bestehen, das wäre ein simpler Induktivismus auf der Theorienebene, sondern muß einen neuen schöpferischen Ansatz enthalten.

Einstein war sich klar, daß die Bereitschaft, dieses Programm zu akzeptieren, ziemlich gering sein würde. Er hatte sich aber schon recht bald mit der Rolle des Außenseiters abgefunden, sich vielleicht sogar gelegentlich ein wenig in dieser Rolle gesonnt. Er selber hat nie versucht, die SRT und die Quantentheorie zusammenzubringen, wie das Schrödinger, Pauli und dann Dirac mit Erfolg durchgeführt haben. Auch den natürlichen begrifflichen Schnittpunkten beider Theorien wich er eher aus. Sein Vorbehalt bestand darin, daß die Relativitätstheorie eben eine grundlegende Theorie ist, die Quantenmechanik aber eine phänomenologische, provisorische Theorie. Da beide auf verschiedenen metatheoretischen Ebenen liegen, kann man sie nicht einfach fusionieren.

Die Entwicklung in der Physik selber hat sich nicht an Einsteins Vorstellung von der Isolation beider Theorien gehalten. Die SRT war ja bereits in die ältere Quantentheorie eingeflossen. Man möge sich nur an Folgendes erinnern. Im Bohrschen Atommodell von 1913 umkreist das Elektron den Kern wie ein Planet. In Abweichung von der Elektrodynamik gibt es stationäre Bahnen, wo das Elektron keine Strahlung abgibt. Die Kreisbahnen sind dann stationär, wenn der Drehimpuls ein Vielfaches von h ist. Dadurch ist es möglich, das Wasserstoffspektrum zu erklären. Bohr bemerkte 1915 kleine Abweichungen in den experimentellen Werten, die auf die relativistische Massenveränderung des Elektrons zurückgehen. Er nahm eine Abänderung der Formel für die Frequenz der Strahlung vor, die bei Übergängen zwischen verschiedenen Bahnen abgestrahlt wird. Sommerfeld stellte dann fest, daß das Bohr-Modell immer noch unvollkommene Züge trägt. Die Dublettstruktur der Linien der Balmer-Serie des Wasserstoffatoms konnte nicht berücksichtigt werden. Deshalb weitete er das Bohrsche Modell auf mehr als einen Freiheitsgrad aus und berücksichtigte die Abhängigkeit der Masse des Elektrons von seiner Geschwindigkeit. In dem neuen Modell sind die zu einer Hauptquantenzahl gehörigen Zustände Ellipsenbahnen mit verschiedener Exzentrizität und die Massenzunahme des Elektrons mit der Geschwindigkeit hängt vom Kernabstand ab. Die Feinstruktur des Wasserstoffspektrums ist damit ganz einfach ein relativistischer Effekt.

Nebenbei bemerkt ist der Einbau des relativistischen Massenausdruckes in die Quantentheorie wissenschaftstheoretisch auch aus einem anderen Grunde bemerkenswert. Keine Rede ist hier von einer möglichen Inkompatibilität des relativistischen und des nichtrelativistischen Massenbegriffs. Die Inkommensurabilitätsthese, wie sie von Kuhn und seinen Nachfolgern hochgespielt worden ist, wird in der physikalischen Praxis gar nicht vorgebracht. Niemand hatte Skrupel, Grundbegriffe aus zwei grundsätzlich verschiedenen Paradigmata miteinander zu fusionieren und in eine Theorie einzubauen, die empirisch testbar ist. Der Erfolg des Sommerfeld-Modells zeigt überdies, daß die Inkommensurabilitätsthese mindestens weit überzogen ist.[2]

Einstein selbst hat nie mit Inkommensurabilitätsargumenten gearbeitet, aber er hat immer die Bedeutung der unterschiedlichen Fundamentalität von Theorien betont. In einem Brief an Max Born vom 22. 3. 1934[3] machte er ganz deutlich, daß er die Wahrscheinlichkeitsinterpretation dafür verantwortlich hielt, daß die relativistische Verallgemeinerung der Quantenmechanik auf Schwierigkeiten stößt. Diese Aussage nimmt ein wenig wunder angesichts der neuen Voraussagen der Dirac-Theorie, wie dem erfolgreichen Einbau des Elektronenspins und der knapp danach bestätigten Voraussage der Existenz von Antimaterie, Leistungen, die man schwerlich ignorieren kann. Ähnliches gilt auch für Einsteins abweisende Haltung zur relativistischen Quantenfeldtheorie. Es ist wahr, die Theorie begann mit großen inneren begrifflichen Schwierigkeiten. Aber 1947 wurde das Renormierungsproblem für die Quantenelektrodynamik gelöst, inzwischen ist es auch gelungen, für nichtabelsche Eichtheorien dieses Hindernis für einen Test der Theorie zu beseitigen. Die Quantenelektrodynamik machte sehr präzise neue Voraussagen über das anomale magnetische Moment des Elektrons, wie auch über die Lambshift, die sehr genau getestet werden konnten. Doch alle Voraussageerfolge, die Einstein noch erfahren hat, brachten ihn nicht von seiner grundsätzlich ablehnenden Haltung gegenüber der Quantenfeldtheorie ab. Er hatte einfach ein anderes Theorienideal. Zeitweilig nannte er es Maxwells Programm, nämlich die Beschreibung der physikalischen Realität durch Felder, die singularitätsfrei einem Satz von Differentialgleichungen genügen. Die Quantenregeln (er verwendete in diesem Zusammenhang selten den Ausdruck Gesetz!) sollten nicht in die spezielle oder allgemeine Relativitätstheorie eingepaßt werden, sondern sie sollten als Einschränkungen der Theorie herauskommen.

Es ist immer wieder versucht worden zu verstehen, warum Einstein sich auf dieses utopische Programm eingelassen hat. Im nachhinein, da wir heute mehr und mehr davon überzeugt sind, daß die Quantenfeldtheorie, vor allem der Typ der nichtabelschen Eichtheorie, hohe Erfolgschancen besitzt, läßt sich vermuten, daß Einstein durch den Typ der Theorien, mit denen er Erfolg hatte, getäuscht worden ist. Er konnte sich nicht mehr richtig vorstellen, daß klassische Feldtheorien nicht unbedingt der Urtyp einer physikalischen Theorie sein müssen. Dies wurde besonders klar, als er Anfang der 20er Jahre seine Idee der Überkausalität zu konzipieren begann. Hier legte er schon seine eigene Strategie dar, um das Quantenproblem mit der Feldtheorie zu lösen: «Angesichts der durch die Quantenregeln zusammengefaßten Tatsachen könnte man daran verzweifeln, durch eine konsequente Weiterentwicklung der bisherigen Theorien der Schwierigkeiten Herr zu werden. Das Wesentliche der bisherigen theoretischen Entwicklung, welche durch die Stichworte Mechanik, Maxwell-Lorentzsche Elektrodynamik, Relativitätstheorie gekennzeichnet ist, liegt darin, daß sie mit Differentialgleichungen arbeitet, welche in einem raumzeitlichen vierdimensionalen Kontinuum das Geschehen eindeutig bestimmen, wenn es für einen raumartigen Schnitt bekannt ist. In der eindeutigen Bestimmung der zeitlichen Fortsetzung des Geschehens durch partielle Differentialgleichungen liegt die Methode, durch welche wir dem Kausalgesetz gerecht werden. Angesichts der bestehenden Schwierigkeiten hat man an der Beschreibbarkeit der tatsächlichen Vorgänge durch Differentialgleichungen gezweifelt. Darüber hinaus bezweifelt man die Möglichkeit der lückenlosen Durchführung des Kausalgesetzes unter Zugrundelegung des vierdimensionalen Kontinuums von Raum und Zeit. All diese Zweifel sind erkenntnistheoretisch erlaubt und angesichts der bestehenden tiefen Schwierigkeiten wohl verständlich. Bevor wir aber ernsthaft so fern liegende Möglichkeiten in den Kreis der Betrachtung ziehen, müssen wir prüfen, ob wirklich aus den bisherigen Bemühungen und Tatsachen gefolgert werden muß, daß es unmöglich sei, mit partiellen Differentialgleichungen auszukommen. Jedem, der die wunderbare Sicherheit auf sich wirken läßt, mit der die Undulationstheorie die geometrisch so verwickelten Phänomene der Interferenz und Beugung des Lichtes deutet, wird es schwer zu glauben, daß die partielle Differentialgleichung in letzter Instanz ungeeignet sei, den Tatsachen gerecht zu werden.»[4]

Aus diesem Zitat sieht man sehr wohl, daß Einstein die Schwierigkeiten richtig lokalisierte. Die Feldtheorien ermöglichen kausale raumzeitliche Beschreibungen, wobei ein vollständiger Satz von Anfangsbedingungen auf einer raumartigen Hyperfläche vorgegeben werden muß, derart, daß man mit den partiellen Differentialgleichungen den Lauf der Ereignisse anschließend berechnen kann. Das Verfahren läßt sich nicht einfach auf die Quantenmechanik übertragen. Schon die diskreten Bahnen im Bohr-Modell sprechen dagegen und die Heisenberg-Relationen erlauben eben keine freie Wahl eines vollständigen Satzes von Anfangsbedingungen auf *einer Cauchy-Hyperfläche*. Einstein fragt nun weiter: Kann man die Quanteneinschränkungen trotzdem in eine vollständige kausale Theorie einbauen? Und seine Antwort lautet: Im Grunde ja, wir müssen dann aber die Feldvariablen durch passende Gleichungen überbestimmen, d. h. die Zahl der Differentialgleichungen muß größer sein als die Zahl der durch sie bestimmten Feldvariablen. Hier ist eine Zwischenbemerkung am Platz. Spätere mathematische Analysen der kausalen Struktur der Relativitätstheorie haben ergeben, daß auch sie nicht immer die einfache Struktur besitzt, die Einstein hier intuitiv vorausgesetzt hat. Die Existenz einer sogenannten Cauchy-Hyperfläche kann in bestimmten Lösungen der allgemeinen Relativitätstheorie sehr wohl in Frage stehen, es gibt dann Cauchy-Horizonte, die Voraussagegrenzen darstellen. So sind etwa alle Lösungen, die mit Singularitäten behaftet sind – und das sind sehr viele in der Relativitätstheorie – auch zugleich solche Raumzeiten, die Grenzen der zeitlichen Entwicklung der Prozesse und damit auch der Voraussagemöglichkeit involvieren. Wenn man nur die mathematische Struktur der Grundgleichungen voraussetzt, ist die Schrödinger-Gleichung in einem stärkeren Sinne deterministisch als manche der Raumzeiten von Einsteins allgemeinen Feldgleichungen der Gravitation. Einstein stellt nun drei Forderungen an eine Theorie seines zukünftigen Typs. Sie muß allgemein kovariant sein, sie muß in Einklang mit der Maxwell-Elektrodynamik und der Allgemeinen Relativitätstheorie stehen – wir würden heute sagen, sie muß die Einstein-Maxwell-Gleichungen enthalten –, und das Gleichungssystem, das das Feld überbestimmt, sollte statische, sphärisch-symmetrische Lösungen haben, die das Elektron und das Proton beschreiben. Diese Forderung ist für das Jahr 1923 verständlich, denn das Neutron war damals noch nicht entdeckt. Die Gleichungen sollten dann das mechanische Verhalten der singulären Punkte, nämlich die Teilchen beschreiben. Die Anfangszustände und singulären Punkte sind dabei aber einschränkenden Bedingungen unterworfen. Die Idee der Überbestimmung war Einsteins Hoffnung zur Lösung des Quantenproblems. Das Quantenphänomen, so meinte er, verlangt nicht eine Abschwächung der klassischen Kausalität, wie es die Quantenmechanik tut, sondern das Quantenphänomen verlangt eine Verstärkung der Kausalität. Das ist auf Anhieb nicht leicht zu verstehen. Es ist wohl so gemeint, daß die neue Theorie damit fertig werden muß, daß die Naturerscheinungen so fest bestimmt sind, daß nicht nur der zeitliche Ablauf, sondern auch die Anfangszustände durch Gesetze fixiert sind, nämlich durch die Heisenberg-Relationen. Dieses Faktum sollte man durch die Überbestimmung der Differentialgleichungen ausdrücken. Der Endzustand der Theorie ist nicht eine Subkausalität, sondern eher eine Superkausalität.

Einstein war nicht der erste, der nach einer unitären Theorie gesucht hat. Nach 1916 haben viele nach einer solchen Vereinigung gestrebt. Zu erwähnen ist hier Hermann Weyls früher Entwurf einer Eichtheorie, die das Vorbild für die jetzt in der Quantenfeldtheorie verwendeten abelschen und nichtabelschen Theorien vom Yang-Mills-Typ abgegeben hat. Nach Einstein sollte aber eine unitäre Theorie eine ganz bestimmte Form haben. Er stellte sich eine klassische, deterministische Theorie vor, die Gravitation und Elektromagnetismus fusioniert, die daneben die Teilcheneigenschaften als spezielle Lösungen liefert und die auch noch die Quantenpostulate als Folgerungen der Feldgleichungen auffassen läßt. «Unsere Aufgabe ist es, die Feldgleichungen für das totale Feld zu finden», so formuliert er noch 1949.[5] In seinen späteren Jahren kreiste Einsteins Denken immer wieder um die Rekonstruktion von Teilcheneigenschaften mit feldtheoretischen Mitteln. In einer Gemeinschaftsarbeit mit Nathan Rosen[6] versuchte er, die sogenannte Einstein-Rosen-Brücke der Schwarzschild-Metrik für eine Teilchendarstellung zu benützen. Die Motivation von der Relativitätstheorie her kann man verstehen. Die rechte Seite der Feldgleichungen, den sogenannten Materietensor, bezeichnete Einstein immer als ein asylum ignorantiae: «Die rechte Seite ist eine formale Zusammenfassung aller Dinge, deren Erfassung im Sinne einer Feldtheorie noch problematisch ist.»[7] Der Materietensor ist gewissermaßen nur ein begrifflicher Notbehelf, weil in der Theorie des Gravitationsfeldes das Schwerefeld künstlich von einem Gravitationsfeld noch unbekannter Struktur isoliert wurde. Anders ausgedrückt: Im Materietensor wird die Materie mit sehr globalen Parametern beschrieben, Masse, Energie, Druck, Dichte gehen hier ein, aber keineswegs nichtklassische Eigenschaften, wie sie in der Theorie der Elementarteilchen aufscheinen. Ein totales Feld müßte im Grunde alles liefern, auch z.B. den nichtklassischen Spin der Teilchen. Auch die Tatsache der Ladungsquantisierung, die ja nicht einmal aus der Quantenelektrodynamik folgt, müßte sich letzten Endes aus dem totalen Feld ergeben.

Heute ist es schwer zu ermessen, woher Einstein sein Vertrauen bezog, daß dieser Weg gangbar sei und das totale Feld so detaillierte Teilcheneigenschaften hergeben würde. Sicherlich war hier eine Grundannahme von der ontologischen Einfachheit der Natur am Werk. Dies klingt auch an, wenn er die Überzeugung ausspricht, daß die Mathematik im Prinzip den Schlüssel zur Natur enthält, «daß es den richtigen Weg nach meiner Meinung gibt und daß wir ihn auch zu finden vermögen.»[8] Viele erfolgreiche Naturforscher haben immer wieder behauptet, daß die Natur nach dem Ideal der mathematischen Einfachheit aufgebaut sei, aber was heißt überhaupt Einfachheit? Auch kritische Stimmen haben sich hierzu geäu-

ßert, etwa wenn man Heisenberg hört, der Einsteins Vorstellung von der
Einfachheit der Natur als nicht mit der mathematischen Einfachheit der
Quantenmechanik vereinbar betrachtet.[9] Offensichtlich kollidieren hier
verschiedene Intuitionen von Einfachheit. Jeder Theoretiker hat ja ein
persönliches Gefühl, worin sie besteht. In diesem Fall ist es so trügerisch
wie jede Art von Evidenz. Alle Versuche der Erkenntnistheorie weisen
darauf hin, daß es bis jetzt nicht geglückt ist, einen Konsens darüber zu
erzielen, worin ontologische, epistemologische oder methodologische
Einfachheit besteht.

Viele Jahre der vergeblichen Suche nach einer einheitlichen Feldtheorie
haben auch bei Einstein einige Zweifel hinterlassen. Dies prägt sich in
einem Brief an Michele Besso vom 10. 8. 1954 aus. «Ich betrachte es aber
als durchaus möglich, daß die Physik nicht auf dem Feldbegriff gegründet werden kann, d.h. auf kontinuierliche Gebilde. Dann bleibt von
meinem ganzen Luftschloss, inclusive Gravitationstheorie, aber auch von
der sonstigen gegenwärtigen Physik nichts bestehen.»[10] Dreißig Jahre
später werden die meisten maßgebenden Theoretiker der Physik der Meinung sein, daß hier Einstein in seinem Urteil zu pessimistisch war. Der
Feldbegriff erweist sich in den physikalischen Theorien nach wie vor als
sinnvoll. Jedoch nicht jene klassischen Felder, die Einstein im Auge hatte,
sondern Quantenfelder, also solche, die das Quantenprinzip ein- und
nicht ausschließen, haben die bisherigen Erfolge in Richtung auf die
Einheit der Physik gebracht. Man kann sagen, daß die Einheits- und
Unifizierungsidee von der gegenwärtigen Physik voll aufgenommen worden ist, aber daß die heutigen Programme Einsteins Idee mit anderen
mathematischen Mitteln weiterverfolgen.

VII.
Die Natur von Raum, Zeit und Materie

1. Spezielle Relativität

a) Der Äther

ὁ αἰθήρ bezeichnet im Griechischen die reine, strahlende Himmelsluft. Dieser Begriff hat eine alte und verschlungene Geschichte. Die griechische Wurzel weist auf Anaximander, Empedokles und Pythagoras zurück und meint den feinsten Urstoff der Welt. Bei Platon und Aristoteles ist es auch das fünfte Element oder die Quintessenz, die Substanz des Himmels. Die Stoiker meinen damit den feinen Urstoff, aus dem alles entsteht, auch Pneuma oder Weltseele genannt, und der beim Weltenbrand wieder umgewandelt wird. Die Rolle des Äthers in den metaphysischen Theorien über die Natur geht stetig über in seine physikalische Funktion. In der Physik der Renaissance wird er der substantielle Träger des Lichtes und der Gravitation. Er besitzt nur wenige Eigenschaften, etwa Dichte und Geschwindigkeit. Er ist ein ruhendes Medium, das winzige Schwingungen ausführen kann. Deshalb ist es naheliegend, daß er zu Newtons Zeiten mit dem absoluten Raum identifiziert wird. Im 19. Jahrhundert wächst ihm eine neue Rolle zu. Die Optik wird durch die Arbeiten von Faraday und Maxwell ein Teil der Elektrodynamik. Innerhalb dieser Theorie übernimmt der Äther eine Funktion als Träger der optischen Erscheinungen. Eigentlich physikalische Aussagen lassen sich kaum von ihm machen, er verliert seinen substantiell physischen Charakter. Was zurückbleibt, ist eine Realisierung des absoluten Raumes im Sinne des Mediums der elektromagnetischen Feldzustände, denn das elektromagnetische Feld war noch nicht so autonom, daß es ohne Trägersubstanz existieren konnte. Je mehr er eine rein geometrische Natur annimmt, desto weniger kann die Materie ihn beeinflussen. Der Äther erhält die Rolle eines starren Rahmens für die Beschreibung der Veränderung der Feldzustände. In der SRT zeichnete sich ab, daß der absolute Raum und damit auch der Äther für immer seine Funktion verloren hatte, denn nicht die Ruhe, sondern die gleichförmige Translation ist die innerlich ausgezeichnete Klasse von Bewegungen. Natürlich hat diese Theorie keinen Nichtexistenzbeweis für den Äther gebracht, so etwas gibt es in der Physik überhaupt nicht. Man kann die Situation des Äthers historisch vergleichen mit der der kristallinen Fixsternsphäre im kopernikanischen System. Wenn die Erde rotiert, wird die tragende Kugelschale funktionslos. Sowenig wie sich aus dem kopernikanischen System ein Nichtexistenzbeweis für die kristalline Sphäre ergibt, so wenig kann die SRT beweisen, daß der Äther nicht existiert. Nur werden in der Physik nichtexistente und funktionslose Entitäten praktisch gleichbehandelt. Einstein selber hat aber den Unterschied zwischen beiden klar gesehen: «Indessen lehrt ein genaueres Nachdenken, daß diese Leugnung des Äthers nicht notwendig durch das spezielle Relativitätsprinzip gefordert wird. Man kann die Existenz eines Äthers annehmen, nur muß man darauf verzichten, ihm einen bestimmten Bewegungszustand zuzuschreiben, ...»[1]

Ein eigenartiger Umschwung ist im Rahmen der ART zu konstatieren. Es gibt wieder eine geometrische Weltstruktur, und die kann als Entität betrachtet werden, die durchaus von physikalischen Kräften beeinflußt wird. Ein Nachfolger des Äthers taucht auf mit neuer Bedeutung. Der Äther übernimmt jetzt die Funktion des Feldes. Das Feld ist aber komplizierter geworden, es enthält nicht nur das klassische Maxwell-Feld, das durch den Faraday-Tensor beschrieben wird, sondern eben auch den metrischen Fundamentaltensor. Man kennt den Zustand des Äthers, wenn diese beiden mathematischen Größen, nämlich der Faraday-Tensor und der metrische Fundamentaltensor, gegeben sind. Der gedankliche Schritt, dem Äther eine neue Rolle zuzuweisen, wurde von Einstein 1920 vollzogen.[2] Die eigenartige Begriffsgeschichte des Äthers hatte aber noch eine letzte Station, dann nämlich, als die ART auf die Welt im großen angewandt wurde. Die Welt im großen erlaubt aufgrund ihres speziellen Materieflusses die Auszeichnung eines Bezugssystems. Es ist jenes homogene und isotrope expandierende Substratum, in dem die Weltkörper ruhen und von dem sie mitgeführt werden. Aber nicht nur die Galaxien ruhen in diesem Substratum, sondern auch die primordiale Hintergrundstrahlung, die heute die Temperatur von 3K besitzt. Man kann aus dieser kosmologischen Perspektive heraus von einem neuen Äther sprechen und, wenn man die Bewegung der Erde durch diesen Äther betrachtet, von einer neuen Ätherdrift. Die Bewegung der Erde relativ zu diesem primordialen Photonsee kann mit empirischen Mitteln bestimmt werden und hat nach heutigem Wissen die Geschwindigkeit von 600 km/sec. Es ist wichtig, diese begriffsgeschichtlichen Umdeutungen des Äthers im Randbewußtsein aufzubewahren, wenn man verstehen will, wie die Situation lag, bevor die SRT auf den Plan trat.[3]

In der Mitte des 19. Jahrhunderts war es also eine geläufige Hypothese, daß alle interplanetarischen und interstellaren Räume nicht leer, sondern mit einer sehr gleichförmigen Substanz angefüllt sind. Da dieser Äther im Raum ruhen sollte und man ja um die Bewegung der Himmelskörper wußte, tauchte die Frage der Messung des Ätherwindes auf. Bereits Maxwell äußerte die Vermutung, daß die Effekte erster Ordnung in v/c, wobei v die Geschwindigkeit der Erde relativ zum Äther ist, meßbar sein sollten, während die Effekte zweiter Ordnung, d. h. jene von der Größenordnung (v/c)², unmeßbar klein sein müßten.[4] Die Vorstellung war hier, daß die Sterne im Äther ruhen, jedoch die Planeten und ihre Trabanten sich durch den ruhenden Äther bewegen. Maxwell selber gab eine Methode an, wie man über die Verfinsterung der Jupitermonde diesen Effekt im Prinzip messen könnte.

Etwa um 1880 begann Albert Abraham Michelson, der bei Helmholtz in Berlin arbeitete, sich mit Maxwells Behauptung zu befassen. Er war ein technischer Experte in der Messung der Lichtgeschwindigkeit, und er baute ein Meßgerät, das Inferometer, das heute seinen Namen trägt, und das auch die Effekte zweiter Ordnung messen sollte. Das Prinzip bestand darin, daß man die Lichtreisezeiten parallel und senkrecht zur Relativbewegung von Erde und Äther vergleicht. Die Zeitdifferenz müßte dann eine Verschiebung der Wellenlängen hervorbringen, die man entdecken kann, wenn man den parallelen und den senkrechten Strahl interferieren läßt. Das Ergebnis der Michelson-Messung war eindeutig. Kein Ätherwind konnte festgestellt werden; die Hypothese des ruhenden Äthers konnte somit nicht stimmen. Das Ergebnis wurde viel diskutiert, Michelson wiederholte es mit Edward William Morley zusammen in einem neu gebauten Inferometer im Jahre 1887, und auch dieses Experiment brachte wieder nur einen Nulleffekt. Die Theoretiker waren durch dieses Ergebnis etwas verunsichert, man sprach von einer Wolke, die über der dynamischen Theorie des Lichtes liege. Um ganz sicher zu gehen, wurde das Experiment viele Male mit ganz verschiedenen Versuchsanordnungen wiederholt. Viel später ergab sogar einmal ein Experiment, nämlich das von Dayton Clarence Miller im Jahre 1921, eine positive Ätherdrift. Da dies zu einer Zeit geschah, wo die SRT längst installiert war, wäre dies eine Bedrohung für die Theorie gewesen. Weder Einstein noch die meisten Experten zur damaligen Zeit waren durch das Miller-Ergebnis sehr erschüttert, man vermutete einen systematischen Fehler in der Meßanordnung.

Eine wissenschaftstheoretische Frage von grundsätzlicher Bedeutung wurde viel besprochen: Welche Rolle hat das Morley-Michelson-Experiment in der Heuristik der SRT gespielt? Dazu muß man wissen, daß Michelson selbst zu den älteren Physikern gehörte, die die SRT ablehnten. Er war Anhänger des damals unter den Physikern verbreiteten Einwandes, daß der Äther unvereinbar mit der SRT sei, daß man sich aber ohne Medium eine Ausbreitung der Lichtwellen nicht vorstellen könne. Was Einstein selber betrifft, so ließ es sich später nicht mehr rekonstruieren, ob er 1905 bei der Abfassung der SRT das Morley-Michelson-Experiment gekannt hatte oder nicht. In der Originalabhandlung zur

Elektrodynamik bewegter Körper kommt es nicht vor, er erwähnt es allerdings schon im Jahre 1907 in seiner zusammenfassenden Darstellung der Theorie.[5] In der Originalabhandlung gibt es einen Passus, der auf die Heuristik der SRT hinweist: Nachdem er über Asymmetrien des Induktionsgesetzes gesprochen hat, erwähnt er die «mißlungenen Versuche, eine Bewegung der Erde relativ zum ‹Lichtmedium› zu konstatieren», sie «führen zu der Vermutung, daß dem Begriff der absoluten Ruhe nicht nur in der Mechanik, sondern auch in der Elektrodynamik keine Eigenschaften der Erscheinung entsprechen.»[6]

Akribische historische Untersuchungen[7] und Befragungen von Einstein selbst ergaben widersprüchliche Ergebnisse. Einmal meint er rückblickend, die stellare Aberration und Fizeaus Messung der Lichtgeschwindigkeit in bewegtem Wasser wären ausreichend gewesen, ein andermal sagt er, er hätte durch die Lektüre von Lorentz' Buch von 1895[8] das Morley-Michelson-Experiment gekannt.

Einsteins eigene schwankende Erinnerung weist in die Richtung, daß es jedenfalls nicht das Hauptmotiv für die Konstruktion der SRT war, den Konflikt zwischen dem Morley-Michelson-Experiment und den Äther-Theorien des 19. Jahrhunderts aufzulösen, sondern daß er allgemeinere Ziele hatte. Dem Experiment kam also keine Schlüsselrolle, nicht einmal eine entscheidende Auslösefunktion zu. Einstein wollte über die bestehenden elektromagnetischen Theorien hinausgelangen, er hatte ein grundsätzlich theoretisches Ziel. Er wollte eine stärkere Theorie schaffen als die bestehende Konzeption von Lorentz, die nur in Einklang war mit dem Nichtauftreten von Effekten erster Ordnung in v/c. Wollen wir Einsteins eigene Aussage verstehen, daß die Aberration und das Experiment von Fizeau für ihn ausreichend waren, um ihn in die speziell relativistische Problemsituation hineinzuführen, müssen wir uns die historischen Experimente etwas näher ansehen.

b) Die Problemsituation der Speziellen Relativitätstheorie

Bereits Galilei hatte sich mit der Frage beschäftigt, ob die Geschwindigkeit des Lichtes endlich oder unendlich groß sei. Er hatte sogar einen Versuch vorgeschlagen, unter Einsatz von zwei Beobachtern mit abblendbaren Laternen eine Entscheidung zu finden, aber das Experiment war natürlich viel zu schwach in der Auflösung. Erst Olaf Römer gelang es 1676, über eine genaue Beobachtung der Zeitpunkte der Verfinsterung der Jupitermonde die Größenordnung der Lichtgeschwindigkeit zu bestimmen. Römer beobachtete die Zeitpunkte, in denen ein Jupitermond im Schatten des Planeten verschwand, und erkannte, daß, wenn die Erde sich vom Jupiter entfernt, das Licht einen größeren Weg hat, als wenn die Erde sich dem Jupiter nähert. Während der Periode der Erdannäherung finden mehrere Mondumläufe statt und dabei summieren sich deren Verkürzungen zu etwa 1000 sec, und ebenso summieren sich auch ihre Verlängerungen während der Erdentfernung auf den gleichen Betrag. Diese 1000 sec sind die Zeit, die das Licht zum Durchlaufen des Erdbahndurchmessers von $3 \cdot 10^8$ km braucht. Daraus konnte Römer die Lichtgeschwindigkeit bestimmen. 1725 entwickelte James Bradley noch eine andere Methode zur Gewinnung der Lichtgeschwindigkeit, nämlich aus der Aberration des Lichtes. Bewegt sich ein Fernrohr senkrecht zur Richtung des einfallenden Lichtes, dann verschiebt sich das Bild in der Zeit, die das Licht braucht, um die Fernrohrlänge zurückzulegen. Damit schätzt der Beobachter die Richtung, aus der das Licht kommt, falsch ein. Der Ort der Quelle erscheint wegen dieser sogenannten Aberration in Richtung der Bewegung des Fernrohrs verschoben. Um das Bild wieder in die Mitte des Okulars zu bringen, muß das Fernrohr um einen bestimmten Winkel verdreht werden; dies ist der sogenannte Aberrationswinkel. Wegen der Erdbewegung erscheint jeder Fixstern, wenn die Visierlinie senkrecht zur Erdgeschwindigkeit liegt, beiderseitig um den Aberrationswinkel α verschoben. Wenn man einen Stern ein ganzes Jahr hindurch beobachtet, dann macht ein Fixstern nahe dem Pol der Ekliptik eine Kreisbewegung, in der Ebene der Ekliptik führt er eine Hin- und Herbewegung aus und dazwischen sieht man Ellipsenformen, die sogenannten Aberrationsellipsen. Die Durchmesser der Kreise, die großen Achsen der Ellipsen und die Amplituden der geradlinigen Verschiebungen haben bei allen Fixsternen den gleichen Winkel, nämlich den doppelten Aberrationswinkel $2\alpha = 41{,}2''$.

$$\text{Da } \operatorname{tg} \alpha = \frac{v}{c}\,,\ \text{folgt } c = \frac{v}{\operatorname{tg}\alpha}\,;$$

$$\text{mit } \operatorname{tg} 20{,}6'' = 0{,}0001 \text{ und } v = 29{,}77 \text{ km s}^{-1}$$

ergibt sich daraus eine Lichtgeschwindigkeit von $c = 297\,700$ km s^{-1}. Bradleys Bestimmung der Lichtgeschwindigkeit liefert ein Prüfverfahren für Römers Berechnung. Bradley hatte eigentlich die Fixsternparallaxe messen wollen. Aber die Parallaxe hängt von der Position der Erde auf der Bahn ab, die Aberration hingegen nur von der Geschwindigkeit der Erde, sie ist unabhängig von der Entfernung der Sterne und für alle Sterne gleich. Entscheidend für die Entstehung der Relativitätstheorie war, daß die Aberration ein Phänomen der ersten Ordnung in v/c ist.

Voraussetzung für den Aberrationseffekt ist auch die Unbeweglichkeit des Äthers. Würde der Äther von der Luft im Fernrohr mitgeführt, gäbe es keine Aberration. Was man jedoch nicht wissen konnte, ist, ob vielleicht die Luft zu dünn ist, um den Äther mitzuführen. Hier war das Experiment von A. Fizeau von 1851 wichtig, das zur Frage der Mitbewegung des Äthers angestellt wurde. Es handelte sich um einen Interferenz-versuch. Zwei kohärente Strahlenbündel, die zur Interferenz gebracht werden sollen, müssen durch mit Wasser gefüllte Röhren laufen. Hier ist es wichtig sich zu erinnern, daß der Äther natürlich nicht nur das Vakuum ausfüllt, sondern auch alle Materie durchdringen muß, denn man weiß ja, daß das Licht auch durch materielle Medien läuft. Im ruhenden Wasser ist nun die Lichtgeschwindigkeit c/n (n = Brechungsquotient von Wasser). Läßt man das Wasser in zwei Röhren in entgegengesetzter Richtung strömen, mit der Geschwindigkeit $+ v$ bzw. $- v$, dann muß bei voller und partieller Mitführung des Äthers eine Verschiebung der Interferenzstreifen stattfinden. Bei Unbeweglichkeit des Äthers kann die Strömung jedoch keinen Einfluß haben. Das Ergebnis des Interferenzversuches von Fizeau ergab nun eine partielle Mitführung des Äthers durch die Materie und zwar so, als ob die Geschwindigkeit des Wassers nicht $\pm v$, sondern $\pm v$ $(1 - 1/n^2)$ gewesen wäre. Diesen Betrag muß man zur Lichtgeschwindigkeit in beiden Röhren addieren bzw. von ihr subtrahieren, d.h. also

$$\frac{c}{n} + v \left(1 - \frac{1}{n^2}\right) \text{ bzw. } \frac{c}{n} - v \left(1 - \frac{1}{n^2}\right).$$

Diese Voraussage hatte auch Fresnel 1818 aus der Lichttheorie mit stationärem Äther abgeleitet. Die Größe

$$\left(1 - \frac{1}{n^2}\right)$$

nennt man auch den Fresnelschen Mitführungskoeffizienten. Der Fizeau-Versuch ergab also eine partielle Mitführung, wobei die Stärke vom Brechungsquotienten abhängt. Wasser, für das $n = 4/3$ ist, ergibt also einen Mitführungskoeffizienten von 7/16. Bei Luft, wo $n \approx 1$ ist, ist der Mitführungskoeffizient auch ≈ 0. Damit kann Luft normaler Dichte den Äther nicht mitführen. Die Aussage stimmt mit dem Phänomen der Aberration überein. Für die Erdoberfläche ergibt sich daraus, daß trotz der Erdbewegung der Äther in Ruhe bleibt, deshalb müßte ein Ätherwind in entgegengesetzter Richtung existieren, der die gleiche Geschwindigkeit wie die Erde besitzt. Das wäre dann die absolute Translationsgeschwindigkeit der Erde. Fresnel hatte seinerzeit die Mitführung von der Annahme abgeleitet, daß das Licht dem Äther elastische Schwingungen mitteilt, der Faktor

$$1 - \frac{1}{n^2}$$

erklärt sich daraus, daß das Licht teilweise durch den Äther zurückgehalten wird. Auch Lorentz hat dann 1895 eine dynamische Erklärung für die Fresnelsche Mitführung geliefert. Die einfallenden elektromagnetischen Wellen induzieren eine Polarisation in das Medium.

Es wird jetzt verständlich, warum Einstein sich zuerst den Effekten erster Ordnung widmete und zwar jenen, die von der Vorläufertheorie erklärt worden waren. Das Michelson-Morley-Experiment zweiter Ordnung war nicht so wichtig, wenn man davon ausgeht, daß die SRT eine neue Logik der Erklärung liefern sollte, die man an den Effekten erster Ordnung demonstrieren könnte. Natürlich müßte sich anschließend auch der Michelson-Morley-Effekt als logische Konsequenz der Theorie miterklären lassen. Will man das von Einstein Erreichte in gerechter Weise würdigen, muß man es vor dem Hintergrund des Vorhandenen und des von seinen Zeitgenossen Erarbeiteten betrachten. Während die ART ziemlich einhellig als Einsteins alleiniger Verdienst angesehen wird, gab es für die SRT wichtige Vorarbeiten. Zwar wird kaum jemand heute noch die extreme Einschätzung Edmund Whittakers teilen, der in seiner «History of the Theories of Aether and Electricity» von der Relativitätstheorie von Poincaré und Lorentz spricht.[9] Aber Tatsache ist, daß Einstein Vorläufer in bezug auf Teilideen in der SRT hatte. Man kann sagen, daß die intellektuelle Situation aufbereitet war und Einstein dann den entscheidenden theoretischen Schritt tat. Dieser Schritt liegt, wie wir noch sehen werden, nicht im Formalen, sondern in der physikalischen Semantik. So wie die Quantentheorie in den Arbeiten zum Strahlungsgesetz von Kirchhoff fußt, so kann die Relativitätstheorie auch nicht ohne die Theorie Maxwells gedacht werden. Maxwells Theorie der Elektrodynamik besteht nicht nur in einem Formalismus, in Differentialgleichungen und den Gleichungen für Ladungs- und Stromdichte, sie macht darüber hinaus eine Angabe über die Natur des Mediums, in dem sich die elektromagnetischen Vorgänge abspielen. Viele Hypothesen sind über die Art der Äthereigenschaften gemacht worden. Sie wurden jeweils so gewählt, daß sich die bekannten Effekte möglichst widerspruchslos verstehen lassen. Doch die Vieldeutigkeit blieb. Die Art dieser ätherischen Substanz konnte nie richtig geklärt werden. Einsteins Verdienst ist es, die Vieldeutigkeit nicht gelöst, sondern aufgelöst zu haben, und zwar durch eine neue Kinematik, die zugleich eine neue Analyse des Meßproblemes von Raum und Zeit involviert. Auch zahlreiche andere Elemente der späteren SRT waren schon vorhanden: Waldemar Voigt hatte die Lorentz-Transformationen gefunden, George Fitzgerald die Kontraktionshypothese, Henri Poincaré die Zeitdilatation. Einsteins Arbeitsstil entsprach es nicht, sich zuerst einen vollen Überblick über die damalige Literatur zum Ätherproblem zu verschaffen, um dann an einer bestimmten Stelle die Diskussionen fortzuführen. Seine Strategie war eher, sich auf ein Problem zu stürzen, das ihn gerade fesselte; er nahm es dann in Kauf, so wie es in der Statistischen Mechanik geschah, evtl. Nach- oder

Doppelentdeckungen zu vollziehen. In bezug auf Literaturkenntnis war er sehr oft schlechter informiert als seine Kollegen. Einstein ahnte z. B. nicht, daß Waldemar Voigt schon 1887 die Invarianz einer Wellengleichung unter Lorentz-Transformationen bewiesen hatte, was Hendrik Antoon Lorentz längst wußte. Er kannte auch nicht die Hypothese von George Francis Fitzgerald, daß man das Null-Resultat von Morley und Michelson auch durch Längenveränderungen der materiellen Körper, wenn sie durch den Äther bewegt werden, erklären kann.[10] Man muß allerdings hinzufügen, daß Fitzgerald einen dynamischen Kontraktionsmechanismus im Sinn hatte, die Moleküle sollten bei Bewegung durch den Äther zusammengedrückt werden. Die Idee der kinematischen Erklärung, wie sie Einstein dann vorgeschlagen hat, war Fitzgerald nicht gekommen. Lorentz, der belesener war, hatte die Kontraktionshypothese in seine Theorie eingebaut. Schon in seiner Arbeit von 1892[11] zeigte er, daß das Morley-Michelson-Ergebnis mit Fresnels Äthertheorie vereinbar ist, wenn eine Gerade, die zwei Punkte eines festen Körpers verbindet, ihre Länge ändert in dem Fall, daß sie von der parallelen Richtung zur Erdbewegung um 90° gedreht wird. Die Einführung von Fitzgeralds Hypothese in die Elektrodynamik hat eine lange wissenschaftstheoretische Diskussion ausgelöst darüber, ob diese Zusatzhypothese ad hoc sei.[12] Wichtig ist jedenfalls, daß der Äther durch die dynamische Wechselwirkung mit den Molekularkräften gerettet wird. Die Gleichungen der Elektrodynamik, die Lorentz 1892 vorschlug, verwenden als Quellen des elektromagnetischen Feldes Elektronen. Diese Elektronen bewegen sich durch den ruhenden Äther, und die Gleichungen gelten nur in dem ausgezeichneten Äthersystem. Auch die Lichtgeschwindigkeit ist nur in bezug auf den Äther gleich ihrem konstanten Wert c. Damit sind alle ätherfesten Bezugssysteme ausgezeichnet.

Ohne Zweifel hatte Einstein Lorentz' klassische Monographie von 1895 gelesen, wo dieser eine abermals modifizierte Theorie der elektrischen und optischen Erscheinungen in bewegten Körpern vorschlug und worin sich auch eine Erklärung der negativen Ergebnisse aller optischen Ätherdriftexperimente erster Ordnung fand. In bezug auf die Transformationseigenschaften dieser neuen Theorie entstand eine seltsame Situation. Lorentz legte darin sogenannte modifizierte Galilei-Transformationen zugrunde, in denen zwei Zeitkoordinaten verwendet wurden, eine reale physikalische Zeit t, die in einem Inertialsystem S und in einem dazu gleichförmig mit v bewegten Koordinatensystem S_r gilt, und eine lokale Zeitkoordinate t_L, die unphysikalisch ist und eine rein mathematische Funktion besaß. Lorentz beweist nun für seine Gleichungen die näherungsweise Kovarianz gegenüber diesen modifizierten Galilei-Transformationen, er nennt es das Theorem der korrespondierenden Zustände. Optische Phänomene bewegter Körper verhalten sich in erster

Ordnung in v/c auf der bewegten Erde gleich wie im Ätherbezugssystem. In dieser Ordnung ist auch in dem bewegten Bezugssystem S$_r$ die Lichtgeschwindigkeit gleich c. Aber um Effekte vom Morley-Michelson-Typ zu erklären, also für die Effekte zweiter Ordnung, braucht Lorentz die Kontraktionshypothese. Man muß es schon als eine hybride Erklärungssituation ansprechen, was da durch das Fehlen eines Hinweises auf den stationären Äther ausgelöst worden war. Die Null-Effekte erster Ordnung werden aus der Elektrodynamik bewiesen, für die Null-Effekte zweiter Ordnung jedoch muß eine Zusatzhypothese eingeführt werden.

Ein theoretischer Aspekt in der Theorienkonstruktion war für Einstein wichtig. Lorentz erreichte den – jedenfalls partiellen – Erfolg der eben geschilderten Elektrodynamik bewegter Körper nur durch die Einführung von Transformationen, denen gegenüber Newtons Mechanik nicht kovariant ist. In bezug auf das Transformationsverhalten bestand also ein Widerspruch zwischen Mechanik und Elektrodynamik.

Um den Informationsstand von Einstein richtig abzuschätzen, muß man wissen, daß es Lorentz gelang, noch einen Schritt weiter in Richtung auf die mathematische Struktur der SRT zu kommen. In seiner Arbeit von 1904[13] drückte er sich programmatisch sehr klar aus. In bezug auf Poincarés ad hoc-Vorwurf gestand er zu: «Sicherlich haftet diesem Aufstellen von besonderen Hypothesen für jedes neue Versuchsergebnis etwas Künstliches an. Befriedigender wäre es, könnte man mit Hilfe gewisser grundlegender Annahmen zeigen, daß viele elektromagnetische Vorgänge streng, d. h. ohne irgendwelche Vernachlässigung von Gliedern höherer Ordnung, unabhängig von der Bewegung des Systems sind.»[14] Ebenfalls erkannte Lorentz in der gleichen Arbeit, daß die Fitzgerald-Kontraktionen Konsequenzen der Transformationseigenschaften der Elektrodynamik sind.

Auch Poincaré hatte Vorarbeiten zu Einsteins SRT geleistet. Wie wir schon gesehen haben, hatte Poincaré Lorentz den ad hoc-Charakter der Kontraktionshypothese vorgeworfen. Deshalb hatte Lorentz in seiner Arbeit von 1904 seine Theorie so zu erweitern versucht, daß er den negativen Ausgang aller Ätherdrift-Experimente von 2. Ordnung erklären konnte.[15] Poincaré nahm daraufhin den ad hoc-Vorwurf zurück, da ja nun mehrere Experimente von 2. Ordnung erklärt werden konnten und nicht nur der Versuch von Morley und Michelson. Poincaré prägte auch einen wichtigen Namen, er nannte den Grundsatz, daß die Gesetze für den ruhenden und bewegten Beobachter gleich sein müssen, das Relativitätsprinzip. Im nachhinein bedauert man immer wieder die mangelnde Kooperation und den fehlenden Informationsfluß zwischen den Wissenschaftlern. Poincaré hatte viele Begrifflichkeiten erarbeitet, die Einstein hätte brauchen können. So befaßte er sich etwa mit dem Problem der Zeitmessung. Wie weiß man, wann zwei Zeitintervalle gleich sind?

Die Intuition ist doch zumeist täuschend. Wenn man zwei Zeitintervalle an getrennten Orten betrachtet, braucht man einen Übertragungsmechanismus, eine transportierte Uhr oder eine definierte Geschwindigkeit. Auch das Problem der Gleichzeitigkeit thematisiert er und erkennt, daß in der Gleichzeitigkeit zweier Ereignisse eine Festlegung verborgen ist,[16] ohne welche der Gleichzeitigkeitsbegriff keine physikalische Objektivität beanspruchen kann. In bezug auf Lorentz' sogenannte lokale Zeit t_L, die dieser ja noch als unphysikalisch betrachtet hatte, schlägt Poincaré 1904 vor, sie als gleichberechtigt mit der galileischen Zeit t zu betrachten. Damit kommt er nahe an die Relativität der Gleichzeitigkeit. Bewegte Uhren gehen jeweils im Vergleich zu den gerade als ruhend betrachteten nach. Die Retardierung ist daher ein symmetrischer Effekt, keine Uhr kann ausgezeichnet werden. Poincaré dachte jedoch daran, alle diese Phänomene als Ergebnisse der Dynamik des Molekülaufbaus der Materie zu erhalten. Auch das Relativitätsprinzip behandelte er nicht als einen ersten Grundsatz, sondern als eine Folgerung der Theorie. Dies geht auch aus den Titeln seiner Arbeiten hervor, die sehr oft in Konkurrenz zu Einsteins Elektrodynamik bewegter Körper gesehen werden.[17] Poincaré betrachtete darin auch die Unmöglichkeit des Nachweises einer absoluten Bewegung, aber nicht als Prinzip, sondern als ein Naturgesetz, das aus vielen Experimentalsituationen herausdestilliert worden ist. Damit reiht er sich eher in die Gruppe der Induktivisten ein, die von den Nullergebnissen der Ätherdriftexperimente zu den relativistischen Prinzipien aufsteigen wollen. Erst später wurde es klar, daß keiner von Michelsons Beobachtungssätzen ein Äquivalent der Aussage ist, daß in allen Inertialsystemen die Lichtgeschwindigkeit eine universelle Konstante ist, die nicht von der Geschwindigkeit der Quelle abhängt.[18] Poincaré brachte darüber hinaus noch weitere wichtige Schritte zuwege. Ihm gelang, was Lorentz 1904 nicht ganz geglückt war, nämlich der Beweis der Kovarianz der inhomogenen Maxwell-Lorentz-Gleichungen. Er fand auch die Gruppeneigenschaften der Transformationen und erkannte ebenso, daß aus den Transformationen das neue Additionstheorem der Geschwindigkeiten folgt, das die klassische Zusammensetzung der Geschwindigkeiten ablöst.

c) Die Lösung

Wenden wir uns jetzt der Geschichte von Einsteins eigenen Entdeckungen zu, so müssen wir zuerst konstatieren, daß das Äther-Problem ihn vermutlich schon eine Zeitlang zum Grübeln veranlaßt hatte. Es ist versucht worden, psychologische Zusammenhänge zwischen Ideen aus seiner Frühzeit und der Heuristik der SRT herzustellen.[19] Bereits 1895 fragte er, ob das Magnetfeld, das beim Einschalten eines Stromes erzeugt

wird, den umgebenden Äther beeinflußt. In der Autobiographie erzählt
er von einem Gedankenexperiment, das er 1896 angestellt haben muß:
Wenn ein Beobachter einer Lichtwelle mit Lichtgeschwindigkeit nach-
läuft, was sieht er dann? Bereits in jener Zeit, als er bei Heinrich Friedrich Weber studierte, wollte er ein Meßgerät konstruieren, das die Bewegung der Erde gegen den Äther mißt. Es ist keine Frage, daß Einstein
Anfang des Jahrhunderts ein überzeugter Anhänger der Realität des
Äthers war. Auch wenn er von den Vorarbeiten zweifellos keine lücken-
lose Kenntnis hatte, ist es doch sicher, daß neben Lorentz' Arbeit von
1895 auch die Bücher von Poincaré einen Einfluß auf ihn ausübten.
Bekanntermaßen wurden in der Akademie Olympia, in der er zusammen
mit Konrad Habicht und Maurice Solovine wissenschaftliche Diskussionen führte, Poincarés Klassiker wie «La Science et l'Hypothèse» gelesen,
und wir haben schon gehört, wieviele Elemente der relativistischen Physik in Poincarés Veröffentlichungen enthalten waren. Man kann viele
psychologische Spekulationen darüber anstellen, welche von diesen De-
tailinformationen Einstein in welche Richtung gelenkt haben; dies ist
nachträglich nur schwer zu rekonstruieren. Wichtiger ist der systematische Zusammenhang, welche vorwissenschaftlichen Annahmen Einstein
verwendete, um zu seiner testbaren und dann, wie sich zeigte, bewährten
Theorie zu kommen.

Wollte man den Gedankengang bei dieser Problemsituation auf aller-
kürzeste Weise darstellen, könnte man ihn so skizzieren: Der Äther hatte
den Status einer erschlossenen Entität; nie hatte ihn jemand gesehen,
gehört oder mit ihm experimentiert. Dennoch brauchte man ihn, und
man argumentierte etwa so: Der Schall bedarf der Luft zur Fortbewe-
gung, deshalb (!) müssen wir für das Licht analog das Äthermedium
annehmen. Die Äthereigenschaften müssen aus den beobachtbaren
Lichteigenschaften erschlossen werden. Am besten stellt man sich den
Äther als ein unbewegliches Medium vor, das Erde und auch den Menschen durchdringt und von diesen Körpern nicht mitgenommen wird.
Wenn man einmal weiß, daß das Licht die Eigenschaften von Transver-
salwellen besitzt, muß der Äther ähnlich wie ein starrer fester Körper
gedacht werden. Darüber hinaus ist er die Manifestation des absoluten
Raumes der Elektrodynamik. Wenn weder Mechanik noch Elektrodynamik einen absoluten Raum brauchen, dann wird allerdings der Äther
funktionslos. Statt des absoluten Raumes kann man auch von einem
privilegierten Bezugssystem in absoluter Ruhe sprechen. Die SRT setzt
nun anstelle eines ausgezeichneten Bezugssystems eine unendliche Menge
von Bezugssystemen, die sogenannten Inertialsysteme. Alle Elemente aus
dieser Menge sind in gleichförmiger Bewegung zueinander. Bewegungs-
privilegien gibt es in der SRT nach wie vor, es ist nämlich die Gleichför-
migkeit in den Relativbewegungen ausgezeichnet.

Im folgenden wollen wir verstehen, von welchem heuristischen Ausgangspunkt Einstein seinen neuen Ansatz erreichte. Sehr detaillierte Analysen haben ergeben, daß er bei seiner Theorienkonstruktion von bestimmten metaphysischen Überzeugungen ausging und sie als Heuristiken einsetzte, um zu seiner Theorie zu gelangen. Im konkreten Fall scheinen zwei heuristische Prinzipien beteiligt gewesen zu sein.[20]

Nach dem ersten soll uns die Wissenschaft ein kohärentes, einheitliches und harmonisches Bild der Welt liefern. Dies hat nichts mit einer subjektiven Ästhetik zu tun, sondern mit einer bestimmten Einstellung zur ontologischen Grundverfassung der Natur. Wenn man davon überzeugt ist, daß die Natur einfach ist, müssen bestimmte wissenschaftliche Hypothesen diese kompakte Form besitzen. Die zweite heuristische Annahme betrifft die Symmetrie. Einstein bemerkte eine Asymmetrie in den Beschreibungen der Maxwell-Theorie im Unterschied zu bestimmten Phänomenklassen, die eine symmetrische Wiedergabe zuließen. Der Konflikt zwischen der Galilei-Invarianz in der Mechanik und dem absoluten Ruhesystem der Elektrodynamik kann ebenfalls unter diesem Gesichtspunkt subsummiert werden, denn auch hier werden zwei unterschiedliche Symmetrien verwendet. Bezüglich seiner Motivation durch die Ätherdrift-Experimente kommen hier nur die Experimente erster Ordnung in v/c in Frage; das Morley-Michelson-Experiment war sicher sekundär, wie wir schon ausgeführt haben, weil er danach strebte, die Theorie so umzuformulieren, daß die Nullergebnisse jeder Ordnung notwendig folgen. Es ist keine Frage, daß für Einstein die beiden theoretisch-heuristischen Elemente, also die Einfachheit und die Symmetrie, das Übergewicht hatten. Im Unterschied zu seinen Zeitgenossen fiel es ihm auf, «daß die Elektrodynamik Maxwells – wie dieselbe gegenwärtig aufgefaßt zu werden pflegt – in ihrer Anwendung auf bewegte Körper zu Asymmetrien führt, welche den Phänomenen nicht anzuhaften scheinen».[21] Bemerkenswert ist, daß er hier die Theorie nicht als falsch, sondern als fehlerhaft interpretiert ansieht. Als Beispiel für eine solche Asymmetrie bringt er sein Gedankenexperiment mit dem Magneten und dem Leiter, das sehr deutlich spiegelt, daß Einstein davon überzeugt war,

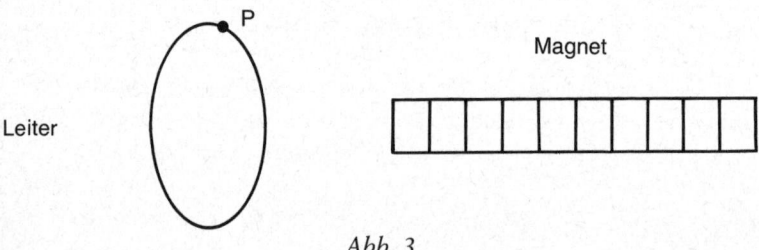

Abb. 3

daß man keine akzidentellen Zufälligkeiten in der Natur bestehen lassen kann. Die Anordnung ist übersichtlich, deshalb wollen wir sie kurz skizzieren (Abb. 3): Es bewege sich ein Magnet in bezug auf den Äther, während der Leiter in Ruhe bleibt.

Das Magnetfeld verändert sich dann mit der Zeit und dies löst überall im Raum die Anwesenheit eines elektrischen Feldes aus, natürlich auch an einem beliebigen Punkt P des Leiters, wo vielleicht ein Elektron e⁻ sitzt. Nach dem Lorentzschen Kraftgesetz

$$\mathfrak{F} = e\left(\mathfrak{E} + \frac{\mathfrak{v}}{c} \times \mathfrak{H} \right)$$

erfährt das Elektron e⁻ eine Kraft, die einen Strom im Leiter erzeugt. Im zweiten Fall halten wir den Magneten fest und bewegen den Leiter relativ zum Äther. Jetzt entsteht kein elektrisches Feld, weil das magnetische Feld sich zeitlich ja nicht ändert. Es sollte in dieser völlig unterschiedlichen Situation gar keiner oder ein ganz anderer Strom im Leiter entstehen. Dies ist aber in Wirklichkeit nicht so. Wenn die Relativbewegung von Leiter und Magnet gleich ist wie im ersten Fall, entsteht nach dem obigen Kraftgesetz auch der gleiche Strom. In der theoretischen Beschreibungssituation, die doch effektiv die Realitätsebene treffen soll, ist ein Unterschied vorhanden zwischen dem Fall, da ein Magnet sich im Äther bewegt (hier existiert ein magnetisches oder elektrisches Feld) und dem Fall, da der Magnet im Äther ruht. Wenn man jedoch Maxwells Gleichungen anwendet, um den Strom zu berechnen, der auf die Bewegung eines Leiters in einem durch den Magneten erzeugten Feld zurückgeht, geht in die Rechnung nur die Relativbewegung beider ein. Die symmetrische Phänomensituation zwischen bewegtem Leiter und ruhendem Magnet bzw. ruhendem Leiter und bewegtem Magnet wird also nicht durch eine korrespondierende theoretische Beschreibung wiedergegeben. Selten läßt sich eine entscheidende Wende in der Wissenschaftsgeschichte begrifflich so gut festmachen wie im Falle der Entstehung der SRT. Der entscheidende Schritt ist in folgendem Abschnitt enthalten: «Beispiele ähnlicher Art, sowie die mißlungenen Versuche, eine Bewegung der Erde relativ zum ‹Lichtmedium› zu konstatieren, führen zu der Vermutung, daß dem Begriffe der absoluten Ruhe nicht nur in der Mechanik, sondern auch in der Elektrodynamik keine Eigenschaften der Erscheinungen entsprechen, sondern daß vielmehr für alle Koordinatensysteme, für welche die mechanischen Gleichungen gelten, auch die gleichen elektrodynamischen und optischen Gesetze gelten, wie dies für die Größen erster Ordnung bereits erwiesen ist. *Wir wollen diese Vermutung (deren Inhalt im folgenden ‹Prinzip der Relativität› genannt werden wird) zur Voraussetzung erheben und außerdem die mit ihm nur scheinbar unverträgliche Voraussetzung einführen, daß sich das Licht im leeren Raume stets mit einer bestimmten, vom Bewegungszustande des emittierenden Körpers unabhängigen Geschwindigkeit V fortpflanze.* Diese beiden Voraussetzungen genügen, um zu einer einfachen und widerspruchsfreien Elektrodynamik bewegter Körper zu gelangen unter Zugrundelegung der Maxwellschen Theorie für ruhende Körper. Die Einführung eines ‹Lichtäthers› wird sich insofern als überflüssig erweisen, als nach der zu entwickelnden Auffassung weder ein mit besonderen Eigenschaften ausgestatteter ‹absolut ruhender Raum› eingeführt, noch einem Punkte des leeren Raumes, in welchem elektromagnetische Prozesse stattfinden, ein Geschwindigkeitsvektor zugeordnet wird.»[22]

Das vorstehende Zitat ist sehr aufschlußreich. Es wird klar, daß das Relativitätsprinzip Mechanik und Elektrodynamik umfassen muß. Dies suggeriert schon das Beispiel von Magnet und Leiter, das Einstein im ersten Absatz diskutiert hat. Dem Relativitätsprinzip, das hier also universelle Geltung beansprucht, gibt man heute gern die Gestalt, daß jedes Gesetz der Physik in allen Inertialsystemen die gleiche Form besitzt. Das zweite Postulat, wonach in jedem Inertialsystem die Lichtgeschwindigkeit c unabhängig ist davon, ob die Quelle sich bewegt oder in Ruhe ist, sieht auf den ersten Blick sehr kontraintuitiv aus, jedenfalls spricht es gegen alle Alltagserfahrung mit Geschwindigkeiten.[23] Dies weist wieder darauf hin, wie wenig tragfähig Extrapolationen aus der alltäglichen Erfahrungswelt sind. In der Maxwell-Lorentz-Theorie gilt dieses zweite Postulat nur im Äther-System, nicht in jedem Inertialsystem. Die Anspielung in dem obigen Zitat auf die mögliche Unverträglichkeit zwischen dem ersten und dem zweiten Postulat weist schon auf die im zweiten Paragraphen[24] in Angriff genommene Revision des Zeitbegriffes hin. Die Zeit wird systemabhängig, es gibt soviele Zeiten wie Inertialsysteme. Diese Gleichberechtigung aller Systemzeiten hat viele philosophische Kontroversen ausgelöst. Immer wieder wurde der Verdacht geäußert, daß die absolute Zeit doch irgendwo verborgen vorausgesetzt worden ist, also den Charakter einer unterdrückten Prämisse hat, die man nur unter den Einsteinschen Voraussetzungen nicht findet. Er selber hat die Vermutung ausgesprochen, daß der absolute Charakter der Zeit, bzw. die absolute Gleichzeitigkeit irgendwie im Unterbewußten des Menschen verankert ist.[25]

Während wir uns gleich noch mit dem Zeitproblem befassen werden, ist jetzt noch einmal darauf hinzuweisen, daß die Lösung Einsteins kinematischer Natur ist. Es ist entscheidend, daß Einstein das Problem der Elektrodynamik bewegter Körper nicht wie Lorentz und Poincaré über eine bestimmte Dynamik lösen will, sondern über eine neue Kinematik. Lorentz und Poincaré versuchten, mit Hilfe der Molekularkräfte dynamisch zu begründen, warum bis in die zweite Ordnung von v/c die Lichtgeschwindigkeit in jedem Inertialsystem gleich c sei. Dabei verwendeten sie eine mathematische Zeitkoordinate, eine lokale Zeit, die nicht den physikalischen Prozeßcharakter repräsentieren sollte. Einstein hingegen dreht die Erklärungsrichtung um und setzt die Axiomatik so an, daß die Probleme der Äther-Theorie gar nicht mehr auftauchen können. Die RT erklärt also nicht im kausalen Sinn das Nullresultat der Ätherdrift-Experimente, dieses Ergebnis muß notwendigerweise so herauskommen. Die Theorie geht davon aus, daß die Lichtausbreitung im Vakuum in allen bewegten Inertialsystemen isotrop ist. Notwendigerweise ist die Lichtgeschwindigkeit immer gleich c und notwendigerweise, wenn man an Einsteins frühes Gedankenexperiment denkt, kann man eine Lichtwelle nicht einholen.

Aus dem Begründungszusammenhang der SRT sehen wir, daß die neue Kinematik zweifellos ein Relativitätsprinzip in der Elektrodynamik bedingt. Es kann aber nicht das Galileische sein. Von welcher Art es ist, das muß als logische Folgerung aus den beiden Postulaten bestimmt werden. Eine einfache mathematische Überlegung, die die Lichtausbreitung in zwei zueinander bewegten Systemen S und S′ beschreibt,[26] läßt erkennen, daß die Umrechnung der Inertialsysteme von einem System S mit den Koordinaten x, y, z und t auf ein System S′ mit den Koordinaten x′, y′, z′ und t′ nur durch jene Transformationsgleichungen erfolgen kann, die Lorentz und Poincaré zusammen gefunden hatten, nämlich

$$x' = \frac{x - vt}{\sqrt{1 - \frac{v^2}{c^2}}}, \quad y' = y, \quad z' = z, \quad t' = \frac{t - \frac{vx}{c^2}}{\sqrt{1 - \frac{v^2}{c^2}}}$$

Eines sieht man nun sofort aus den Transformationsgleichungen: Wenn die Lichtgeschwindigkeit in S und S′ isotrop ist, kann die Zeit nicht mehr universell sein. Das ist auch schon durch die Terminologie ausgedrückt, indem man die beiden Systemzeiten mit t und t′ bezeichnet hat. Für das Angrenzen von relativistischer und vorrelativistischer Physik ist es wichtig zu notieren, daß für den Grenzübergang c → ∞ die Lorentz-Transformationen in die Galilei-Transformationen übergehen. Zuletzt kann man an den Transformationsgleichungen ablesen, vor allem dann, wenn man für einen Augenblick c = 1 setzt, daß Raum und Zeit hier völlig symmetrisch behandelt werden, während man aus den Galilei-Transformationen x′ = x − vt, t′ = t entnimmt, daß es in der klassischen Mechanik zwar ein Prinzip der Relativität der Gleichortigkeit gibt, daß dieses aber kein Pendant beim Begriff der Zeit besitzt.

Der revolutionärste begriffliche Schritt, der auch unter Philosophen für viel Aufruhr gesorgt hat, bestand darin, statt der wahren universellen Zeit t im Ruhesystem S und einer mathematischen Hilfszeit t′ im bewegten System S', wie es Lorentz und Poincaré wollten, t und t' völlig gleichberechtigt zu behandeln und einfach zu sagen, jedes System hat seine Zeit. Eine Reihe von Interpreten hat die Systemabhängigkeit vorschnell mit Subjektivität in Zusammenhang gebracht. Unter ihnen war auch der berühmte Mathematiker Kurt Gödel.[27] Diese Verbindung hat sich jedoch nicht aufrechterhalten lassen. Der Gang der Zeit ist veränderlich, systemabhängig, relativ, aber objektiv. Es gibt keinen Hinweis darauf, daß die Systemabhängigkeit irgendetwas mit dem menschlichen Subjekt zu tun hätte.

Einstein hat im kinematischen Teil seiner Elektrodynamik das Problem der Zeitmessung in den verschiedensten Inertialsystemen in eine operationale Sprache gekleidet. «Wenn ich z. B. sage: ‹Jener Zug kommt hier um 7 Uhr an›, so heißt dies etwa: Das Zeigen des kleinen Zeigers auf meiner Uhr auf 7 und das Ankommen des Zuges sind gleichzeitige Ereignisse.»[28] An diese Formulierung hat sich eine wissenschaftstheoretische Diskussion geknüpft, die zu klären versuchte, ob sie systematische Gründe besitzt oder nur eine didaktische Einkleidung darstellt. Daß eher das letztere der Fall war, geht daraus hervor, daß die kinematischen Grundbegriffe in der Äther-Theorie unklar definiert waren. So war etwa die wahre Länge eines Körpers unbestimmt, weil man die Geschwindigkeit der Erde relativ zum Äther nicht feststellen konnte. Deshalb ist es verständlich, warum Einstein diese Darstellungsart zur Klärung der Begriffe Zeit, Länge und starrer Körper verwendet. Ehe wir die Konsequenzen der Theorie weiterverfolgen, sei eine kurze Betrachtung über diese methodische Frage eingefügt. Mußte die Theorie in diese operationale Sprache gekleidet sein oder ist die SRT auch in eine nichtoperationale Sprache übertragbar, d. h. in eine Form, wo sie nicht als Hypothese vom Verhalten bewegter Maßstäbe und Uhren formuliert ist? Es wäre schon sehr seltsam, wenn die operationale Form einen Teil des physikalischen Gehaltes darstellte, dies ergäbe ja ein ausgesprochenes Hindernis für die Anwendbarkeit einer solchen von Einstein als universal gedachten Theorie. Sie wäre dann nur anwendbar in einer Welt voller Beobachter, die mit starren Stäben und isochronen Uhren ausgestattet sind. Unsere Welt ist aber nicht überall dicht mit Uhren belegt. Auf dem Sirius sitzt kein Beobachter, der andauernd Lichtblitze aussendet. Die Rede über die Gleichzeitigkeit von Ereignissen hier und auf dem Sirius muß ohne kontrafaktische Beobachter möglich sein. Selbst ein dem logischen Empirismus angehöriger Beurteiler wie Hans Reichenbach hat erkannt, daß «in einer logischen Darstellung der RT der Beobachter völlig ausgeschaltet werden kann.»[29] Später hat dann Håkan Törnebohm noch eine Reihe von systematischen Gründen angegeben, warum man die SRT nicht als Theorie ansehen sollte, deren Bezugsbereich in Maßstäben und Uhren besteht:[30] 1. Die SRT ist eine universelle Theorie, sie gilt nicht nur für die

Makrowelt, sondern auch für die Mikrowelt, für die Welt der elementaren Bausteine der Materie, und hier gibt es per definitionem keine Uhren und Maßstäbe. 2. Nimmt man den Operationalismus wirklich ernst, müßte die Theorie sprachliche Elemente zur Beschreibung des Mechanismus und der Funktion von Instrumenten enthalten. In der SRT, übrigens auch in der Quantenmechanik, ist aber kein syntaktischer Platz für Beobachter oder Instrumente vorhanden. Dennoch enthält der Operationalismus einen berechtigten Kern, er hängt nämlich mit der Wahrheitsfindung zusammen. Annahmen über das Funktionieren von Geräten haben zwar nichts zu tun mit dem, was die Theorie über die Welt sagt; man braucht jedoch Hypothesen über Instrumente und das, was sie messen, für die Testverfahren. Diese Verfahren prüfen den Wahrheitswert von Behauptungen über die Domäne, also den Realitätsausschnitt, mit dem sich die Theorie befaßt. Wenn man das Problem der Bedeutungsfindung und das Problem des Prüfens des Wahrheitswertes nicht miteinander verwechselt, kann man dem Operationalismus durchaus einen Pluspunkt zugestehen. Einstein hat seine Theorie demnach gleich in einer operationalistischen Reinterpretation vorgelegt, die die Feststellung des Wahrheitswertes sehr erleichtert.

Aus Gründen der didaktischen Durchsichtigkeit und der leichteren Anwendbarkeit werden wir die wichtigsten relativistischen Ergebnisse, wie es üblich ist, in dieser empiristischen, operationalistischen Sprache formulieren, ohne aber zu vergessen, daß die eigentliche Domäne der Theorie die Menge der raumzeitlichen Ereignisse und ihre kausalen Verknüpfungen sind. Zuerst befaßt sich Einstein mit dem Problem der Uhrensynchronisation. Wir hatten schon die Systemzeiten kennengelernt. Wie ist denn eine Uhr zu regeln, daß sie die Zeit t' in dem bewegten System S' richtig angibt? Man könnte z.B. an ein Verfahren denken, wo man einen Stab der Länge AB hat. Im Punkt A und an vielen Stellen zwischen A und dem Endpunkt B sind Uhren angebracht und diese Uhren wären mit der A-Uhr dadurch synchronisiert, daß man die A-Uhr an allen anderen vorbeibewegt und diese nach ihr einstellt. Das ginge allerdings nur dann, wenn wir wüßten, daß der Transport den Gang der Uhr nicht beeinflußt; deshalb schlägt Einstein ein anderes Verfahren vor. Es ist besser, neben der B-Uhr einen Spiegel aufzustellen, der einen Lichtstrahl, der von A abgesandt wurde, in B reflektiert. Nehmen wir an, der Strahl geht in t_0 von A ab und kommt in t_2 nach A zurück, er hat also den Weg A $\rightarrow$ B $\rightarrow$ A in der Zeit $t_2 - t_0$ zurückgelegt. Der Strahl war dann zum Zeitpunkt t_1 in B, so daß $t_1 - t_0 = t_2 - t_1$ oder

$$t_1 = \frac{t_0 + t_2}{2}.$$

Die Uhr in B wird nun so gestellt, daß der Strahl für den Weg A nach B und B nach A die gleiche Zeit braucht. Der Vorschlag Einsteins, die Synchronisation von Uhren im ruhenden System vorzunehmen, unterscheidet sich nicht von einer Newtonschen Synchronisation. Das drückt nur die wohlbekannte Tatsache aus, daß im Ruhesystem die Lichtausbreitung isotrop vor sich geht. Nun kann man die Möglichkeit ins Auge fassen, daß der Stab AB in einem Bezugssystem ruht, das sich mit der Geschwindigkeit v in Richtung A $\rightarrow$ B bewegt. Die Messung soll aber jetzt vom Ruhesystem aus erfolgen. Eine vorrelativistische Messung würde so aussehen: Auf dem Hinweg geht der Strahl mit c − v und auf dem Rückweg hat der Strahl die Geschwindigkeit c + v. Wenn der Strahl in t_0' in A abgeht und in t_2' wieder in A ankommt, kann man $t_2' - t_0'$ nicht halbieren, um die Ankunftszeit t_1' in B zu erhalten, es ist also

$$t_1' \neq \frac{t_2' + t_0'}{2}.$$

Die beiden Zeitabschnitte $t_1' - t_0'$ und $t_2' - t_1'$ verhalten sich wie die Geschwindigkeiten c + v zu c − v. Anders sieht es aus, wenn wir eine relativistische Messung vornehmen. Einsteins Vorschlag besteht darin, $t_2' - t_0'$ wieder zu halbieren, die Lichtgeschwindigkeit also immer als konstant zu betrachten und somit auch hier

$$t_1' = \frac{t_0' + t_2'}{2}$$

zu setzen. Es ist jetzt ganz klar, daß eine nach Maxwell-Newton regulierte Uhr (mit Äther und absoluter Zeit) von einer Einsteinschen Uhr abweicht. t′ liefert die an das bewegte System angepaßte Zeit. Die Einstein-Synchronisation ist für ruhende und bewegte Systeme gleich, d.h. alle Systemzeiten sind gleichberechtigt.

Es kann hier nicht unsere Aufgabe sein, die vielen Konsequenzen der SRT abzuleiten, aber eine Folgerung sei doch kurz angesprochen, nämlich die Relativität der Gleichzeitigkeit. Die Gleichzeitigkeit zweier Ereignisse wird bezugssystemabhängig. Angenommen, zwei Ereignisse an den Orten x_1 und x_2 gehören zum gleichen Wert von t, d.h. sind für den ruhenden Beobachter gleichzeitig. Was der bewegte Beobachter wahrnimmt, muß dann aus den Lorentz-Transformationen errechnet werden. Dies ist eine simple Einsetzungsarbeit. Das erste Ereignis nimmt er ja zur Zeit t_1' wahr, wobei

$$t_1' = \frac{t - \dfrac{v}{c^2}x_1}{\sqrt{1 - \dfrac{v^2}{c^2}}};$$

das zweite Ereignis nimmt er zur Zeit t_2' wahr,

$$t_2' = \frac{t - \frac{v}{c^2}\,x_2}{\sqrt{1 - \frac{v^2}{c^2}}},$$

und daraus folgt unmittelbar, daß $t_2' \neq t_1'$ ist. Das, was für den ruhenden Beobachter gleichzeitig erfolgte, wird also für den bewegten Beobachter zeitlich auseinandergezogen.

Auch in dem letzten Beispiel haben wir immer noch die bekannte operationalistische Sprache verwendet. Mindestens an einem Fall wollen wir jedoch dokumentieren, wie etwa eine objektivistische Formulierung der Relativität der Gleichzeitigkeit aussehen würde. Wir werden sehen, daß diese zwar objektiv, aber wesentlich weniger anschaulich ist. Die Gleichzeitigkeit von Ereignissen läßt sich als eine Äquivalenz-Relation $G(x,y)$ schreiben. Die Variablen x,y laufen dabei über Ereignisse. Es müssen aber keineswegs wahrgenommene, also beobachtete Ereignisse sein, keine subjektiven Empfindungen, es können durchaus Ereignisse von dem Typ sein, wie sie lange vor jedem Beobachter existierten. Wenn wir von den mathematischen Eigenschaften der Äquivalenzrelation Gebrauch machen, so gilt für drei beliebige Ereignisse a,b,c folgendes:
1) $G(a,a)$
2) $G(a,b) \rightarrow G(b,a)$
3) $[G(a,b) \wedge G(b,c)] \rightarrow G(a,c)$
Die Relativierung von $G(x,y)$ heißt nun nichts anderes, als daß die Transitivität, also 3), nicht mehr für zueinander bewegte Bezugssysteme gilt, sondern nur für den Spezialfall, da das Bezugssystem, wo $G(a,b)$ ist, mit dem Bezugssystem, wo $G(b,c)$ gilt, zusammenfällt.[31]

In dieser Form ist die Relativität der Gleichzeitigkeit wohl objektiv ausgedrückt, aber natürlich nicht testbar. Für die Prüfung der Relation muß man zu einer geochronometrischen Reinterpretation zurückkehren, die starre Maßstäbe und isochrone Uhren verwendet. Dies geschieht etwa in dem berühmten Hafele-Keating-Experiment, in dem man Atomuhren in bewegten Systemen, z. B. Flugzeugen, betrachtet.[32] Diese werden dann zu Testträgern und erlauben Aussagen darüber, wie weit der Geltungsanspruch der Theorie als berechtigt angesehen werden kann.

d) Folgerungen und Anwendungen

Zu den wichtigsten Konsequenzen der neuen Theorie gehören die Zeitdilatation und die Längenkontraktion. Bei der ersten handelt es sich um eine Anwendung der Lorentz-Transformation auf Zeitabstände. Wenn wir uns im ruhenden System bei $x = 0$ eine Uhr vorstellen, die dem dort gleichfalls ruhenden Beobachter die Zeit anzeigt, so können wir zwei Zeitpunkte t_1, t_2 mit dem Zeitabstand $T = t_2 - t_1$ herausgreifen. Wenden wir wieder die allgemeine Transformation

$$t' = \frac{t - \dfrac{vx}{c^2}}{\sqrt{1 - \dfrac{v^2}{c^2}}}$$

auf t_1 und t_2 an. Diese Formel gilt für jeden beliebigen Ort x, natürlich auch für den Ort $x = 0$, hier folgt aus dieser Formel

$$t_2' = \frac{t_2}{\sqrt{1 - \dfrac{v^2}{c^2}}} \qquad t_1' = \frac{t_1}{\sqrt{1 - \dfrac{v^2}{c^2}}}.$$

Wenn wir zur Abkürzung $t_2' - t_1' = T'$ setzen, dann folgt daraus, daß

$$T' = \frac{T}{\sqrt{1 - \dfrac{v^2}{c^2}}}$$

d.h. $T' > T$. Mit anderen Worten, das Zeitintervall hat sich für den bewegten Beobachter im Verhältnis

$$1 : \sqrt{1 - \frac{v^2}{c^2}}$$

verlängert, oder noch einfacher formuliert, *bewegte Uhren gehen nach*.

Analog kann man auch die Längenkontraktion gewinnen. Die Länge eines *parallel* zur x-Achse liegenden ruhenden Stabes erscheint vom bewegten System aus um

$$\sqrt{1 - \frac{v^2}{c^2}} : 1 \text{ verkürzt.}$$

$$l' = l \sqrt{1 - \frac{v^2}{c^2}},$$

d.h. $l' < l.1$ bezeichnet man auch als die Eigenlänge eines Körpers. Senkrecht zur Geschwindigkeit des bewegten Systems S bleibt die Länge allerdings unverändert. Es ist wichtig, sich noch einmal vor Augen zu halten, daß die Kontraktionshypothese nun als eine deduktive Konsequenz der Prinzipien oder Axiome erscheint und nicht eine Zusatzannahme darstellt. Gerade in bezug auf die Lorentz-Kontraktion wurde Einstein immer wieder gefragt, ob man anzunehmen hätte, daß diese Art von Verkürzung eines Objektes real sei. Aus der Frage wird deutlich, daß man aus dem Alltag eigentlich nur dynamische Kontraktionen kennt. Es macht echte Vorstellungsschwierigkeiten, daß im relativistischen Kontext die Lorentz-Kontraktion nur kinematisch zu verstehen ist. Einstein gab dann auch die entsprechend relativistische Antwort: «Die Lorentz-Kontraktion ist nicht real insofern, als sie für den Beobachter, der mit dem Stab sich bewegt, nicht existiert, die Lorentz-Kontraktion ist aber real, insofern sie von einem ruhenden Beobachter nachgewiesen werden kann».[33]

Als weitere Konsequenz ergibt sich das Additionstheorem der Geschwindigkeiten. Zwei Lorentz-Transformationen, mit den Geschwindigkeiten v_1 und v_2 in der gleichen Richtung ausgeführt, liefern eine neue Lorentz-Transformation mit der Geschwindigkeit v,

$$v = \frac{v_1 + v_2}{1 + \dfrac{v_1 v_2}{c^2}} \, .$$

Diese Beziehung geht für den Grenzübergang $c \to \infty$ in das gewöhnliche Geschwindigkeitsadditionstheorem über, das uns aus Alltagsbeobachtungen von Zügen und Schiffen vertraut ist. Nicht paradox, aber unanschaulich sind die Konsequenzen dieses Theorems, wenn man sich überlegt, daß eine der zusammengesetzten Geschwindigkeiten selber die Lichtgeschwindigkeit ist. Für $v_2 = c$ erhalten wir als resultierende Geschwindigkeit v wiederum c. Und wenn beide Geschwindigkeiten v_1 und v_2 gleich der Lichtgeschwindigkeit c sind, wird als resultierende Geschwindigkeit wiederum nur c errechnet. Auch diese Konsequenz der SRT hat bis zum heutigen Tage immer wieder die Zweifler zum Kopfschütteln veranlaßt. Sie alle können sich nicht davon trennen, daß die Welt überall, auch im Hochgeschwindigkeitsbereich, so beschaffen ist, wie man es vom erfahrungsnahen, alltäglichen Leben her gewöhnt ist.

Mit dem Additionstheorem der Geschwindigkeiten kann man nun den Mitführungsversuch von Fizeau erklären und den früher erwähnten Mitführungskoeffizienten ableiten. Das gleiche gilt für die Aberration und auch den Dopplerschen Effekt; sie alle werden Theoreme der speziellen relativistischen Kinematik. Die Lorentz-Kovarianz der elektrodynamischen Gleichungen kann bewiesen werden. Ebenso läßt sich zeigen, daß die Bewegungsgleichung eines elektrisch geladenen Teilchens im äußeren elektromagnetischen Feld, d.h. der Ausdruck für die Lorentz-Kraft, aus den Prinzipien folgt, und damit wird ein weiteres unabhängiges Zusatzaxiom reduziert. Bezüglich des Doppler-Effektes läßt sich noch eine wichtige methodologische Bemerkung machen. In der Newtonschen Physik erfährt die Lichtemission senkrecht zum Weg der Lichtquelle keine Doppler-Verschiebung, die Verschiebung findet nur statt in der Richtung, in der sich die Quelle bewegt. Die relativistischen Formeln liefern aber darüber hinaus noch eine Verschiebung zweiter Ordnung in Richtung auf größere Wellenlänge. Der transversale Doppler-Effekt ist eine typisch neue Aussage der SRT, was man auch daraus ersehen kann, daß er äquivalent zur relativistischen Zeitdilatation ist. Dieser neue Effekt ist schwierig zu messen, weil man ihn nur mit Mühe von dem linearen Effekt trennen kann; er wurde zuerst von Ives und Stilwell 1938 nachgewiesen.[34]

Für die Prüfung der Zeitdilatation braucht man an sich schnell bewegte Uhren, doch diese sind nicht gerade einfach zu besorgen. Uhren im übertragenen Sinne erhält man aber auch, wenn man Atome auf hohe Geschwindigkeit beschleunigt und die Frequenz des Lichtes der bewegten Atome als eine Uhr betrachtet. Auf der anderen Seite kann man, anstatt sich sehr schnelle Uhren zu beschaffen, auch die Genauigkeit der Zeitmessung erhöhen. Die Brauchbarkeit dieser Alternative konnte Einstein nicht voraussehen, da sie erst mit fortschreitender Technologie in den 60er und 70er Jahren aufkam. Atomuhren gehen heute auf ns (10^{-9} sec) genau. 1971 konnte man im schon erwähnten Hafele-Keating-Experiment die Zeitdilatation auf 8% genau messen. Die Hauptschwierigkeit bestand darin, den Gravitationseffekt, der die Uhren schneller macht, und den Geschwindigkeitseffekt, der die Uhren langsamer macht, voneinander zu trennen. Im Maryland-Experiment, das 1976 durchgeführt wurde,[35] erhielt man bereits

$$\frac{E_{gemessen}}{E_{berechnet}} = 0,987 \pm 0,016,$$

d. h. es wurde die Zeitdilatation auf 1,6% genau gemessen.

Einstein hat seine Theorie immer als eine universale Theorie angesehen. Aber das ist natürlich zunächst einmal nur ein Anspruch. Vielleicht ist die SRT doch nur eine makroskopische Theorie, die ihre Gültigkeit verliert, wenn man sie in sehr kleine Bereiche extrapoliert. Daß dem nicht so ist, zeigte sich, als man eine Bestätigung der relativistischen Zeitdehnung durch Experimente mit Elementarteilchen fand. Schon 1941 hatte man mit μ (Myonen) in der kosmischen Strahlung experimentiert und dabei die Verlangsamung des Uhrenganges für geradlinige Bewegung bestätigt. μ haben eine Masse $m_\mu = 206 \cdot m_e$. Die μ sind instabil und haben eine Halbwertszeit $\tau = 1,52$ μs (1 μs = 10^{-6} sec.). Das läßt sich veranschaulichen, indem wir 10 000 μ betrachten; dann sind nach 1,52 μs 5000 μ zerfallen und zwar nach dem Modus $\mu \rightarrow e^- + \nu_\mu + \bar{\nu}_e$. 1968 hat man dann noch ein Experiment am CERN (Centre Européen de

Recherches Nucléaires in Genf) gemacht, bei dem schnelle µ auf einer Kreisbahn betrachtet wurden.[36] In einem Speicherring kreisten die µ mit v = 0,99942 c. Die Halbwertszeit τ sollte nach der SRT durch die Zeitdilatation enorm ansteigen.

$$\tau(v) = \frac{\tau}{\sqrt{1 - v^2/c^2}} = 29{,}4\tau = 44{,}6 \; \mu s.$$

Die beobachtete Zerfallsrate der µ paßte exakt zur Voraussage der SRT und zwar mit einer Genauigkeit von 0,2%. Hier sieht man besonders schön die Diskrepanz zwischen der klassischen und der relativistischen Voraussage. Schon nach 10 µs wären nach klassischer Annahme fast alle ruhenden µ zerfallen, in Wirklichkeit kreisten nach dieser Zeit noch 85% der bewegten µ im Speicherring. Im Superprotonen-Synchroton des CERN, das seit 1976 läuft, wird bereits ein Zeitdilatationsfaktor von 400 realisiert. Es gibt also keinen Grund anzunehmen, daß die relativistischen Effekte nicht sowohl für Elementarteilchen als auch für Menschen gelten. Statt von einem kreisenden µ kann man auch von einem reisenden Astronauten sprechen; das ruhende µ entspricht in diesem Fall dem normalen erdgebundenen Bewohner. Einsteins Theorie enthält also die bestätigte Aussage, daß man Zeit gewinnen kann, wenn man sich einer raschen Bewegung befleißigt. Die in Zukunftsromanen oft bemühten Zeitreisen sind nach der SRT jedoch unmöglich. Erst die ART eröffnet in extremen Gravitationsfeldern diese Möglichkeit.

e) Konsequenzen der Speziellen Relativitätstheorie für die Elektrodynamik und Mechanik

In seiner umfassenden Arbeit von 1907 behandelte Einstein ausführlich die Folgerungen des Relativitätsprinzipes.[37] Wir haben schon erwähnt, daß er auch den Nachweis führte, daß die Maxwell-Lorentzschen Gleichungen Lorentz-kovariant sind. Ohne uns mit dieser Beweisführung aufzuhalten, müssen wir doch eine Folgerung erwähnen, die in gewissem Sinne ontologische Bedeutung besitzt. Die SRT verlangt, daß mit keinem Experiment eine gleichförmige Translation festgestellt werden kann, deshalb müssen Naturgesetze in allen Bezugssystemen, die gleichförmige Translation zueinander besitzen, die gleiche Form haben. So sind etwa die Ausbreitungsflächen von Lichtstrahlen kovariant, d. h. sie haben im gestrichenen und im ungestrichenen Koordinatensystem dieselbe Form $x^2 + y^2 + z^2 - c^2t^2 = x'^2 + y'^2 + z'^2 - c^2t'^2$. Dies gilt nun auch für die Grundgleichungen der Elektrodynamik, auch sie müssen Lorentz-kovariant sein, d. h. im System S und im System S' gelten, wobei S und S' die Relativgeschwindigkeit v besitzen. Führt man diese Transformation nun durch und gibt im System S ein elektrostatisches Feld vor, aber kein magnetisches Feld, so kann man die Frage stellen, was der Beobachter im System S' sieht, das sich mit $+v$ bewegt. Nun, tatsächlich sieht er wieder ein elektrisches Feld mit etwas anderen Komponenten, aber dazu auch noch ein magnetisches Feld, obwohl im ursprünglichen System gar kein Magnetfeld vorhanden war. Damit wird die Aussage, ein bestimmtes Feld sei ein elektrostatisches oder magnetostatisches, relativiert. Es hängt vom Bezugssystem, also vom Bewegungszustand des Beobachters ab, was man als existierend betrachten kann. Diese Voraussage der SRT, die zugleich ein schönes Beispiel für die Relativität einer ontologischen Aussage ist, wurde von Wilhelm Wien 1916 an Kanalstrahlen positiv geprüft.

Die Elektrodynamik Maxwells war von sich aus Lorentz-kovariant; zwar mußte man dies erst nachweisen, aber es brauchte dann an ihren Grundgleichungen nichts geändert zu werden, sie erfüllte also die Ansprüche der SRT. Dasselbe galt jedoch nicht für die Mechanik, diese war nur Galilei-invariant, also mußte Einstein sie verändern. Die Mechanik sollte Lorentz-kovariant gemacht, dabei aber nicht so verändert werden, daß alle vorhandenen positiven Testinstanzen zerstört würden. Mit Newtons Mechanik hatte man schließlich jahrhundertelang erfolgreich gerechnet. Schreibt man Newtons Gleichung statt

$$\mathfrak{K} = m \, \mathfrak{a} \text{ in der Impuls-Form } \mathfrak{K} = \frac{d}{dt} \, (m_0 \mathfrak{v}) = m_0 \frac{d\mathfrak{v}}{dt} \, ,$$

dann besteht Einsteins Änderung einfach darin, den klassischen Impuls $m_0 \cdot \mathfrak{v}$ durch den relativistischen Impuls

$$\frac{m_0 \, \mathfrak{v}}{\sqrt{1 - \dfrac{v^2}{c^2}}}$$

zu ersetzen. Die begriffliche Neuheit der modifizierten Mechanik besteht nun darin, daß m keine Konstante mehr ist und daß man zwischen der Ruhemasse m_0 und der bewegten Masse m unterscheiden muß,

$$m = \frac{m_0}{\sqrt{1 - \dfrac{v^2}{c^2}}} \, .$$

Das Resultat der relativistischen Veränderung ist schnell zu sehen. Die Geschwindigkeit v muß immer kleiner c sein, da sonst die Wurzel imaginär wird. Wenn $v \ll c$ ist, handelt es sich nur um eine schwache Korrektur. Wenn etwa für die Erdgeschwindigkeit $v/c = 10^{-4}$ ist, dann ist $\sqrt{1-10^{-8}} \approx 1$. Es bleibt also ein Bereich erhalten, in dem die klassische

Mechanik unverändert gilt, oder, wie man auch sagen kann, wo Korrespondenz herrscht. Daran schließt sich stetig der Bereich an, in dem die SRT berücksichtigt werden muß. Wenn v etwa ½ c ist, d. h. v/c = 0,5 und $\sqrt{1-0,25} = 0,86$, dann hat man eine 15%ige Abweichung von 1. Hier ist man also im relativistischen Bereich, in dem man die neue Theorie berücksichtigen muß.

Die Geschwindigkeitsabhängigkeit der Masse wurde schon früh zu testen versucht. Die Situation sah für die Einsteinsche Theorie zuerst ungünstig aus. Die Daten von Walter Kaufmann, die dieser in Experimenten mit von Radiumbromidkörnchen ausgesandten β-Strahlen ermittelte,[38] ergaben eine systematische Abweichung von der relativistischen Vorhersage, waren jedoch in Einklang mit konkurrierenden Theorien von Abraham und Bucherer. Interessant ist Einsteins Reaktion auf dieses für seine Theorie ungünstige Ergebnis. Er schildert die Situation objektiv, wägt die Möglichkeit einer systematischen Fehlerquelle ab, aber auch die Möglichkeit, daß die Grundgleichungen in der Relativitätstheorie falsch sind, läßt aber dann doch durchblicken, daß er das eigentlich nicht für möglich hält. «Es ist noch zu erwähnen, daß die Theorien der Elektronenbewegung von Abraham und von Bucherer Kurven liefern, die sich der beobachteten Kurve erheblich besser anschließen als die aus der Relativitätstheorie ermittelte Kurve. Jenen Theorien kommt aber nach meiner Meinung eine ziemlich geringe Wahrscheinlichkeit zu, weil ihre die Maße des bewegten Elektrons betreffenden Grundannahmen nicht nahegelegt werden durch theoretische Systeme, welche größere Komplexe von Erscheinungen umfassen.»[39] Der letzte Satz ist wiederum methodisch besonders wichtig. Abrahams Theorie lieferte eine feldtheoretische Beschreibung des Elektrons, wobei das Elektron eine starre Kugel mit ausschließlich elektromagnetischer Masse ist. Die Theorie von Abraham kann jedoch nicht die Präzisionsexperimente 2. Ordnung zur Ätherbewegung erklären und darauf spielt Einstein hier an. Die Systemhaftigkeit, der Deckungsgrad ist zugleich ein Gütekriterium für eine Theorie und angesichts eines Konfliktes ist es zunächst einmal sinnvoll, den umfassenden Charakter einer Theorie höher zu bewerten als einen momentanen Konflikt mit experimentellen Daten. Es ist bemerkenswert, daß Einstein mit seinem Vertrauen Recht behielt. 1908 kam die Entscheidung. Bucherer führte neue Experimente durch und diese bestätigten voll die relativistische Kurve.[40]

f) Energie und Masse

Nur ganz selten kommt es vor, daß eine breitere Öffentlichkeit, sonst mathematischen Formeln eher abgeneigt, eine solche zur Kenntnis nimmt und dieselbe sogar mit einer bestimmten Hartnäckigkeit tradiert. Eine von diesen Formeln ist sicher das Plancksche $E = h\nu$, eine andere zweifellos Einsteins $E = mc^2$.

1905 veröffentlichte Einstein eine kurze Notiz in den Annalen der Physik, die ein ungeheures Echo auslösen sollte.[41] Er betrachtete einen Körper, der die gleiche Energiemenge in zwei entgegengesetzten Richtungen abstrahlt. Aus Symmetriegründen bleibt ein solcher Körper natürlich in Ruhe. Einstein schreibt die Energieerhaltung nun in zwei Koordinatensystemen hin, einmal im Ruhesystem und dann in einem System, das sich dazu in gleichförmiger Bewegung befindet. Dann wendet er sein Relativitätsprinzip an und bildet die Differenz beider Gleichungen. Dadurch kommt er zu der Aussage, daß der Körper Masse verloren haben muß. Wenn wir mit m_0 die Masse vor der Abstrahlung bezeichnen, mit m_1 die Masse nach der Abstrahlung, dann erhalten wir $m_0 - m_1 = E/c^2$, wobei E die gesamte in den Raum abgestrahlte Energie ist. Damit ergibt sich die wichtige Aussage: «Die Masse eines Körpers ist ein Maß für dessen Energieinhalt.»[42] Zuletzt spricht er dann noch eine Vermutung aus, wie es mit der Prüfung der Konsequenz aussehen könnte: «Es ist nicht ausgeschlossen, daß bei Körpern, deren Energieinhalt in hohem Maße veränderlich ist (z.B. bei den Radiumsalzen), eine Prüfung der Theorie gelingen wird.»[43] Er dachte also an eine Messung des Gewichtsverlustes bei radioaktiven Transformationen, hatte aber noch nicht die Idee, daß die Masse-Energie-Relation etwas mit der Bindungsenergie der Atome zu tun haben könnte. Max Planck stellte zuerst diesen Zusammenhang her. In voller Allgemeinheit hat Einstein den Erhaltungssatz für die Masse-Energie erst im Jahre 1907 ausgesprochen.[44]

Die begriffliche Bedeutung der Masse-Energie-Relation ist in der Tat enorm. In der Newtonschen Physik sind träge Masse und Energie getrennte Begriffe. Die Masse eines Körpers m war so etwas wie ein Maß für Stofflichkeit, ihr war die kinetische Energie $E = \frac{1}{2}mv^2$ zugeordnet. In bezug auf die Energie ist jedoch in der klassischen Physik zu bedenken, daß man es hier immer mit Energiedifferenzen zu tun hat, d.h. bei der Definition haben wir noch eine beliebige freie Konstante zur Verfügung. Wir haben schon früher bei den Transformationen gesehen, daß die klassische Physik als Grenzfall der relativistischen Physik betrachtet werden kann, wenn die Lichtgeschwindigkeit als beliebig groß angesehen wird. Wird nun die Lichtgeschwindigkeit zu einer festen Konstante c, dann verschwindet die Freiheit in der Wahl des Energieausdruckes. Der Zusammenhang läßt sich so verstehen: Wie wir schon gesehen haben, wird die träge Masse in der SRT in der Form

$$m = \frac{m_0}{\sqrt{1 - v^2/c^2}}$$

geschrieben.

Die kinetische Energie ergibt sich analog dazu, $E = \dfrac{m_0 \cdot c^2}{\sqrt{1 - v^2/c^2}}$

Der Faktor $(1-v^2/c^2)^{-\frac{1}{2}}$ kann nach einer Reihenentwicklung ersetzt werden durch

$$1 + \frac{v^2}{2c^2}$$

wenn $v^2/c^2 \ll 1$ ist. Für kleine Geschwindigkeiten erhält man also den Ausdruck $E = m_0 c^2 + \frac{1}{2} m_0 v^2$. Der relativistische Ausdruck für die Energie setzt sich also zusammen aus dem klassischen Newtonschen Term und einer Konstante. Diese harmlose Konstante wird jedoch wichtig, wenn man den Ausdruck für m und E vergleicht; dann folgt jene Gleichung, die gelegentlich sogar in Zeitungen zu lesen ist, $E = mc^2$. Jeder Masse entspricht eine äquivalente Energie. Es ist vom Alltagsverstand nicht gerade leicht zu fassen, daß man dann, wenn man beispielsweise eine Uhr aufzieht, sie also in den Zustand höherer potentieller Energie bringt, auch dafür sorgt, daß ihre Masse anwächst. Ein weites Anwendungsfeld dieser Äquivalenz sind die chemischen Prozesse, sie verlaufen alle mit negativer oder positiver Wärmetönung. Bei einer Wärmeabgabe, wenn es sich also um eine exothermische Reaktion handelte, muß die Massensumme der Reaktionsteilnehmer kleiner geworden sein. Während man früher eine separate Massenerhaltung postuliert hatte, derart daß die Stofflichkeit der Welt immer gleich blieb, zerbrach nun diese Unzerstörbarkeit der Stoffe. Der Weg war frei für die Mutabilität der Masse in andere Energieformen. Es gibt heute zahlreiche Anwendungen der Masse-Energie-Äquivalenz, obwohl es sich zur damaligen Zeit nur um einen winzigen Effekt handelte, von dem man darüber hinaus nicht genau wußte, wie man ihn nachweisen sollte. In der Massenspektrographie kann man die Massendefekte unmittelbar feststellen, die Radioaktivität, die Atomspaltung, die Kernfusion, die Erklärung der Konstanz der Sonnenaktivität, all das sind Anwendungen dieser einfachen Gleichung.

Für den theoretischen Zusammenhang und auch in bezug auf die naturphilosophische Bedeutung ist die neue Kopplung von Masse und Energie deshalb wichtig, weil hier Transmutationen und neue Konstanz miteinander verbunden sind. Der alte Erhaltungssatz wird außer Kraft gesetzt, aber er besitzt einen Nachfolger. Anstatt die Erhaltung für Masse und Energie getrennt auszusprechen, muß der Erhaltungssatz für die Masse-Energie formuliert werden. Dies wird noch deutlicher, wenn man die im Jahre 1908 von Minkowski vorgenommene geometrische Interpretation der SRT betrachtet. In der 4-dimensionalen geometrischen Darstellung hat auch der Impuls 4 Komponenten, 3 sind von der Form

$$\frac{m_0 \, \mathfrak{v}}{\left(1 - \dfrac{\mathfrak{v}^2}{c^2}\right)^{1/2}}$$

die 4. Komponente besitzt die Form

$$\frac{m_0}{\left(1 - \dfrac{\mathfrak{v}^2}{c^2}\right)^{1/2}}$$

die Impulserhaltung gilt nur vom 4er Vektor und nicht von den einzelnen Komponenten. In die Erhaltung des 4-Impulses ist automatisch die Energieerhaltung eingeschlossen.

Wir haben eben schon die geometrische Deutung der SRT durch Minkowski angesprochen, die dieser in seinem berühmten Vortrag auf der 80. Versammlung Deutscher Naturforscher und Ärzte in Köln am 21. September 1908 vorgelegt hat.[45] In der Darstellung der SRT mit Vektoren und Tensoren in einer 4-Raumzeit wird auch die äußerst fruchtbare Terminologie des Lichtkegels, des zeitartigen und raumartigen Vektors, der 4-dimensionalen Ereignis-Welt, des Weltpunktes und der Weltlinie eingeführt, ebenso wird das elektrische und magnetische Feld zu einem neuen antisymmetrischen Tensor 2. Stufe zusammengefaßt, der heute nach Faraday benannt ist. Diese neue mathematische Form hatte große Vorteile und war ungeheuer wichtig für die Entwicklung der kommenden ART, obwohl Einstein die Tensornotation ursprünglich als eine überflüssige Gelehrsamkeit betrachtete. Ein enormer metatheoretischer Vorteil der Auffindung eines geometrischen Modells bestand darin, daß nun für die SRT ein relativer Widerspruchsfreiheitsbeweis vorlag. Wenn die Minkowski-Geometrie widerspruchsfrei ist, dann auch die SRT, da sich die beiden ja aufeinander abbilden lassen.

Einige Elemente der geometrischen Deutung enthielten aber auch Quellen für begriffliche Fehlinterpretationen. Wenn man die Zeit über eine imaginäre Koordinate $x_4 = ict$ einführt, lassen sich die Lorentz-Transformationen als Pseudorotationen um einen imaginären Winkel auffassen, und dann wird die Größe

$$\sum_{i=1}^{4} x_i^2,$$

welche einen euklidischen 4-Raum charakterisiert, eine Invariante. Es war von Minkowski sicherlich nicht intendiert, ist aber später zum Teil so verstanden worden, daß die SRT die Zeit als eine Illusion auffaßt. Die Einführung der imaginären Koordinate und die Verwendung eines euklidischen Linienelementes lenken von der Tatsache ab, daß auch in der

SRT die Zeit ihre begriffliche Eigenständigkeit nicht verloren hat, welche sich bei Verwendung reeller Koordinaten darin ausdrückt, daß die Raumzeitstruktur der Minkowski-Geometrie pseudoeuklidisch ist. Die imaginäre Koordinate verdeckt diesen Zusammenhang. Auch die berühmten Einleitungsworte von Minkowski: «Von Stund an sollen Raum für sich und Zeit für sich völlig zu Schatten herabsinken und nur noch eine Art Union der beiden soll Selbständigkeit bewahren»,[46] ist überinterpretiert worden. Ohne auf die verzweigte Diskussion bezüglich des illusionären Charakters bzw. der Realität der Zeit einzugehen,[47] sei hier nur festgehalten, daß die wesentliche Neuerung der SRT darin besteht, daß die gesetzesartige Kopplung von Raum und Zeit durch die Lorentz-Transformation enger geworden ist und daß die beiden nun im Gegensatz zur klassischen Mechanik symmetrische Rollen spielen. Beim Übergang von einem Inertialsystem zum anderen müssen jeweils Raum und Zeit mittransformiert werden. Minkowski wollte in seinen berühmten Worten vor allem ausdrücken, daß die Aufspaltung der Raumzeit in Raum und Zeit weltlinienabhängig ist. Für einen Beobachter auf einer anderen Weltlinie erfolgt die Aufspaltung der 4-Raumzeit in den 3-Raum und die 1-Zeit in anderer Form. Dies heißt aber nicht, daß Raum und Zeit gar keine eigenständigen Eigenschaften mehr besitzen. So berührt die SRT ganz und gar nicht die Frage der Dimensionalität. Der Raum bleibt 3-dimensional und die Zeit eindimensional wie in der Newtonschen Physik. Auch das Problem der Isotropie des Raumes und der Anisotropie der Zeit wird von der SRT überhaupt nicht angeschnitten. Nichts ändert sich an der Tatsache, daß wir sämtliche Punkte des 3-Raumes erreichen können, während jene Punkte des eindimensionalen Zeitkontinuums, die wir mit Vergangenheit bezeichnen, immer unerreichbar sind. Schon die Signatur der Raumzeit deutet an, daß Raum und Zeit auch in ihrer neuen Union ihre selbständigen Eigenschaften bewahrt haben. Eine Signatur $(+++-)$ ist von einer denkbaren Signatur $(++--)$ grundsätzlich verschieden. Eine Welt, in der wir zwei raumartige und zwei zeitartige Dimensionen hätten, wäre physikalisch von völlig anderer Art.

g) Speziell relativistische Thermodynamik

Es ist erstaunlich, trifft aber die Wirklichkeit, daß Einstein selber nur eine beschränkte Zahl von Anwendungsfällen der SRT ausarbeitete. Man hätte erwarten können, daß bei einer so umwälzenden Theorie der Urheber den Rest seines Lebens der Untermauerung, dem Ausrechnen von neuen Anwendungsfällen, dem Beschaffen von neuen Testinstanzen und Stützungsmöglichkeiten widmet. Tatsächlich hat Einstein nach dem Jahre 1909 kaum mehr an der Entwicklung der SRT weitergearbeitet. Dies muß wohl damit zusammenhängen, daß bereits im Jahre 1907 bei ihm die Vision einer Erweiterung dieser Theorie auftauchte. Wie wir noch sehen werden, war die Existenz privilegierter Koordinatensysteme jene Idee, die ihn dazu trieb, das Relativitätsprinzip zu erweitern. Ein Bereich der SRT jedoch, dem er sich noch selber gewidmet hat, ist die Frage der thermischen Eigenschaften eines bewegten Körpers. Wir wollen dies insofern herausgreifen, als sich gerade an diesem Beispiel zeigt, daß die Ausdehnung der relativistischen Idee auf alle Bereiche der Physik keineswegs eine triviale Arbeit war, ja daß dabei sogar Mehrdeutigkeiten und unerwartete Schwierigkeiten auftauchten. Das Problem der speziell relativistischen und gar der allgemein relativistischen Thermodynamik ist bis heute unabgeschlossen und kontrovers geblieben.[48] Einsteins umfangreiche Darstellung der SRT im Jahre 1907 enthält im § 15 eine kurze Abhandlung über die Entropie und Temperatur bewegter Systeme.[49] Diese Ergebnisse waren jedoch schon von Planck erzielt worden.[50] Planck übertrug die relativistischen Prinzipien auf die Thermodynamik. Wenn Q die Wärmemenge ist, die ein Körper im Ruhesystem S aufnimmt, wobei Q = dE + pdV, so transformiert sich diese auf das mit v bewegte System S′ nach der Formel

$$Q' = \sqrt{1 - v^2/c^2}\,Q.$$

Planck zeigte auch, daß die Entropie S = Q/T eine Invariante ist, d. h. S′ = Q′/T′ und daß deshalb die Temperatur T′ des bewegten Körpers geringer sein muß als die des ruhenden,

$$T' = \sqrt{1 - v^2/c^2}\ T.$$

Dieses Ergebnis, dem entsprechend bewegte Körper kälter sind, wurde von Einstein 1907 ohne weitere Kritik übernommen.[51] Ihm war allerdings klar, daß in diese Anwendung der relativistischen Grundsätze Zusatzannahmen eingingen, die zunächst aber unproblematisch erschienen. Planck hatte postuliert, daß zwischen den bewegten Körpern und dem Thermometer des Beobachters ein Wärmeaustausch über einen Leitungsmechanismus erfolgt, bzw. wenn es sich um einen mit schwarzer Strahlung erfüllten Hohlkörper handelt, daß die Temperatur der aus dem bewegten Körper austretenden Strahlung gemessen wird. Lange Zeit hindurch wurde das Planck-Einsteinsche Resultat für unkontrovers befunden, bis einige Autoren[52] entdeckten, daß die relativistische Thermodynamik eine Mehrdeutigkeit enthielt, da der Annahme über den Wärmetransport und der Herstellung der thermischen Verbindung zwischen dem Thermometer des Beobachters und dem bewegten Körper der Charakter einer Konvention zukommt. Im Prinzip läßt sich bei geeigneter Abmachung jede Transformationsformel für die Temperatur

$$T' = \left(1 - \frac{v^2}{c^2}\right)^n T \text{ mit } n \gtreqless 0$$

erzwingen. Eine solche Vieldeutigkeit würde natürlich den Aussagegehalt einer relativistischen Thermodynamik trivialisieren. Es wurde argumentiert, wie Hans Jürgen Treder formuliert hat, «daß prinzipiell ein Vergleich der Temperaturen T_I und T_{II} zweier zueinander bewegter Körper P_I und P_{II} nicht definiert ist. In der Tat bedarf es ja zu einem solchen Temperaturvergleich der Herstellung des thermodynamischen Gleichgewichts zwischen einem Thermometer ϑ_I im Körper P_I und dem Körper P_{II} respektive zwischen einem Thermometer ϑ_{II} und P_I. Soll ein solches Gleichgewicht durch Wärmeleitung hergestellt werden, so ist eine materielle Verbindung zwischen P_I und P_{II} notwendig. Bewegen sich nun P_I und P_{II} relativ zueinander, so kann diese materielle Verbindung weder starr noch spannungsfrei sein. Vielmehr trägt die materielle Verbindung ein Geschwindigkeits- und Beschleunigungsfeld und reagiert darauf mit zeitabhängigen Verspannungen, Verformungen und Dilatationen. Damit wird das Problem der Berechnung des Wärmestromes zwischen P_I und P_{II} und demzufolge die Gültigkeit von Plancks Formel völlig vage. Denn tatsächlich wird der Wärmetransport weitgehend von den Materialeigenschaften dieses Wärmeleiters abhängen, über die die einfachen kinematischen Prinzipien der RT natürlich keine Aussagen machen, so daß es in diesem Sinne hoffnungslos erscheint, eine allgemein gültige relativistische Thermodynamik zu begründen.»[53]

Eine solche Situation bedeutete aber eine grundsätzliche Gefahr für das relativistische Forschungsprogramm, da bestimmte Zweige der Physik von der relativistischen Fragestellung ausgenommen wären. Um es in eine naive Form zu fassen: Wenn ein Körper P im Ruhesystem S eine absolute Temperatur T besitzt, so wird er doch *irgendeine* Temperatur T' in bezug auf das bewegte System S' haben. Es ist extrem unplausibel, daß diese Prädizierung ohne jeden objektiven Gehalt ist. Dennoch scheint gegenwärtig die Situation so zu sein, daß man auf materiale Verbindungen zwischen den zueinander bewegten Körpern überhaupt verzichten muß und besser auf Einsteins ursprüngliche Intuition zurückgreift, wonach der Informationsaustausch über elektromagnetische Wellen zu erfolgen hat. Wie Treder gezeigt hat, wird dann, wenn die Temperatur des bewegten Körpers P aus der Frequenzverteilung der von ihm ausgesandten Strahlung bestimmt wird, die Lösung des Problems der relativistischen Thermodynamik eindeutig und führt auf die ursprüngliche Plancksche Formel.

Wir haben dieses Beispiel eines relativistischen Anwendungsproblems vor allem deshalb ausführlicher geschildert, um zu zeigen, daß die Übertragung der neuen Grundidee auf andere Bereiche nicht etwa nur eine triviale formale Aufgabe ist, bei der es darum geht, die geeignete Potenz des Lorentz-Faktors zu finden, sondern daß jede Anwendung methodologisch ein Risiko darstellt, weil dabei die relativistische Idee grundsätzlich in Frage gestellt werden kann. Es ist übrigens zu erwähnen, daß bei der Übertragung der allgemein relativistischen Grundsätze auf die Thermodynamik, vor allem als es um die thermodynamischen Eigenschaften der Welt im großen ging, eine ähnliche Situation entstand, wo es zumindest eine Zeitlang fragwürdig schien, ob der Entropiesatz auf eine Welt mit expandierender Raumzeit ausgedehnt werden kann.

Es lohnt sich noch, die Frage zu streifen, auf welche Weise Einsteins spezielle Theorie die intellektuelle Welt erobert hat. Dies ging keineswegs in der überstürzten Weise vor sich, wie es vielleicht manchmal aus der Retrospektive aussehen mag. Nicht nur blieben selbst hervorragende Forscher über mehrere Jahrzehnte hinweg zögernd bis ablehnend gegenüber der neuen Theorie; manche, wie etwa Lorentz, versuchten noch lange Jahre, parallel und unabhängig ihr eigenes Forschungsprogramm weiterzuverfolgen. Auch Poincaré konnte sich bis zu seinem Tode nicht der neuen Theorie anschließen. Lorentz war der Meinung, daß die Differenz zwischen seiner und der Einsteinschen Auffassung erkenntnistheoretischer Natur sei. Er hielt daran fest, daß der Äther eine bestimmte Substantialität besitzt, daß Raum und Zeit in einem absoluten Sinn getrennt werden können und daß Gleichzeitigkeit unabhängig vom Bezugssystem sinnvoll bleibt. Er konnte sich nicht damit anfreunden, daß es niemals eine größere Geschwindigkeit geben könne als die Lichtgeschwindigkeit, er hielt es für eine unnötige Beschränkung des Denkens in der Physik, mit dieser absoluten Grenze zu arbeiten. Poincaré war von der Notwendigkeit einer neuen Mechanik überzeugt, in der die Lichtgeschwindigkeit absolute Grenzgeschwindigkeit sei, wollte sich jedoch bis zuletzt nicht mit einer einfachen kinematischen Begründung der neuen Mechanik abfinden. Einstein selber hat später die Vorläuferrolle von Lorentz und Poincaré akzeptiert, sich aber nie genauer mit dem wissenschaftshistorischen Übergang befaßt.

h) Philosophische Implikationen der Speziellen Relativitätstheorie

Es ist gewiß nützlich, sich am Ende der wissenschaftshistorischen Skizze einen systematischen Überblick darüber zu verschaffen, welche begrifflichen Umwälzungen die SRT tatsächlich gebracht hat und welche nur vermeintlich mit ihr verbunden sind.

α) Es ist nochmals zu betonen, daß die speziell relativistische Kinematik keine Stütze für eine operationalistische Philosophie darstellen kann, wie Bridgman und nach ihm noch viele andere behauptet haben. In einer rigoros objektivistischen Rekonstruktion der Theorie wird die Theorie

z. B. über das Tripel physikalisches System Σ, elektromagnetisches Signal S und Inertialsystem I aufgebaut.[54] Maßstäbe und Uhren gehören nicht zu den primitiven Termen. Dies war auch Einsteins eigene Meinung, wenn er etwa 1949 sagt: «Maßstäbe und Uhren müßten eigentlich als Lösungen der Grundgleichungen (Gegenstände, bestehend aus bewegten atomistischen Gebilden) dargestellt werden, nicht als gewissermaßen theoretisch selbständige Wesen.»[55]

β) Die Zeit behält ihre Eigenständigkeit in der Raumzeit der SRT, sie wird aber strenger als in Newtons klassischer Theorie mit dem Raum verbunden. Auch sind Raum und Zeit nicht durcheinander ersetzbar, weil sie nicht durcheinander definiert werden können. Die Tatsache, daß die Dauer eines Zeitintervalls in Entfernungseinheiten ausgedrückt werden kann, bedeutet keine Verräumlichung der Zeit, wie dies etwa von Bergson behauptet worden ist.[56]

Die geometrische Darstellung der Raumzeit in der SRT darf nicht verwechselt werden mit der Hypothese des Block-Universums, in dem alles Geschehen eliminiert ist, in dem die Welt ein starres Seiendes ist, in dem nichts mehr geschieht. Hermann Weyl hat Formulierungen vorgeschlagen, die die Hypothese des Block-Universums vielleicht nicht enthalten, sie aber doch suggerieren: «Die objektive Welt *ist* schlechthin, sie *geschieht* nicht. Nur vor dem Blick des in der Weltlinie meines Leibes emporkriechenden Bewußtseins ‹lebt› ein Ausschnitt dieser Welt ‹auf› und zieht an ihm vorüber als räumliches, in zeitlicher Wandlung begriffenes Bild».[57]

Die Eigenständigkeit von Raum und Zeit in der SRT geht auch daraus hervor, daß jeder Punkt seinen Lichtkegel besitzt und dieser eine absolute Trennung zwischen zeitartigen und raumartigen Vektoren bewirkt. Der Lichtkegel liefert außerdem eine relative Trennung von Zukunft und Vergangenheit. Eine Asymmetrie der beiden Richtungen von der Zukunft zur Vergangenheit und von der Vergangenheit zur Zukunft wird dagegen in der Raumzeit der SRT nicht etabliert. Erst wenn man berücksichtigt, daß elektromagnetische Signale einsinnige Prozesse sind, läßt sich der Zeitpfeil im Ereignisraum der SRT etablieren.

γ) Das zentrale Axiom der SRT, daß sich elektromagnetische Signale im Vakuum relativ zu einem Inertialsystem mit der gleichförmigen Geschwindigkeit c ausbreiten, hat eine unmittelbare ontologische Konsequenz. Die elektromagnetischen Signale sind unabhängige Entitäten und nicht Zustände eines Übertragungsmediums. Die SRT hat also Entscheidendes zur Autonomie des elektromagnetischen Feldes beigetragen. Es paßt sehr gut hierzu, daß Einstein 1905 ja auch die Photonhypothese aufgestellt hat, in der Licht ein eigenständiges Objekt ist und nicht als Zustand eines Substratums gefaßt wird.

δ) Bedeutsame Konsequenzen ergeben sich für den kausalen Zusammenhang von Ereignissen. Eine der wichtigsten Invarianten der SRT ist das Linienelement ds^2.[58]

Das Intervall der Raumzeit wird dargestellt durch den Ausdruck $ds^2 = dx^2 + dy^2 + dz^2 - c^2 dt^2$. Ist das Raumzeitintervall positiv, nennt man es zeitartig, ist es negativ, bezeichnet man es als raumartig. Ereignisse, die durch ein zeitartiges Intervall getrennt sind, liegen absolut früher oder später zueinander. Ereignisse, die durch ein raumartiges Intervall getrennt sind, sind nicht absolut geordnet, die zeitliche Ordnung hängt in diesem Fall von der Wahl des Bezugssystems ab.[59] Der Kausalzusammenhang zwischen zwei Ereignissen ist dadurch bestimmt, daß sie durch eine Wirkungskette verbunden werden können. In diesem Fall ist die Zeitordnung absolut, d.h. sie hängt nicht vom Bezugssystem ab. Wenn zwei Ereignisse nicht in einem Lichtkegel liegen, dann sind sie kausal unbezogen. Die Ursache für diese Begrenzung der Kausalrelation liegt in der Endlichkeit der Lichtgeschwindigkeit, sie liefert eine neue Kausalstruktur. Diese eingeengte Kausalstruktur ist nicht mit dem Indeterminismus der Quantenmechanik zu verwechseln. Vergleicht man die Kausalität der SRT mit derjenigen der Newtonschen Theorie, kann man sie als eine Einschränkung des früheren Anwendungsbereiches ansehen. Was in der Newtonschen Theorie für alle Ereignisse galt, wird hier restringiert auf das Innere des Lichtkegels. Der Korrespondenzbereich zwischen Newtonscher Theorie und SRT ist das Innere des Lichtkegels. Ein verbreiteter Fehler, der auch in viele populäre Darstellungen Eingang gefunden hat, besteht darin, bezugssystemabhängige Größen mit subjektiven Größen zu verwechseln. Die Relationen «früher» oder «später» bleiben in der SRT sinnvoll und objektiv, auch für den Fall, daß die Ereignisse nicht in einem Lichtkegel liegen; dann werden sie eben bezugssystemabhängig; subjektiv aber werden sie nie. Die Bezugssystemabhängigkeit ist nicht gleichwertig mit der Abhängigkeit vom Bewußtsein eines Beobachters.

ε) Die Relativität der Ausdehnung und die Relativität der Dauer, diese beiden Konsequenzen der SRT haben am meisten philosophische Aufmerksamkeit erregt. Wir haben aus der Genese gesehen, müssen es aber noch einmal betonen, daß die SRT keine kausale Erklärung für die Lorentz-Kontraktion liefert, also überhaupt keine Annahme über die Struktur der Materie macht. Der Kontraktionsvorgang wird genausowenig erklärt wie etwa der Ursprung der Coriolis-Kraft in der klassischen Mechanik. Letztere macht nur die konditionierte Aussage: Wenn wir ein beschleunigtes, etwa ein rotierendes Bezugssystem verwenden, dann entsteht eine Coriolis-Kraft. Sie sagt aber nichts darüber, wie in einem gegebenen mechanischen System diese Kraft entsteht. Die Lorentz-Transformation und alle ihre Konsequenzen sind kinematische Relationen und können nicht kausal gedeutet werden. Damit ist dann auch jede Frage danach fehl am Platz. Mehr noch als die Relativität der Ausdehnung hat die Relativität der Dauer die Philosophen beschäftigt, sie hat zum Auftreten des sogenannten Uhren-Paradoxons geführt. Das Paradoxeste am Uhren-Paradoxon ist eigentlich das, daß es sich so lange in der Diskussion halten konnte. Hier ist zweifellos auch etwas Psychologie im Spiel. Ausdehnungen liegen den Menschen weniger am Herzen als die Dauer. Niemand hat ein Maßstabsparadoxon erfunden, obwohl auch die Lorentz-Kontraktion reziprok ist. Daß Dauer und Ausdehnung relativ sind, läßt sich aus der Geometrie des Minkowski-Raumes einsehen. Die Relativität bedeutet in der SRT immer die Beziehung auf eine bestimmte Zerlegung der 4-dimensionalen Raumzeit in Raum und Zeit. Diese Zerlegung ist weltlinienabhängig. Jeder Beobachter erfährt die für seine Weltlinie typische Aufspaltung der Raumzeit in Raum und Zeit. Eine wahre Zerlegung, unabhängig von einer Weltlinie, existiert nicht. Diese Konsequenz hat viele Philosophen immer wieder nervös gemacht, aber es ist gar kein Grund zur Beunruhigung gegeben. Die anscheinend rätselhafte Folge der SRT, daß man Zeit gewinnen kann, ist geometrisch einsehbar. Es ist eine Konsequenz der pseudoeuklidischen Struktur des Minkowski-Raumes. Unter diesem komplizierten Ausdruck verbirgt sich nur die einfache Tatsache, daß der letzte Summand im Linienelement der SRT ein negatives Vorzeichen besitzt. Dies erzeugt den grundsätzlichen Unterschied zwischen einem euklidischen Raum und einem pseudoeuklidischen Raum. In einem euklidischen Raum, unabhängig von seiner Dimension, ist der kürzeste Abstand zwischen zwei Punkten immer eine Gerade. Dies gilt nicht für die pseudoeuklidische Raumzeit, wie man sich anhand einer Betrachtung des Lichtkegels überlegen kann. Die Lichtkegel drücken die Wege der Lichtstrahlen aus. Für das Licht gilt $ds^2 = 0$ bzw. $dx^2 + dy^2 + dz^2 = c^2dt^2$. Dies können wir, wenn wir der Einfachheit halber $c = 1$ setzen, verbal auch so ausdrücken, daß wir sagen, daß das Raumintervall gleich dem Zeitintervall ist. In einem Jahr der Zeit reist z.B. das Licht ein Lichtjahr im Raum. Generell ist also das Raumzeitintervall auf dem Lichtkegel immer gleich 0. Das Licht vom Sirius braucht 4 Jahre, um zu uns zu gelangen und legt dabei 4 Lichtjahre zurück, dennoch ist das Raumzeitintervall zwischen dem lichtempfangenden Auge und dem Sirius immer 0. Was in der euklidischen Geometrie die kürzeste Verbindung ist, wird in der Minkowski-Geometrie zur längsten Linie. Die Länge der Weltlinie liefert nun die Länge des Eigenzeitintervalls. Die längste Zeit wird also dort gemessen, wo nach der euklidischen Geometrie die kürzeste Verbindung vorhanden wäre, während die Zeit zwischen zwei Ereignissen immer kürzer wird, wenn sich die Verbindung einer Strecke nähert, die sich dem Lichtkegel möglichst nahe anschmiegt. Für das Zwillingsparadoxon ist nun wichtig, diese andersartige geometrische Struktur der Raumzeit im Auge zu behalten. Wenn die Länge einer Weltlinie ein Maß für die verflossene Zeit ist, dann ist das Alter eines Menschen einfach die Länge seiner Weltlinie. Dem Menschen steht es nun frei, verschiedene Weltlinien in der Raumzeit zu durchlaufen. Aber man muß sich klar sein, daß gekrümmte Weltlinien, die zwei Punkte der Raumzeit verbinden, immer kürzer sind als gerade Weltlinien. Eine Person, die entlang einer gekrümmten Weltlinie ihr Ziel aufsucht, kommt früher an als eine solche, die den geraden Weg geht. Die Zeit wird dabei immer auf der eigenen mitgeführten Uhr abgelesen. Wenn zwei Zwillinge A und B zusammen geboren werden, dann beginnen ihre Weltlinien am selben Ereignispunkt. Im Laufe ihres Lebens werden sie aufgrund ihrer eigenen Entscheidungen verschiedene Weltlinien verfolgen. Es kann sein, daß sie sich öfter treffen und dann haben sie jeweils ein etwas unterschiedliches Alter, was sie durch einen unmittelbaren Uhrenvergleich an ihren Treffpunkten ablesen können. Sollte es der Zufall so wollen, daß sie am gleichen Ort sterben, dann haben sie dennoch verschieden lange gelebt. Nehmen wir an, A blieb immer zu Hause und starb mit 80 Jahren, B jedoch gehörte zum Jet Set, er reiste viel, dann ist seine Weltlinie kürzer als die von A. B hat also etwas kürzer gelebt als A. Doch selbst wenn B ein intensiver Globetrotter ist, wird sich der Unterschied nur sehr wenig auswirken. Nun kann man das Beispiel auf die Raumfahrt übertragen, weil hier hohe Geschwindigkeiten zur Verfügung stehen. Wenn B im Raumschiff reist mit einer Geschwindigkeit, die c vergleichbar ist, und nach vielen Jahren auf die Erde zu seinem Zwillingsbruder zurückkehrt, sieht er, daß sein Bruder A wesentlich älter geworden ist. B ist jünger, sein Herz hat weniger oft geschlagen, A hingegen hat mehr im Leben getan, hat mehr Bücher gelesen und mehr erfahren. Fast alle Einwände, die aus dem Zwillingsargument ein regelrechtes Paradoxon machen wollen, das dann als Einwand gegen die Konsistenz der SRT gebraucht wird, argumentieren jetzt, daß man die Situation ja umkehren kann. Man kann auf Grund des Relativitätsprinzipes die anscheinend asymmetrische Situation symmetrisch machen, den B als ruhend betrachten und den A als reisend. Es gibt eine Reihe von Weisen einzusehen, daß die Situation in diesem Fall nicht symmetrisch ist. Einstein selber hat sich viel Mühe gegeben, in seinem didaktisch sehr ausgefeilten Dialog den scheinbar paradoxen Charakter des Zwillingsargumentes auszuräumen.[60] Der entscheidende Streitpunkt, der immer wieder im Mittelpunkt der Debatte steht, ist das Auftreten der Beschleunigung, dem der eine Zwilling unterworfen werden muß, der andere aber nicht. Daher scheint es, als ob man die ART brauche, um eine Inkonsistenz der SRT aufzulösen, denn die in der SRT zugelassenen Inertialsysteme dürfen ja alle zueinander nur eine gleichförmige Translationsgeschwindigkeit besitzen. Es ist jedoch wichtig darauf hinzuweisen, daß, obwohl der Zwilling B in diesem Beispiel natürlich Beschleunigungs- und Abbremsungsphasen durchläuft, die Beschleunigung dennoch nicht die

Ursache des asymmetrischen Alterns ist.[61] Das kann man sich dadurch klar machen, daß, wenn B eine vergleichsweise längere Reise durchführt, dabei aber der gleichen Beschleunigung unterworfen wird, der Altersunterschied zwischen den beiden Zwillingen immer größer wird. Wäre die Beschleunigung die Ursache für das asymmetrische Altern, dann müßte es von der Stärke der Beschleunigung abhängen, aber nicht von der Länge der Reise. Man kann also rein speziell relativistisch einsehen, daß der Zwilling B weniger altert, nämlich deshalb, weil er näher am Lichtkegel reist. Je größer seine Reise und je weiter die Entfernung ist, desto größer wird der Altersunterschied sein, den er bei der Rückkehr zu seinem Zwillingsbruder feststellt.

2. Allgemeine Relativität

a) Raumzeit und Materie

Die SRT ist nur verwendbar in materiefreien Mannigfaltigkeiten, sie beschreibt demgemäß eine hochidealisierte Situation. Unsere wirkliche Welt ist zweifelsohne kein Vakuum. Deshalb muß die Theorie überschritten werden, wenn wir uns der Natur weiter nähern wollen; es muß die Wirkung der Materie auf die Struktur der Raumzeit in Rechnung gestellt werden. Damit war der Weg zu einer neuen Gravitationstheorie vorgezeichnet.

Die eigentliche Entstehungsgeschichte der ART beginnt 1907. Im Abschnitt V seines Aufsatzes im Jahrbuch der Radioaktivität und Elektronik[62] stellte Einstein die Frage, ob das Prinzip der Relativität auch auf zwei zueinander beschleunigte Bezugssysteme ausgedehnt werden kann. Noch zu seiner Berner Zeit, als er am Patentamt tätig war, muß ihm ein Gedanke gekommen sein, der den Charakter einer Schlüsselintuition besaß. Er läßt sich in den einfachen Satz kleiden: «Ein Mensch im freien Fall spürt sein eigenes Gewicht nicht.» Das bedeutet, daß ein Beobachter, der frei fällt, das Gravitationsfeld nicht mehr wahrnimmt. Wenn er einen Stein in der Hand hat und ihn losläßt, dann fällt der Stein, bleibt aber relativ zum Beobachter in Ruhe, unabhängig von der Tatsache, daß Beobachter und Stein aus ganz anderem Material bestehen (bei diesem Gedankenexperiment hat man sich natürlich den Luftwiderstand weggedacht). Ein von altersher bekanntes Faktum, daß alle Körper im Gravitationsfeld mit der gleichen Beschleunigung fallen, erhält plötzlich Bedeutung. Wenn es nur *einen* Körper gäbe, der anders fällt, könnte der Beobachter feststellen, daß er sich in einem Gravitationsfeld befindet, aber einen solchen gibt es gerade nicht. Anscheinend existiert also keine objektive Möglichkeit für einen Beobachter, sich als in einem Gravitationsfeld fallend zu bestimmen. Diese besondere Eigenschaft des Gravitationsfeldes spricht für eine Erweiterung des Relativitätspostulates. Dies hat zur Konsequenz, daß die Physik der SRT noch in einem bestimmten Sinne offen ist. Die SRT bleibt universal, aber sie erfaßt dennoch nicht alle Naturphänomene; so ist etwa für das Phänomen der Gravitation kein Platz in der SRT. Die Existenz der Gravitation war der Anlaß, die Relativitätstheorie zu erweitern. In der SRT läßt sich die Beziehung zwischen Trägheit und Energie ableiten, aber nicht eine Relation zwischen Trägheit und Gewicht.[63] Poincaré hatte schon vor Einstein die Idee ausgesprochen, daß man die alte Gravitationstheorie nicht einfach neben der Lorentz-kovarianten Physik stehen lassen könne.[64] In seiner Arbeit von 1907 spricht Einstein aber das Newtonsche Gesetz und eine denkbare speziell relativistische Erweiterung davon nicht an. Die Undurchführbarkeit von Poincarés Idee ist auch schnell einzusehen. In moderner Schreibweise lautet Newtons Gravitationstheorie

$$\triangle \varphi = 4\pi G \varrho$$

$$\frac{d^2 x^i}{dt^2} = - \frac{\partial \varphi}{\partial x^i} \ (i = 1, 2, 3)$$

Die erste Gleichung kann man als Feldgleichung, die zweite als Bewegungsgleichung ansprechen. Die Beschleunigung eines Teilchens wird durch die Ableitung des Gravitationspotentials φ gewonnen.

Diese Gleichungen können nicht in die SRT eingeschlossen werden, weil es 3-dimensionale Formulierungen sind, wo die Zeit nicht in den Koordinaten einbegriffen ist. Die Feldgleichung mit dem 3-dimensionalen Laplace-Operator $\triangle$ anstatt des 4-dimensionalen d'Alembert-Operators $\square$ drückt aus, daß das Gravitationspotential φ instantan auf entfernte Änderungen der Dichte ϱ anspricht. Newtons Theorie ist eben eine Fernwirkungstheorie, wo die Gravitationswirkungen sich mit unendlicher Geschwindigkeit ausbreiten. Wenn wir heute Einsteins damalige heuristische Leistung richtig beurteilen wollen, ist es wichtig zu bemerken, daß auch alle späteren Versuche fehlgeschlagen sind, das Newtonsche Potential φ durch ein Skalar-, Vektor- oder Tensorfeld, das im flachen Raum agiert, zu ersetzen.[65]

Im letzten Absatz haben wir der Entwicklung schon etwas vorgegriffen. Im Jahre 1907 befaßte sich Einstein überhaupt noch nicht mit dem Auffinden von neuen Feldgleichungen, wohl aber finden wir dort die erste Formulierung des Äquivalenzprinzipes. Er führte es durch folgende Argumentation ein: Stellen wir uns zwei Bezugssysteme vor, Σ_1 und Σ_2, wobei Σ_2 in einem homogenen Gravitationsfeld ruhe, das allen Gegenständen die Beschleunigung $-\gamma$ in Richtung der x-Achse erteile, während Σ_1 in der x-Richtung eine gleichförmige Beschleunigung von der

Größe γ aufweise. Nach gegenwärtiger Erfahrung, so meinte Einstein, unterscheiden sich die Naturgesetze nicht, wenn sie auf Σ_1 oder Σ_2 bezogen werden, deshalb ist es gerechtfertigt, – hier verwendete er die gleiche Strategie wie in der SRT – zur Annahme überzugehen, daß ein Gravitationsfeld äquivalent einem beschleunigten Bezugssystem ist. «Diese Annahme erweitert das Prinzip der Relativität auf den Fall der gleichförmig beschleunigten Translationsbewegung des Bezugssystems. Der heuristische Wert der Annahme liegt darin, daß sie ein homogenes Gravitationsfeld durch ein gleichförmig beschleunigtes Bezugssystem zu ersetzen gestattet, …»[66] Danach geht er dazu über, Raum und Zeit in einem gleichförmig beschleunigten Bezugssystem zu analysieren. Er leitet auf etwas verschlungenem Weg unter Annahme kleiner Geschwindigkeiten, Beschleunigungen und Zeitintervalle ab, daß eine Uhr in einem Feld mit größerem Gravitationspotential schneller geht. Wenn im Punkt P mit dem Gravitationspotential φ eine Uhr liegt, die die Ortszeit σ angibt, so sind diese Angaben um den Faktor $(1 + \varphi/c^2)$ größer als die Zeit τ einer im Koordinatenursprung O liegenden Uhr, $\sigma = \tau(1 + \varphi/c^2)$, d.h. um diesen Faktor läuft die Uhr in P schneller als die in O. Allgemein kann man also sagen, daß jeder Prozeß umso schneller abläuft, je größer das Gravitationspotential ist. Man kann auch im übertragenen Sinn von «Uhren» sprechen, die an Orten mit verschiedenen Gravitationspotentialen existieren und deren Gang sich sehr genau kontrollieren läßt; das sind jene Atome, die Spektrallinien erzeugen. Wenn man noch einen weiteren kühnen Schritt tut und annimmt, daß die obige Relation, nämlich die Abhängigkeit des Uhrengangs vom Gravitationspotential, auch für ein inhomogenes Gravitationsfeld gilt, dann folgt, daß z.B. das Licht, das von der Sonnenoberfläche kommt, eine um $2 \cdot 10^{-6}$ größere Wellenlänge besitzt als das Licht, das auf der Erde erzeugt wird.

An dieser Stelle sind einige methodologische Bemerkungen am Platz. Wir sehen, wie Einstein, ohne im Besitz einer ausgearbeiteten Theorie der Gravitation zu sein, weit entfernt davon, die Feldgleichungen der Allgemeinen Relativität zu haben, allein aus Betrachtungen der Äquivalenz von beschleunigtem Bezugssystem und Gravitationsfeld bestimmte Effekte ableitete, die später zu Testinstanzen der Feldgleichungen werden sollten. Daraus wird aber auch sehr schnell deutlich, daß nicht alle Testinstanzen gleichwertig sind. Man kann durchaus von einem Gewicht der Kontrollinstanzen sprechen. Manche Verfahren prüfen nur die allgemeinen Prinzipien, die einer Theorie zugrunde liegen, und andere, die wir später kennenlernen werden, prüfen dann ihren inneren Mechanismus. In seiner Arbeit von 1907 bezog Einstein zuletzt noch elektromagnetische Vorgänge auf beschleunigte Bezugssysteme und fragte, wie sich die Maxwell-Gleichungen verändern, wenn man sie in diesen neuen Bezugssystemen betrachtet. Das Ergebnis ist einfach: Die Maxwell-Gleichungen bleiben im Prinzip ungeändert, aber die Größe c muß durch die Größe c(1 + φ/c^2) ersetzt werden, d.h. die Lichtgeschwindigkeit wird vom Gravitationspotential abhängig, die Lichtstrahlen werden durch das Gravitationsfeld gekrümmt. Wenn man die spätere Entwicklung nicht im Auge hat, könnte es scheinen, als ob hier ein Widerspruch zur SRT vorläge. Sollte c nicht eine universelle Konstante sein, die im Vakuum unverrückbar ihren festen numerischen Wert besitzt? In welchem Sinne kann man hier von einer Erweiterung des Relativitätspostulates sprechen, wenn ein Grundsatz der ursprünglichen Theorie verletzt wird? Damals war noch nicht zu sehen, wie harmonisch sich alles auflösen würde, und man versteht, daß sich in der Konstruktionsphase viele Zeitgenossen skeptisch verhielten und nicht bereit waren, Einsteins kühne Extrapolationen zu akzeptieren. Zuletzt betrachtete er in diesem ersten Schritt in Richtung auf die ART noch die Energieerhaltung und fand, daß im Bezugssystem Σ, welches sich mit konstanter Beschleunigung γ in der x-Richtung bewegt, zur Energie E (im Fall, daß das Gravitationsfeld verschwindet) noch ein zusätzlicher ortsabhängiger Beitrag E/c^2 · φ hinzukommt. Er muß also im Gravitationsfeld mit jeder Energie E eine Zusatzenergie assoziieren, die einer unabhängigen Energie der ponderablen Masse von der Größe E/c^2 entspricht. Die speziell relativistische Konsequenz E = mc^2 gilt daher nicht nur für die träge, sondern auch für die schwere Masse. Dies war zwar zu vermuten, ist aber ein wichtiges nichttriviales Ergebnis.

Einsteins Weg zur ART ist nicht leicht zu übersehen. Überdies wird er vielfach unterbrochen durch seine Beschäftigung mit der Quantentheorie. Er ließ den Ansatz von 1907 lange liegen, wohl wissend, daß eine neue Theorie der Materie dringender notwendig war als eine verallgemeinerte Mechanik, vielleicht aber auch deshalb, weil er wußte, daß die Dinge noch etwas reifen mußten. Die lange Entstehungsphase weist darauf hin, wie wenig eindeutig der Weg von der Zurkenntnisnahme des Grundprinzipes bis zur ausgearbeiteten Theorie war, in diesem Fall vom Äquivalenzprinzip bis zu den Feldgleichungen von 1915. Vielleicht ließ ihn auch die Abschätzung der schwierigen Testbarkeit des erweiterten Relativitätsprinzipes erst einmal innehalten. 1907 hielt er nämlich die Lichtablenkung für empirisch nicht feststellbar: «... leider ist der Einfluß des irdischen Schwerefeldes nach unserer Theorie ein so geringer (...), daß eine Aussicht auf Vergleichung der Resultate der Theorie mit der Erfahrung nicht besteht.»[67] Einstein dachte damals an terrestrische Experimente, wußte aber nicht, daß schon vor ihm mit Hilfe der klassischen Theorien die Lichtablenkung durch astronomische Körper abgeschätzt worden war. Die erste Bemerkung dazu findet sich bei Newton in der ersten «query» seiner «Opticks». «Können nicht Körper über Entfernungen hinweg auf das Licht wirken und dessen Strahlen ablenken und ist diese Wirkung nicht am stärksten, wenn der Abstand von Licht und Körper am kleinsten ist?»[68] Für Newton, der eine Teilchentheorie des Lichtes vertrat, lag es ziemlich nahe, eine attraktive Wirkung der Weltkörper auf die Lichtstrahlen zu vermuten. Die Berechnung der Lichtablenkung in Newtons Theorie führte erst Johann Georg von Soldner im Jahre 1804 durch.[69] Soldners Motivation war nicht so sehr die Prüfung einer Theorie des Lichtes oder die Prüfung einer Gravitationstheorie, sondern es ging ihm um mögliche Korrekturen zur Bestimmung der Position der Sterne: «Bey dem jetzigen, so sehr vervollkommneten, Zustand der praktischen Astronomie wird es immer nothwendiger, aus der Theorie, d. h. aus den allgemeinen Eigenschaften und Wechselwirkungen der Materie, alle Umstände zu entwikkeln, welche auf den wahren oder mittleren Ort des Weltkörpers Einfluß haben können: um aus einer guten Beobachtung den Nutzen ziehen zu können, dessen sie an sich fähig ist.»[70] Numerisch rechnete Soldner aus, daß Licht, als Teilchen betrachtet, eine Streuung am Sonnenrand erfahren muß. Für kleine Massen der Lichtteilchen hängt die Streuung aber kaum von der Masse ab (Einsteins Wellenberechnung hängt übrigens auch nicht von der Frequenz ab). Soldner fand einen Wert für die Lichtablenkung von $\alpha = 0'',84$ und konstatierte, daß beim damaligen Stand der Astronomie auf die Perturbation der Lichtstrahlen durch anziehende Weltkörper noch nicht Rücksicht genommen werden mußte.[71] Dieser Newtonsche Wert für die Lichtablenkung sollte auf dem Weg zur ART noch eine große Rolle spielen.

b) Absolut und Relativ

Einstein machte einen wesentlichen neuen Schritt im Jahre 1911, in dem Jahr, in dem Prag seine neue Arbeitsstätte wurde. Wieder begann er mit dem Äquivalenzprinzip, führte es aber in begrifflicher Hinsicht anders ein, nämlich in dem Sinne, daß eine absolute Beschleunigung eines Bezugssystems so wenig physikalischen Sinn haben kann wie eine absolute Geschwindigkeit in der SRT.[72] Hat man diese Parallele eingesehen, wird die Tatsache, daß alle Körper im Gravitationsfeld gleich schnell fallen, selbstverständlich. Da mit diesem Schritt ein altes naturphilosophisches Problem angesprochen wird, macht diese neue Formulierung eine kurze wissenschaftsgeschichtliche Rückblende sinnvoll.

Im aristotelischen Weltbild gab es eine bevorzugte Bewegungsform: Alle Teilchen streben zum natürlichen Ort, wenn sie nicht von äußeren Kräften daran gehindert werden. Die vier Elemente zielen eine naturgemäße Ordnung an, indem unten die Erde, dann das Wasser, dann die Luft und dann das Feuer sich schichtartig konzentrisch um das Erdzentrum anordnen. Zu dieser Zeit galt auch das aristotelische Bewegungsaxiom, wonach ein kräftefreier Körper in Ruhe verharrt und in moderner Schreibweise formuliert man es

$$v^i = \frac{dx^i}{dt} = \frac{K^i}{W}$$

wobei W der Widerstand ist, den ein Körper bei seiner Bewegung erfährt, K^i die Kraft und v^i seine Geschwindigkeit. In dieser Physik existiert kein Relativitätsprinzip, es gibt aber einen absoluten Raum mit einer inhomogenen Struktur. Sein Zentrum ist der Mittelpunkt des Universums und dieser ist gleich dem Mittelpunkt der Erde. Absoluter Raum bedeutet in diesem Welt-System, daß räumliche Koinzidenzen von Ereignissen zu verschiedenen Zeiten einen bezugssystemunabhängigen Sinn besitzen. Der erste Schritt zu einem Relativitätsprinzip wurde von Nikolaus von Kues 1450 vollzogen. Aus erkenntnistheoretischen Überlegungen folgerte er, daß die Lage des Mittelpunktes des Universums nicht fixierbar ist. Jeder Punkt ist Mittelpunkt, jede Richtung Radialrichtung. Nimmt man dies ernst, folgen daraus die Homogenität und die Isotropie des Raumes. Daraus ergibt sich eine Relativierung des Ortsbegriffes, alle Körper können im Raum beliebig verlagert werden. In moderner Sprache ausgedrückt erlaubt dann der physikalische Raum eine 6-parametrige Bewegungsgruppe (Lie-Gruppe) und die Gesetze der Physik müssen invariant gegenüber dieser Gruppe sein. Ein neues Relativitätsprinzip ergab sich durch Galileis Entdeckung des Trägheitsgesetzes. Ein kräftefreier Körper ist in Ruhe oder in gleichförmig translatorischer Bewegung. In Newtons Bewegungsgesetz

$$m\frac{dv^i}{dt} = K^i$$

ist diese Relativität eingebaut. Das Trägheitsgesetz

$$\frac{d^2x^i}{dt^2} = 0$$

ist invariant gegenüber Galilei-Transformationen $\bar{x}^i = x^i - v^i t$, wobei v^i = const. ist. Nach Galilei besitzen Translationen keinen absoluten Sinn, es gibt eine Relativität der Geschwindigkeit. Diese Relativität hängt allerdings nicht mit einer Symmetrie des 3-Raumes zusammen. Die klassische Physik schließt jedoch immer noch eine absolute Zeit ein, $\bar{t}$ ist immer gleich t, d.h. die zeitliche Koinzidenz von Ereignissen an verschiedenen Orten besitzt einen bezugssystemunabhängigen Sinn. Dieses Absolutmoment ist dann von der SRT beseitigt worden. Nun wird deutlich, wie Einstein an diese historische Entwicklung anschließt. Sein Äquivalenzprinzip beseitigte wieder einmal ein absolutes Element der Vorgängertheorie. Doch auch seine Theorie erzeugte neue Absolutobjekte, nämlich die Gezeitenwirkung bzw. die Krümmung der Raumzeit, wie wir später noch sehen werden. Einstein erkannte den wichtigen grundsätzlichen Unterschied zwischen einem realen Gravitationsfeld, das durch wirkliche Quellen erzeugt worden ist, und dem künstlichen Gravitationsfeld, das durch beschleunigte Bezugssysteme erzeugt wird. Ein beliebiges, reales permanentes Gravitationsfeld läßt sich nicht durch einen Bewegungszustand ohne Gravitationsfeld ersetzen. Einstein drückte also hier zum erstenmal die Idee der lokalen Wegtransformierbarkeit des allgemeinen inhomogenen Gravitationsfeldes aus.

Eine neue Wendung gab er der Frage der Schwerewirkung der Energie durch Betrachtung der Erhaltungssätze. Wenn ein Körper den Energiezuwachs E erfährt, dann entspricht dem nach der SRT ein Zuwachs der trägen Masse von E/c^2, deshalb verschmilzt ja der Satz von der Erhaltung der Masse mit dem Satz von der Erhaltung der Energie. Wenn die schwere Masse m_g nicht in gleichem Maße wächst, dann brauchte man ja einen eigenen Erhaltungssatz für m_g und es gäbe auch einen eigenen Erhaltungssatz für m_t, was Einstein als sehr unglaubwürdig bezeichnet. So kann man also sagen, daß das Äquivalenzprinzip und die Gravitationseigenschaften der Energie auf die Unvollständigkeit der SRT hinweisen. An dieser Argumentationsstrategie sieht man, wie Einstein immer wieder versucht ist zu begründen, warum die SRT überhaupt überschritten werden muß. Er ist damit weit entfernt von der modernen Wegwerfaxiomatik, wo probeweise immer neue, völlig unmotivierte Ansätze aus der Schublade geholt werden, ohne daß ihre physikalische Notwendigkeit sichtbar gemacht würde.

Quantitativ leitete Einstein in seiner 1911er Arbeit dann folgende Ergebnisse ab:[73] Die Lichtgeschwindigkeit nimmt im Feld mit dem Gravitationspotential φ zu, d. h.

$$c = c_o \left(1 + \frac{\varphi}{c^2} \right).$$

Die Ursache hierfür ist der Einfluß des Gravitationspotentials auf die Bewegung von Uhren. Die Frequenz ν_1, gemessen von einer Uhr in einem Punkt mit $\varphi = 0$, wird dort, wo $\varphi \neq 0$ ist, als Frequenz ν_2 gemessen, wobei

$$\nu_2 = \frac{\nu_1}{1 + \varphi/c^2}.$$

Deshalb müssen die Spektrallinien, die von der Sonne kommen, eine Rotverschiebung der Größe

$$\frac{\nu_o - \nu}{\nu_o} = - \frac{\varphi}{c^2} = 2 \cdot 10^{-6}$$

zeigen, wobei ν_o die emittierte und ν die empfangene Frequenz ist.

Zum Verständnis der späteren Theorie ist es immer wichtig, sich vor Augen zu halten, welche Rolle ein Effekt logisch gesehen spielt. Ohne im Besitz einer ausgearbeiteten Theorie zu sein, leitet Einstein aus speziell relativistischen Überlegungen und dem Einsatz des Äquivalenzprinzipes den neuen Effekt ab. Daß Photonen vom Gravitationsfeld beeinflußt werden, läßt sich schon mit der Energieerhaltung und der Newtonschen Gravitation verstehen.[74] Wenn man sich vorstellt, daß ein Teilchen der Ruhemasse m aus der Ruhestellung im Gravitationsfeld der Stärke g bei Punkt A startet und dann in freiem Fall die Entfernung h zu Punkt B zurücklegt, dann besitzt es eine Gesamtenergie, einschließlich der Ruhemasse, von m + mgh. Tritt nun etwa bei B eine Vernichtung des Teilchens in Strahlung ein, wobei die Ruhemasse und die kinetische Energie in ein Photon derselben Gesamtenergie verwandelt werden, und reist das Photon dann aufwärts im Gravitationsfeld nach A, dann würde es, wenn keine Wechselwirkung mit dem Gravitationsfeld existierte, noch die ursprüngliche Energie im Punkt A besitzen. Stellt man sich dann vor, daß wieder eine Verwandlung in ein anderes Teilchen der Ruhemasse m und der Überschußenergie mgh zum Nulltarif stattfinden würde, dann hätte man eine direkte Verletzung der Energieerhaltung. Deshalb muß das Photon eine Rotverschiebung erfahren. Die Energie des Photons muß abnehmen wie die eines Teilchens, wenn es im Gravitationsfeld emporklettert. Wie wir später noch sehen werden, kommt der Gravitations-Rotverschiebung eine besondere Rolle unter den Testinstanzen zu, denn es läßt sich begründen, wie Schild[75] gezeigt hat, daß eine konsistente Theorie der Gravitation im Rahmen der SRT mit ihrem flachen Minkowski-Raum nicht konstruiert werden kann.

Zum damaligen Zeitpunkt verfügte Einstein noch nicht über eine solche Theorie, wohl aber gewann er eine Aussage über die Ablenkung eines Lichtstrahls, der aus dem Unendlichen kommt und sich im Feld einer gravitativen Punktquelle (1/r − Potential) bewegt. Der Strahl folgt der einfachen Formel

$$\alpha = \frac{2GM}{c^2 \triangle},$$

wobei M die Masse des Himmelskörpers ist, $\triangle$ den Abstand des Lichtstrahls vom Mittelpunkt des Himmelskörpers bezeichnet und G die Gravitationskonstante. Für die Sonne fand er den Newtonschen Wert von 0″,83. Auf den zum relativistischen Wert fehlenden Faktor 2 werden wir noch zurückkommen. Die bisher genannten allgemein relativistischen Effekte, die wir heute so nennen, besaß Einstein also vor der eigentlichen Theorie. Die Äquivalenzbetrachtung brachte somit eine echte Bereicherung für die Physik: «Diese Erfahrung vom gleichen Fallen aller Körper im Gravitationsfelde ist eine der allgemeinsten, welche die Naturbeobachtung uns geliefert hat; trotzdem hat dieses Gesetz in den Fundamenten unseres physikalischen Weltbildes keinen Platz erhalten.»[76] Es ist schon erstaunlich, wie weit allein die Erkenntnis des akzidentellen Charakters eines bestimmten Zusammenhanges führen und wie sie in testbare Konsequenzen umgesetzt werden kann.

Einsteins Strategie zu dieser Zeit bestand darin, die kinematische Betrachtungsweise der SRT weiter auf gleichförmige Beschleunigungen auszudehnen. Eine neue Gravitationsdynamik war noch lange nicht in Sicht, es handelte sich immer noch um beschleunigte Bewegungen im flachen Raum. Erst 1912 gab es die erste kryptische Andeutung, daß die euklidische Geometrie vielleicht eine unzulässige physikalische Voraussetzung wäre. Wenn nämlich in einem rotierenden System wegen der Lorentz-Kontraktion das Verhältnis von Umfang und Durchmesser dieses Systems nicht mehr unbedingt π ist wie in der euklidischen Geometrie, so wäre dies ein Grund, die physikalische Geometrie abzuändern.[77]

Es muß um diese Zeit gewesen sein, daß Einstein einsah, daß die Lorentz-Transformationen nicht mehr für alle physikalischen Anwendungsfälle ausreichen, daß also die Mannigfaltigkeit der äquivalenten Bezugssysteme größer werden muß. Dies offenbart sich schon in seinem ersten dynamischen Ansatz für eine Gravitationstheorie. Auch dieser geht wie die früheren kinematischen Ansätze vom Äquivalenzprinzip aus. Aus diesem folgt, daß c keine universelle Konstante mehr sein kann, sondern vom Gravitationspotential φ abhängt. In seiner Theorie des statischen Gravitationsfeldes schlug er nun vor, daß für das Vakuum $\triangle c = 0$ gelten soll, während er bei Anwesenheit von Materie $\triangle c = kc\varrho$ ansetzt, wobei ϱ die Materiedichte und k eine Proportionalitätskonstante sein soll. Das sind Gleichungen, die im statischen Fall, also für ruhende Massen gelten sollen. Man hat darüber spekuliert, warum Einstein damals nicht die Gleichung $\square\ c = kc\varrho$ vorgeschlagen hat, das wäre eine Lorentz-invariante Gleichung gewesen; aber, so vermutet Abraham Pais, sein Vertrauen in die unbedingte Gültigkeit der Lorentz-Transformation war um diese Zeit schon so erschüttert, daß sie ihm kein Garant mehr war für eine korrekte Physik.[78] Charakteristisch für den Stand der Entwicklung zu diesem Zeitpunkt ist, daß Einstein das Newtonsche Gravitationspotential φ noch für ausreichend hielt, um die Wirkung der Schwere zu erfassen. Aus diesem Grunde arbeitete er hier noch mit einer Skalartheorie.

So waren um 1912 eine Reihe von heuristischen Randbedingungen seiner zukünftigen Theorie zusammengekommen. Es war klar, daß die zu konstruierende Theorie die Rotverschiebung und die Lichtablenkung erklären mußte, daß eine umfassendere Gruppe als die Lorentz-Gruppe vonnöten war, und daß das Äquivalenzprinzip eine lokale Formulierung erhalten mußte. Noch eine weitere Eigenschaft zeichnete sich ab, daß nämlich das Gravitationsfeld selbst ein Energieträger ist, daß es als eigene Quelle wirkt und daß diese Eigenschaft die Nichtlinearität der zukünftigen Gleichungen erzwingen würde.

c) Nichteuklidische physikalische Geometrie

Den nächsten Schritt tat Einstein nicht allein, sondern in Zusammenarbeit mit dem Mathematiker Marcel Grossmann in Zürich. Hier reifte Einsteins Einsicht, und Grossmann half ihm bei der Durchführung, daß die Riemannsche Geometrie das korrekte mathematische Werkzeug der ART sei. Man muß sich die wissenschaftsgeschichtliche Bedeutung des Augenblicks vergegenwärtigen. Die euklidische Geometrie war nun seit 2500 Jahren anerkanntermaßen nicht nur irgendein mathematischer Formalismus, sondern galt gerade als jener, der die Struktur des physikalischen Raumes wiedergibt. Trotz der Tatsache, daß die nichteuklidischen Geometrien schon seit etwa 100 Jahren entdeckt waren, gab es vor Einstein keinen ernsthaften Vorschlag, eine reine nichteuklidische Geometrie zur physikalischen Geometrie zu erheben, d.h. zur Beschreibung des Raumes zu verwenden, in dem die Natur effektiv agiert. Die Idee einer nichteuklidischen physikalischen Geometrie existierte zwar seit Gauß, Riemann und Clifford, war aber trotz Riemanns prophetischer Worte in seiner berühmten Habilitationsvorlesung von 1854[79] nie in eine testbare quantitative Theorie umgesetzt worden.

In dem Vortrag, den Einstein anläßlich der 85. Naturforscherversammlung in Wien hielt, läßt er uns ein wenig in die heuristischen Motivationen Einblick nehmen, die ihn geleitet haben, als er sich zu der Zusammenarbeit mit Grossmann entschloß.[80] Er nannte vier allgemeine Postulate, welche eine künftige Gravitationstheorie erfüllen sollte, die aber nicht unbedingt alle erfüllt sein müssen: die Erhaltung des Impulses und der Energie; die Gleichheit der trägen und der schweren Masse; die Gültigkeit der SRT und zuletzt die Forderung, daß die beobachtbaren Naturgesetze nicht vom Absolutwert des Gravitationspotentials abhängen dürfen. Postulat 1 kommentierte er als praktisch unkontrovers, gestand dann zu, daß das Postulat 3 nicht unbedingt erfüllt sein muß, wie das Beispiel der Gravitationstheorie von Max Abraham zeigte. Ausführlich versuchte er, für die Erfüllung des Postulates 2, also für die Äquivalenz von träger und schwerer Masse, zu argumentieren; hier wies er auch auf die Untersuchungen von Eötvös hin, welcher 1890 zeigte, daß der relative Unterschied beider Massen $< 10^{-7}$ ist. Für das Postulat 4, welches ausdrückt, daß die Relationen zwischen beobachtbaren Größen in einem Laboratorium sich nicht dadurch ändern, daß man das ganze Laboratorium in ein Gebiet mit anderem Gravitationspotential bringt, kann Einstein nur die Einfachheit der Naturgesetze ins Feld führen. Er bezeichnet die Postulate 2–4 auch als ein wissenschaftliches Glaubensbekenntnis. Dies darf man wohl als ein Understatement betrachten, denn immerhin versuchte Einstein ja ganz explizit, rational für diese Postulate zu argumentieren und zu zeigen, daß sie heuristische Randbedingungen für die zukünftige Theorie darstellen.

Bemerkenswert ist in diesem Zusammenhang, daß er dem Eötvösschen Versuch[81] eine parallele Rolle zum Ätherdrift-Experiment von Morley und Michelson zuordnet: «Man sieht, daß in diesem Zusammenhang der Eötvös'sche Versuch eine ähnliche Rolle spielt wie der Michelsonsche Versuch bei der Frage der physikalischen Nachweisbarkeit einer gleichförmigen Bewegung.»[82]

Auf welchem Wege gelangte nun Einstein zur Riemannschen Geometrie? Nicht über den historischen Weg der Lektüre der Riemannschen Schriften, sondern auf systematischem Weg. 1912 war sich Einstein klar, daß eine Skalartheorie der Gravitation mit dem c-Feld, wie wir es oben geschildert haben, unzureichend sei. Sie kann vielleicht Probleme der statischen Gravitation lösen, ist jedoch für die Gravitationsdynamik ungeeignet, d. h. dann unbrauchbar, wenn die Quellen des Gravitationsfeldes relativ zueinander in Bewegung sind. Einstein wußte, daß eine neue Raumzeitstruktur gebraucht wurde, er kannte aber weder Riemanns Arbeiten noch die von Ricci oder Levi-Cività. Der Hinweis auf die moderne Differentialgeometrie der italienischen Schule kam von Marcel Grossmann. Einstein stellte Grossmann die Frage, ob er allgemein kovariante Tensoren kenne, deren Komponenten nur von den Ableitungen der Koeffizienten des Metriktensors $g_{\mu\nu}$ abhängen, wobei die $g_{\mu\nu}$ in der quadratischen fundamentalen Invariante $g_{\mu\nu} dx^\mu dx^\nu$ auftauchen. Die Idee, daß die $g_{\mu\nu}$ die neuen dynamischen Felder darstellen würden, hatte Einstein offensichtlich schon, bevor er die Frage an Grossmann stellte. Das Korrespondenzstück zum Newtonschen Gravitationspotential φ sollten die Komponenten des metrischen Fundamentaltensors $g_{\mu\nu}$ werden. Grossmann wies Einstein darauf hin, daß gerade die Riemannsche Geometrie seine Forderungen bestens erfüllt, denn sie erlaubt jene allgemeinsten Transformationen, die die quadratische Form $ds^2 = g_{\mu\nu} dx^\mu dx^\nu$ invariant lassen. Allerdings machte er ihn auch darauf aufmerksam, daß die Differentialgleichungen der Riemannschen Geometrie nichtlinear seien. Einstein war ob dieser Mitteilung hocherfreut, denn er ahnte ja bereits, daß die Gravitationsgleichungen nicht linear sein dürften wegen der zu erwartenden Selbstwechselwirkung des Feldes. Da das Gravitationsfeld auch selber Energie besitzt, ist es ja partiell seine eigene Quelle, dies kann aber nicht durch lineare Gleichungen aufgefangen werden. Damit stieß Einstein auf den entscheidenden Zusammenhang: Wenn man nichtinertiale Bezugssysteme als gleichberechtigt zuläßt, muß die euklidische Geometrie als Beschreibung des physikalischen Raumes verlassen werden.

Das Ergebnis der Wechselwirkung zwischen Einstein und Grossmann ist die gemeinsame Arbeit von 1913.[83] Der Anteil Grossmanns bestand im wesentlichen darin, die Elemente der Tensoranalysis bereitzustellen, Einstein also zu informieren, welche für die physikalische Beschreibung gültigen Relationen und Elemente in der Riemannschen Geometrie gefunden werden können. Neben der Invarianz des Linienelementes sind dies die Beziehung zwischen dem kovarianten und kontravarianten Metriktensor, ferner die kovariante Ableitung eines kontravarianten Vektors, die wichtige mathematische Tatsache, daß die Christoffel-Symbole keinen Tensor darstellen, weil sie sich anders transformieren, und nicht zuletzt, daß es eine verjüngende kovariante Ableitung, der Divergenz entsprechend, gibt, die später zur Beschreibung der Energie-Impulserhaltung herangezogen werden konnte. Grossmann stieß aber auch auf einen Satz, der Einstein in die Irre führen sollte, nämlich die Tatsache, daß die kovariante Ableitung des Metriktensors verschwindet.[84] Grossmann zeigte Einstein den allgemeinsten Ausdruck für die Raumzeitkrümmung, den Riemann-Christoffel-Tensor $R^{\lambda}_{\mu\nu\varkappa}$, und seine Verjüngung, den Ricci-Tensor $R_{\mu\nu} = R^{\lambda}_{\mu\nu\lambda}$. Angesichts dieser letzten Größe verfehlen die beiden Autoren nur ganz knapp die späteren Feldgleichungen bei Abwesenheit von Materie. Was sie davon abhielt, war ihre Überzeugung, daß hier die Newtonsche Korrespondenz für schwache Felder nicht gefunden werden konnte. Auf eine Relation allerdings verabsäumte Grossmann Einstein hinzuweisen, nämlich auf die berühmte Bianchi-Identität, die seit 1897 existierte und die das Verschwinden einer bestimmten zyklischen Ableitung des Riemann-Christoffel-Tensors ausspricht.[85]

In der physikalischen Deutung der Mathematik Grossmanns versuchte Einstein zunächst so vorzugehen, daß er an seine früheren Resultate über das statische Gravitationsfeld anschloß. Die dortigen Ergebnisse sollten als Grenzfall wiederkehren. Daneben forderte er die allgemeine Kovarianz für die gesuchten Gleichungen. Dies drückt die Ausdehnung des Relativitätsprinzips auf den Fall beschleunigter Bezugssysteme aus. Das Äquivalenzprinzip stellte er bereits in der modernen Form vor, derart, daß es immer eine spezielle Transformation gibt, die die quadratische Form der Riemannschen Metrik lokal auf die Minkowskischen Werte reduziert. Anders ausgedrückt, es gibt immer ein lokales Bezugssystem, in dem das Gravitationsfeld wegtransformiert werden kann. Dieses Bezugssystem kann man sich als ein frei fallendes infinitesimales Labor vorstellen.

Wie gelangte Einstein aber nun von diesen Rahmenbedingungen zu den Feldgleichungen? Wie sieht die Dynamik effektiv aus? Wie koppelt die Materie an die Gravitation an? Was bestimmt den Metrik-Tensor, der die Gravitation enthalten soll? Seinen Gedankenweg kann man unter sparsamster Verwendung der mathematischen Sprache wohl so verfolgen: Die Metrik ist ein symmetrischer Tensor zweiter Stufe. Die Feldgleichungen müssen also Tensorgleichungen zweiter Stufe sein und auch der Materieausdruck muß dann durch einen Tensor zweiter Stufe wiedergegeben werden. Statt der Newtonschen Gleichung $\triangle \varphi = 4\pi G\varrho$ muß der Skalar ϱ durch einen Materieausdruck ersetzt werden, den wir heute mit $T^{\mu\nu}$ bezeichnen. Grossmann hatte ihm gezeigt, daß die Divergenz dieses Tensors verschwindet, womit die Erhaltungsforderung abgedeckt ist, $T^{\mu\nu}_{;\nu} = 0$. Einsteins Vermutung ging nun dahin, daß die Feldgleichungen von der Form sein müssen, daß dieser Materieausdruck mit einem Tensor zweiter Stufe gleichzusetzen ist, der aus der 1. und 2. Ableitung der Metrik gebildet wird. Einen Stolperstein bildete für Einstein nun der früher erwähnte Satz von Ricci, wonach der Gradient der Metrik immer Null ist. Entsprechend seiner früher genannten Forderung sollten die gesuchten Gleichungen doch allgemein kovariant, d. h. in allen Bezugssystemen gültig sein. Weil die kovariante Ableitung der Metrik jedoch immer identisch verschwindet, meinte Einstein, daß die Gravitationsgleichungen invariant gegenüber einer großen Gruppe von Transformationen sein müssen, aber nicht gegenüber der allgemeinen Gruppe. Die Forderung der allgemeinen Kovarianz muß also bezüglich des Gravitationsphänomens wieder fallengelassen werden. In seinem Wiener Vortrag drückt er es so aus: «Das ganze Problem der Gravitation wäre also befriedigend gelöst, wenn es auch gelänge, bezüglich beliebiger Substitutionen kovariante Gleichungen zu finden, welchen die das Gravitationsfeld selbst bestimmenden Größen $g_{\mu\nu}$ genügen. In dieser Weise gelang es uns aber nicht, das Problem zu lösen. Die Lösung gelang aber in der Weise, daß nachträglich wieder das Bezugssystem spezialisiert wurde.»[86]

Grossmann hatte einmal vorgeschlagen, den Ricci-Tensor $R_{\mu\nu}$ als Kandidaten für jenes Aggregat der 1. und 2. Ableitung der Metrik zu wählen, das die Raumzeitstruktur darstellt, dann ließ er sich von diesem Vorschlag aber wieder abbringen, da hier die Newtonsche Korrespondenz nicht erfüllt ist, d. h. der Ricci-Tensor läßt sich nicht auf die Laplacesche Differentialgleichung für schwache Felder zurückführen. Einsteins und Grossmanns Probleme hängen mit der Unkenntnis der Bianchi-Identitäten zusammen und mit der Tatsache, daß die Metrik eben nicht vollständig durch die Materieverteilung festgelegt werden darf, sondern nur bis auf eine beliebige Transformation der Koordinaten. Heute erscheint dies einleuchtend, ein Koordinatensystem ist ein begriffliches Objekt, die Wahl dieses Systems muß frei sein, so frei, wie ein Geograph bei einer Karte die Projektion wählen kann. Ein Koordinatensystem ist ein Netz, dem keine Realität zukommt, deswegen müssen vier von den zehn $g_{\mu\nu}$ abhängig sein und es darf nur sechs unabhängige Gleichungen in der gesuchten Tensorformel geben. Eine Zeitlang empfand Einstein die Einschränkung der allgemeinen Kovarianz nicht als Fehler, doch bald kamen ihm Zweifel, weil seine Feldgleichungen nur kovariant gegenüber linearen Transformationen waren, wo die Heuristik der Theorie doch gerade verlangte, daß ein beschleunigtes Bezugssystem äquivalent einem Gravitationsfeld ist. Wenn das Gleichungssystem nur lineare Transformationen zuläßt, dann widerspricht es doch seiner eigenen Heuristik.

Hier könnte man einwenden, daß es vielleicht nicht so schlimm ist, wenn eine Heuristik nicht voll in der Theorie realisiert wird. Aber es war damals auch schon klar, daß das Kovarianz-Prinzip und das Äquivalenz-Prinzip einen anderen, grundlegenderen Status besitzen als das von Einstein in jenem Stadium seiner Theorie immer wieder erwähnte Mach-Prinzip. Diesen leisen Vorbehalt gegen den dritten Pfeiler seiner Theorie formuliert er 1913 recht explizit: «Um Mißverständnisse zu vermeiden, sei nochmals gesagt, daß ich ebensowenig wie Mach der Ansicht bin, es entspreche die Relativität der Trägheit einer logischen Notwendigkeit. Aber eine Theorie, in welcher die Relativität der Trägheit gewahrt ist, ist befriedigender als die uns heute geläufige Theorie, weil in letzterer das Inertialsystem eingeführt wird, dessen Bewegungszustand einerseits nicht durch die Zustände der beobachtbaren Gegenstände bedingt, also durch nichts der Wahrnehmung Zugängliches verursacht, andererseits aber für das Verhalten der materiellen Punkte bestimmend sein soll.»[87] Damit hat Einstein schon vorgebaut für den Fall, der dann später auch wirklich eintrat, daß die fertige Theorie das Mach-Prinzip nicht einschließen würde.

d) Konkurrierende Entwürfe

Weder die weiteren heuristischen Rahmenbedingungen noch die engeren Postulate können eine Feldtheorie der Gravitation eindeutig bestimmen, und so nimmt es nicht wunder, daß es zur damaligen Zeit eine Reihe von Konkurrenten zu Einsteins Plan gab, eine neue Feldtheorie der Gravitation zu entwerfen. Vorläufer dieser Idee gab es schon im 19. Jahrhundert. Maxwell hatte sich Gedanken über eine Vektortheorie der Gravitation gemacht, sie aber dann nicht weiter verfolgt, weil sie zu Paradoxien führte. Da die Vektortheorien der Gravitation auch noch mit anderen Schwierigkeiten behaftet waren, bemühte man sich dann mehr um Skalartheorien. Max Abraham schloß in seiner Theorie von 1912 an Einsteins Entdeckung an, daß c in einem statischen Gravitationsfeld keine Konstante sein kann. Abraham versuchte dieses Ergebnis auf nichtstatische Felder auszudehnen und wollte die variable Lichtgeschwindigkeit in die SRT einbauen. Die Vereinbarkeit sollte dadurch erreicht werden, daß er die Geltung der Lorentz-Gruppe auf das infinitesimal Kleine beschränkte. Er glaubte an ein absolutes System, in dem das Gravitationsfeld quasistatisch ist.[88] Da Abraham das Äquivalenzprinzip nicht verwendete, gab es für ihn auch keinen Grund, einen gekrümmten Raum einzuführen. Einstein hielt es für völlig unmöglich, eine variable Lichtgeschwindigkeit in eine flache Minkowski-Raumzeit einzubauen. «... Abrahams Theorie gründet sich darauf, daß die Lichtgeschwindigkeit variabel ist, daß sie gewissermaßen ein Maß für das Gravitationspotential sein soll. Trotzdem benutzt er die Form der gewöhnlichen Relativitätstheorie, so daß er da in eine ganz widerspruchsvolle Zwitterstellung kommt. Das ist ein so schwerer Einwand, daß mir jene Theorie ganz unhaltbar erscheint.»[89]

Auch Gustav Mie hatte im Rahmen einer umfangreichen Theorie der Materie eine Gravitationstheorie vorgetragen, in der aber die Äquivalenz der trägen und schweren Masse nicht mit Strenge gilt.[90] Mie versuchte sich abzusichern, indem er darauf hinwies, daß in seiner Theorie die Abweichungen von träger und schwerer Masse noch in Einklang mit der damaligen Meßgenauigkeit von Eötvös ($2 \cdot 10^{-7}$) stehen und selbst mit den neueren Messungen von Pekár und Fekete (10^{-8}) verträglich sind. Er betonte, daß die Abweichungen bei ihm im günstigsten Fall ungefähr 10^{-11} betragen würden. Abgesehen davon, daß heute damit die Mie'sche Theorie schon widerlegt wäre,[91] ist es wiederum aufschlußreich, wie Einstein auf dieses Raufen um Dezimalstellen reagierte. Wenn sich die Identität der trägen und der schweren Masse in so großer Näherung schon bewahrheitet hat, dann ist dies ein Hinweis darauf, so meinte er, sie in die theoretische Entwicklung einzubeziehen. «Das Bedürfnis, für jene Identität eine tiefere Auffassung zu finden, war für mich überhaupt der Anlaß, der zur Beschäftigung mit den Gravitationsproblemen zwang, daneben auch die von Mach verteidigte Ansicht von der Relativität der Trägheit.»[92]

Ausführlicher hat sich Einstein mit der Theorie Nordströms auseinandergesetzt.[93] Nordström hatte gesehen, daß der Hauptpunkt der Diskussion zwischen Abraham und Einstein die Abhängigkeit der Lichtgeschwindigkeit vom Gravitationspotential war. Nordström versuchte nun, eine widerspruchsfreie Gravitationstheorie mit konstanter Lichtgeschwindigkeit aufzubauen, dafür aber nun die Masse vom Gravitationspotential abhängig zu machen. Nordströms Vorschlag war $\Box\varphi = 4\pi \, k\varrho_o$, wobei k die Gravitations«konstante» ist und ϱ_o die Dichte der Materie. Die Masse hängt vom Gravitationspotential ab,

$$m = m_o \, e^{g \cdot \varphi/c^2},$$

mit $g = 4\pi k$. Die Gravitationskraft gewinnt man durch

$$K_\mu = - g\varrho_o \cdot \frac{\partial\varphi}{\partial x_\mu}, \quad \mu = 0, 1, 2, 3.$$

Wenn in diese Theorie das Äquivalenzprinzip eingebaut werden soll, dann kann der Gravitationsfaktor g nicht mehr konstant sein, dann ist g

= g (φ). Einstein beurteilte diese Theorie, die allernächste Konkurrenz zu seiner eigenen, recht positiv. Die Nordströmsche Theorie mit dem skalaren Potential erfüllt auch die vier Bedingungen, die er 1913 in seinem Vortrag in Wien für jede mögliche Gravitationstheorie genannt hatte. Wir wollen jedoch zwei besondere Konsequenzen der Nordström-Theorie herausstellen, die von der Einstein-Grossmann-Theorie abweichen:

1. Das Licht wird im Gravitationsfeld nicht abgelenkt.
2. Wenn große Massen in der Nähe eines Teilchens angehäuft werden, wird dessen Trägheit, d. h. m_t, kleiner.

Gerade dieser letzte, unmachische Zug störte Einstein am meisten. «Zusammenfassend können wir sagen, daß die Nordströmsche Skalartheorie, welche an dem Postulat der Konstanz der Lichtgeschwindigkeit festhält, allen Bedingungen entspricht, die an eine Theorie der Gravitation beim heutigen Stande der Erfahrung gestellt werden können. Unbefriedigend bleibt lediglich der Umstand, daß nach dieser Theorie die Trägheit der Körper zwar durch die übrigen Körper *beeinflußt,* aber doch nicht *verursacht* erscheint, denn es ist nach dieser Theorie die Trägheit eines Körpers desto größer, je weiter wir die übrigen Körper von ihm entfernen.»[94] Noch eine Zeitlang gesteht Einstein der Nordströmschen Theorie Plausibilität zu, gibt aber im gleichen Atemzug zu verstehen, daß sie auf dem alten Vorurteil der Apriori-Gültigkeit des euklidischen Raumes aufgebaut sei. In einer Arbeit mit A. D. Fokker bemühte er sich 1914, die Beziehung zu seiner eigenen Theorie herzustellen.[95] In dieser Arbeit stellte er fest, daß die Nordströmsche Theorie ein Spezialfall der Einstein-Grossmann-Theorie ist mit der Zusatzannahme, daß die Lichtgeschwindigkeit konstant ist. Wendet man den absoluten Differentialkalkül an, dann kann man die Feldgleichungen von Nordström in einer wesentlich durchsichtigeren Form schreiben, R = konst. · T mit dem Krümmungsskalar R, $R = g^{\mu\nu} \cdot R_{\mu\nu}$ und dem Materieskalar T, $T = \eta_{\mu\nu} \cdot T^{\mu\nu} =$ Sp $T^{\mu\nu}$, wobei $\eta_{\mu\nu}$ die Minkowski-Metrik des flachen Raumes ist. Somit war der logische Zusammenhang zwischen beiden Theorien hergestellt, zwischen denen dann nur mehr die Erfahrung entscheiden konnte.

e). Der Schlußstein

Aber auch für Einstein waren noch einige Schritte zu tun, um seine Theorie in die Form zu bringen, wie wir sie heute kennen. Er war inzwischen auf Aufforderung von Planck und Nernst nach Berlin gegangen. Der Krieg war ausgebrochen, doch Einstein ließ sich davon wenig beirren, mit ungebrochener Schaffenskraft strebte er seinem Ziel entgegen. Er fand weitere Teile des Mosaiks, doch gewann er noch immer keine völlige Klarheit über die Gesamtheit des Puzzles. Er legte eine umfangreiche Arbeit vor, in der er die formalen Vorteile der Verwendung beliebiger krummliniger Koordinaten herausstellte und die invariantentheoretischen Methoden des Tensorkalküls pries.[96] Hier fand er zum erstenmal auch die Geodätengleichung, das ist die Bewegungsgleichung eines Punktteilchens, das weder Masse noch Ausdehnung, weder Drehimpuls noch eine sonstige materiale Qualität aufweist. Für diesen Fall ergibt sich eine relativ einfache Verallgemeinerung der klassischen Bewegungsgleichung.[97] Aus ihr kann man in der Approximation für schwache Felder Newtons Gleichung wiedergewinnen. Frühere Testresultate über Rotverschiebung und Lichtablenkung leitete er nun ebenfalls aus der Tensortheorie ab, in bezug auf die Lichtablenkung ist aber immer noch der alte falsche Wert vorhanden, der um den Faktor 2 zu klein ist.

Ein Grundproblem blieb nach wie vor ungelöst, nämlich das der allgemeinen Kovarianz. Noch immer meinte er, daß die allgemeine Kovarianz eingeschränkt werden muß, wenn man in Einklang mit der Forderung nach Kausalität bleiben will, wonach der Metriktensor $g_{\mu\nu}$ eindeutig durch die Quellen, d. h. durch den $T^{\mu\nu}$ festgelegt werden soll. Im Sommer 1915 muß ihm klar geworden sein, daß die alte Gravitationstheorie noch nicht korrekt sein könne. Er selber war sein schärfster Kritiker und sah jetzt ein, daß bei der eingeschränkten Kovarianz nicht einmal das Gravitationsfeld, das einer gleichförmigen Rotation entspricht, von den Feldgleichungen beschrieben wird. Außerdem bemerkte er, daß in der alten Theorie die inzwischen abgeleitete Präzession des Merkur-Perihels, die wir noch besprechen werden, um den Faktor 2 zu klein herauskommt. Einen großen begrifflichen Fortschritt erzielte er, als er erkannte, daß es ein Vorurteil sei, daß die Gravitationsgleichungen den $g_{\mu\nu}$ eindeutig bestimmen müssen und deshalb nur invariant unter linearen Transformationen sein können. In diesem Sinne hatte Einstein sein eigenes Prinzip der Kovarianz mißinterpretiert. Inzwischen hat es sich in der relativistischen Physik durchgesetzt, daß Koordinatensysteme keine physikalische Bedeutung besitzen, daß sie begriffliche Objekte sind, die man willkürlich wählen kann, und daß es eine sehr seltsame Angelegenheit wäre, wenn die dynamischen Gleichungen der Gravitation das Koordinatensystem, in dem die Beschreibung einer physikalischen Situation zu erfolgen hat, gleich mitfestlegen würden.

Einsteins Kampf um das Kovarianzprinzip stellt sich von der heutigen relativistischen Physik aus gesehen wesentlich undramatischer dar. Bereits 1917 hatte Erich Kretschmann den Einwand gebracht,[98] daß allgemeine Kovarianz grundsätzlich keine physikalische Bedeutung besitzt und daß man jede Gleichung in eine Form bringen kann, so daß sie in jedem Koordinatensystem gilt. Einstein hat diese Kritik später akzeptiert,[99] aber den heuristischen Wert dieses Prinzips weiterhin betont.

Inzwischen sieht man die Kovarianz nicht mehr als Konkretisierung des Prinzips der allgemeinen Relativität an, sondern als Ausdruck der mathematischen Tatsache, daß jede physikalische Größe durch ein koordinatenfreies geometrisches Objekt beschrieben werden kann. Physikalische Gesetze sind danach Relationen zwischen geometrischen Objekten. In dieser Form kann die Forderung allerdings nicht mehr als eine trennende Grenze zwischen verschiedenen Theorien angesehen werden. Auch Newtons Gravitationstheorie kann in koordinatenfreier geometrischer Form geschrieben werden.[100] Man kann dann allerdings sehen, daß in geometrischer Form Einsteins Theorie wesentlich einfacher ist als die Newtons. Das Kriterium der Einfachheit ist jedoch, wie wir schon mehrfach bemerkt haben, nicht leicht zu objektivieren. Erfolgversprechender scheint es zu sein, den Sinn der allgemeinen Kovarianz in der Forderung an eine Theorie zu rekonstruieren, daß sie keine absoluten, von der Materieverteilung unabhängigen Objekte enthalten darf, d.h. es darf in einer solchen Theorie keinen Aspekt der Raumzeit geben, der nicht durch eine Veränderung der Quellen der Gravitation beeinflußt wird. Mit einem solchen Kriterium, das undynamische geometrische Objekte verbietet, läßt sich effektiv ein Schnitt zwischen Gruppen von Theorien setzen. Nordströms Theorie z.B. besitzt eine solche primordiale undynamische absolute Hintergrundgeometrie, während Einsteins Theorie das Kriterium erfüllt.[101]

Anfang November 1915 schlug Einstein neue Gravitationsgleichungen vor, in die die allgemeine Kovarianz eingebaut war.[102] Zu diesem Zeitpunkt trennte ihn nur noch eine kleine Restriktion von den endgültigen Gleichungen. Er forderte aus Einfachheitsgründen, daß $\sqrt{g} = 1$, wobei g die Determinante von $g_{\mu\nu}$ ist; dies bedeutet eine Einschränkung auf unimodulare Transformationen. Die jetzigen Gleichungen sind kovariant gegenüber Koordinatentransformationen, deren Funktionaldeterminante an jedem Punkt gleich 1 ist. Er zweifelte jedoch nicht mehr daran, daß die Feldgleichungen das Koordinatensystem nicht festlegen dürfen. Es müssen also vier Relationen offenbleiben. Die neuen Gleichungen lieferten auch einen eindeutigen Anschluß an die Newton-Poisson-Gleichung.

Ehe wir den allerletzten Schritt besprechen, müssen wir noch kurz auf eine wichtige Entdeckung eingehen, die Einstein im gleichen Jahr machte. Er fand nämlich eine neue Erklärung der Merkur-Perihel-Bewegung.[103] Wir haben diese Anomalie aus der klassischen Physik bis jetzt noch nicht erwähnt, weil sie nicht zu den Motivatoren der ART gehört. Einstein war nicht davon überzeugt, daß Newtons Gravitationstheorie deswegen verworfen werden und durch eine bessere ersetzt werden muß, weil sie winzige Residualeffekte nicht erklären konnte.[104] Dennoch wurde Einstein in freudige Aufregung versetzt, als er entdeckte, daß dieser kleine Effekt, den die Newtonsche Mechanik nicht abdecken konnte, von seiner Theorie erklärt wurde. Mit der fast fertigen Theorie konnte er diese Diskrepanz zwischen der klassischen Theorie und der Beobachtung auflösen. Die Anomalie war schon lange bekannt. 1859 hatte Leverrier eine Anomalie in der Merkur-Bahn entdeckt. Er fand, daß das Perihel des Merkur um 38″/Jh. mehr vorrückt, als es dem klassischen Wert nach zu erwarten wäre, daß aber aus der Theorie heraus keine Ursache dafür ersichtlich war.[105] Natürlich konnte man sich Erklärungen ausdenken. Mit einer um 10% höheren Masse der Venus, durch einen intramerkurischen Planeten oder durch einen intramerkurischen Ring von Asteroiden hätte man den Effekt gleich erklären können, aber dies sind natürlich wilde ad hoc-Annahmen, die zu anderen Erfahrungen in Widerspruch stehen und durch nichts gerechtfertigt sind. Der genaue Wert, der zum klassischen Vorrücken des Perihels dazukommt, ist 1882 von Simon Newcomb zu 43″/Jh. bestimmt worden. Die älteren Hypothesen zogen einen Merkur-Mond, interplanetarischen Staub oder sogar die Abplattung der Sonne zur Erklärung heran.[106] Zu den Kuriositäten der Wissenschaftsgeschichte gehört es, daß der vermeintliche Planet innerhalb der Merkur-Bahn sogar mit dem Namen «Vulkan» belegt worden ist und auch schon mehrfach «beobachtet» wurde. Diese Beobachtungen haben sich jedoch nicht weiter reproduzieren lassen und so ist man heute davon überzeugt, daß es sich hier um Täuschungen, optische Effekte, atmosphärische Störungen oder dgl. handelt. Alle diese Erklärungen der Anomalie arbeiteten mit einem strikt gültigen Gravitationsgesetz, bei dem die Schwerkraft mit r^{-2} abnimmt. Es wurden aber auch schwache Veränderungen von Newtons Gesetz vorgeschlagen. Newton selber hatte schon seinerzeit darauf hingewiesen, daß kleine Abweichungen vom Exponenten 2 säkulare Störungen in den Planetenbahnen hervorrufen würden. Diese Vorschläge kleiner Variationen des Exponenten von r waren jedoch ad hoc-Anpassungen, bei denen man einen Parameter passend justierte, ohne sich darum zu kümmern, welche Langzeiteffekte eine solche Abweichung vom r^{-2}-Gesetz haben würde.

Angesichts dieser unbefriedigenden Erklärungssituation ist Einsteins Freude verständlich, daß er nun deduktiv, ohne Zusatzannahmen, eine bekannte Anomalie erklären konnte.[107] Dazu leitete er unter Verwendung der nichtlinearen Gleichungen mittels einer ersten und zweiten Näherung für ein sphärisch symmetrisches materiefreies Feld die Periheldrehungsformel ab, wobei ihm die zweite Näherung dann die Abweichung von der Newtonschen Aussage lieferte,

$$\varepsilon = 24\pi^3 \, \frac{a^2}{T^2 \, c^2(1-e^2)} \; .$$

Die Bahnellipse des Merkur erfährt also in Richtung der Bahnbewegung eine langsame Drehung vom Betrage ε (a ist die große Halbachse, e die

Exzentrizität und T die Umlaufszeit). Es ist wichtig sich klar zu machen, daß die Perihel-Drehung ein typisch nichtlinearer Effekt ist. Die Nichtlinearität ist, was den Theorientypus angeht, das Besondere der ART gegenüber Newtons Theorie. Sie bedeutet, daß das Gravitationsfeld teilweise seine eigene Quelle darstellt, daß zwei Schwerefelder sich nicht einfach vektoriell nach dem Superpositionsprinzip addieren. Dies kann man sich an einem Beispiel vorstellen: Auf den Mond wirken sicher zwei Gravitationsfelder, das der Erde und das der Sonne. Das resultierende Gravitationsfeld entsteht nun nicht einfach durch die Addition dieser beiden Felder, sondern es ergeben sich Zusatzterme, die davon herrühren, daß Gravitationsfelder wiederum Gravitationsfelder erzeugen. Im Jahre 1969 wurde auf dem Mond ein Reflektor für Laserstrahlen aufgestellt. Mit diesem Gerät konnte die Entfernung Erde – Mond bis auf 10 cm genau bestimmt werden und bei dieser Meßgenauigkeit wurden auch die nichtlinearen Effekte sichtbar. Bei der Mondbewegung sind sie momentan bis zu 1% genau bestimmt.

Wenn man noch etwas genauer schaut, ist die Periheldrehung ein nichtlinearer Effekt, der aus zwei Anteilen besteht: Einerseits aus der relativistischen Massenzunahme, weil sich der Merkur bei seiner Bewegung auf einer exzentrischen Ellipse bewegt, und darüber hinaus muß man sich überlegen, daß das Schwerefeld der Sonne selbst wieder Träger von Masseenergie ist und daß dieses Feld auch zur Sonnenmasse mit beiträgt. Damit sind die Quellen des Feldes der Sonne nicht nur in der ponderablen Masse der Sonne fixiert, sondern auch im Außenraum. Dort befindet sich aber der Planet. Der Planet taucht also auf seiner Bahn verschieden tief in die Massenverteilung ein, die diesem Schwerefeld entspricht. Wenn man beide Effekte zusammennimmt, dann erhält man eine exakte Übereinstimmung mit der Beobachtung. Mit Radarexperimenten ist die Periheldrehung heute mit der Genauigkeit $\psi = (1{,}003 \pm 0{,}005)\,\psi_E$ geprüft, was heißt, daß die ART heute in der Sonnenumgebung mit einigen ‰ bestätigt ist.[108]

In der gleichen Arbeit, wo Einstein die Erklärung der anomalen Perihelbewegung des Merkur fand, leitete er auch den richtigen Wert für die Lichtablenkung ab, nämlich die 1″.75 anstatt der 0″.85. Manchmal stecken die Besonderheiten im Detail. Der Faktor 2 ist nämlich begrifflich deswegen so wichtig, weil er ein Indiz für die Raumkrümmung darstellt. Man kann sich das so vorstellen: die Lichtstrahlen erfüllen das Fermatsche Prinzip, in quasiteleologischer Sprechweise heißt das, sie wählen den Weg, der sie am schnellsten zum Zielpunkt bringt. Nun würde aber der Strahl, der ganz knapp an der Sonne vorbeiläuft, wegen der dort vorhandenen Raumkrümmung einen Umweg machen. Die Raumkrümmung kann man sich bildlich so vorstellen, daß die Sonne mit ihrem Gewicht eine Gummimembrane eindrückt. Der Lichtstrahl muß dann der Vertiefung, die die Sonne in dem Gummituch hervorruft, folgen. Er muß also in die Raumkrümmung hineinlaufen und wieder heraus und dies wäre ein Umweg. Deshalb weicht, wieder teleologisch ausgedrückt, der Lichtstrahl aus und deshalb entstehen die 1".75 anstatt der 0".85. Übrigens hat man später noch ein weiteres Experiment gefunden, das eine direkte Messung der Raumkrümmung liefert.[109] Man mißt die Laufzeit von Radarsignalen zu einem Planeten, wobei die Strahlen knapp an der Sonne vorbeilaufen, und fängt sie auf der Erde nach der Reflexion wieder auf. Die Raumkrümmung verursacht nun einen längeren Weg der Radarsignale. Noch ein zweiter Effekt ist hier mit im Spiel, nämlich die Verlangsamung des Uhrenganges in der Sonnennähe: auch sie trägt zu der Verlängerung der Lichtlaufzeit bei. Mit etwa 1‰ Genauigkeit ist die physikalische Geometrie der Sonne, die näherungsweise ein Schwarzschild-Feld ist, heute ausgemessen.

Den letzten Schritt in seiner Theorie tut Einstein am Ende des Jahres 1915. Er läßt die früher genannte Zusatzbedingung fallen und schreibt die Feldgleichungen jetzt in der Form, wie wir sie kennen

$$R^{\mu\nu} - \frac{1}{2} Rg^{\mu\nu} = 8\,\pi\,GT^{\mu\nu}.$$

Eines wußte Einstein allerdings immer noch nicht, nämlich daß die Erhaltungsgleichungen aus den früher genannten Bianchi-Identitäten folgen. Er deutete die Divergenzfreiheit immer noch als Einschränkung. Die beiden Relationen

$$\left(R^{\mu\nu} - \frac{1}{2} Rg^{\mu\nu}\right)_{;\nu} = 0 \text{ und } T^{\mu\nu}_{\;\;;\nu} = 0$$

besagen danach: «Die Feldgleichungen der Gravitation enthalten also gleichzeitig vier Bedingungen, welchen der materielle Vorgang zu genügen hat. Sie liefern die Gleichungen des materiellen Vorganges vollständig, wenn letzterer durch vier voneinander unabhängige Differentialgleichungen charakterisierbar ist.»[110] Den Zusammenhang zwischen den Erhaltungssätzen und den Bianchi-Identitäten hat erst David Hilbert wiederentdeckt. Im November 1915 schrieb Hilbert fast die identischen Gravitationsgleichungen hin. Es gelang ihm darüberhinaus noch, diese Gleichungen von einem Variationsprinzip abzuleiten. Prioritätsprobleme hat es zwischen den beiden, vielleicht mit Ausnahme einer kurzen Verstimmung,[111] trotzdem nicht gegeben. Einstein zitierte in seiner großen abschließenden Darstellung von 1916 die vier Bedingungen, die wir oben angeführt haben, mit dem Hinweis auf Hilbert. Hilbert äußerte sich 1924 in sehr überlegter Weise wie folgt: «Seit der Veröffentlichung meiner ersten Mitteilung sind bedeutsame Abhandlungen über diesen Gegenstand erschienen: ich erwähne nur die glänzenden und tiefsinnigen Untersuchungen von Weyl und die an immer neuen Ansätzen und Gedanken reichen Mitteilungen von Einstein. Indes, sowohl Weyl gibt späterhin seinem Entwicklungsgange eine solche Wendung, daß er auf die von mir aufgestellten Gleichungen ebenfalls gelangte, und andererseits auch Einstein, obwohl wiederholt von abweichenden und unter sich verschiedenen Ansätzen ausgehend, kehrt schließlich in seinen letzten Publikationen geradewegs zu den Gleichungen meiner Theorie zurück».[112]

f) Die Entwicklung der Gravitationstheorie

Das Thema unserer Darstellung sind die physikalischen und philosophischen Leistungen Einsteins, nicht aber alle Weiterentwicklungen, die durch die relativistischen Physiker im Laufe der Jahrzehnte erzielt worden sind. Aber es sollte dennoch klar werden, daß die Aufstellung der Feldgleichungen nur den Beginn einer neuen Gravitationsphysik kennzeichnet, daß jetzt die eigentliche Arbeit bleibt, möglichst viele Anwendungsfälle der Theorie zu finden und zu zeigen, daß sie tatsächlich das leistet, was sie vorgibt, nämlich für alle nur denkbaren Materieverteilungen die zugehörige Raumstruktur zu benennen. Ein paar Andeutungen in bezug auf das Anwendungsproblem mögen hier vielleicht am Platze sein.

Die Frage ist, wie man die Lösungsmannigfaltigkeit der neuen Gravitationsgleichungen findet. Testen kann man nur singuläre Lösungen, nicht allgemeine Gleichungen. Für ganz konkrete Randbedingungen, die einer bestimmten Materiekonfiguration entsprechen, kann man prüfen, ob der Raum die von diesen Gleichungen behauptete Struktur aufweist oder nicht. Aber das Finden von partikulären Lösungen ist keine einfache Aufgabe. Die Feldgleichungen sind ein System von 10 gekoppelten nichtlinearen Differentialgleichungen, unter denen 4 Relationen gelten. Strenge Lösungen wird es demgemäß nur für sehr einfache Materiekonfigurationen geben. Im Jahre 1916 fand Karl Schwarzschild die erste exakte Lösung.[113] Sie betrifft den Fall einer sphärisch-symmetrischen zeitunabhängigen Materieanordnung; das Linienelement hat die Form:

$$ds^2 = - \left(1 - \frac{2M}{r}\right)dt^2 + \frac{dr^2}{1 - \frac{2M}{r}} + r^2(d\vartheta^2 + \sin^2\vartheta d\varphi^2)$$

Diese Lösung ist besonders wichtig geworden, weil alle lokalen Tests Prüfungen dieser speziellen Lösung darstellen. Darüber hinaus konnten im kosmologischen Bereich nur noch Lösungen aus der Klasse der Friedmann-Welten geprüft werden. Die fast zugleich gefundene Lösung von Reissner (1916) und Nordström (1918) für den Fall eines elektrisch geladenen Körpers ist deshalb so schwer zu prüfen, weil fast alle astronomischen Objekte elektrisch neutral sind, und die 1963 von Roy Kerr gefundene axial-symmetrische Lösung für den Fall eines drehenden Objektes ist einer direkten Prüfung momentan noch nicht zugänglich. Überhaupt hielt man lange Jahre die ART für eine begriffliche Revolution, die vielleicht das Newtonsche System auf den Kopf gestellt hatte, die aber nicht viel praktische Relevanz besaß. Dazu kommt, daß die Kosmologie, die ja wohl das wichtigste Anwendungsfeld der Gravitationstheorie ist, gerade in der Frühzeit, das ist also in den 20er und 30er Jahren, ein geringes Ansehen in der physikalischen Fachwelt besaß. Man akzeptierte, daß die Daten von Slipher und von Hubble über die systematische Rotverschiebung von fernen Galaxien gut in die Friedman-Robertson-Walker-Welten paßten, aber diese Art von Bewährung wurde nicht so hoch bewertet wie der Fall einer lokalen Bestätigung, und lange Jahre fanden sich überhaupt keine neuen Testinstanzen, die über die Lichtablenkung, die Gravitations-Rotverschiebung und die Periheldrehung hinausgingen.

Wie wir im nächsten Abschnitt sehen werden, hatte Einstein selbst 1917 seine Theorie auf den Fall einer kosmischen Materieverteilung angewandt. Die erste kosmologische Lösung, eine statische, fand er somit selber, sie brachte auch eine Erweiterung der Feldgleichungen mit sich, hielt empirisch aber nicht sehr lange. Die bis heute am meisten diskutierte Klasse von Lösungen für den kosmologischen Fall stellte Alexander Friedman 1922 und 1924 vor.[114] Es sind globale Lösungen der Feldgleichungen, die ein Universum beschreiben, das homogen und isotrop in räumlichen Richtungen ist, sich aber zeitlich verändert, expandiert oder kontrahiert.

Ein weiterer wichtiger Anwendungszweig der ART kam in den 30er Jahren hinzu, als die relativistische Astrophysik sich zu entwickeln begann. Lev Landau und S. Chandrasekhar leiteten unter Verwendung der Newtonschen Gravitationstheorie die maximale Masse für einen kalten Stern ab.[115] Sie fanden dafür die Größenordnung von $1,2 \, M_\odot$. Die Grenzmasse für die sogenannten Weißen Zwerge wurde unter Einbeziehung der Fermi-Dirac-Statistik für das entartete Elektronengas – der Entartungsdruck stabilisiert den Stern gegenüber der Gravitationswirkung – und speziell relativistischer Effekte in der Zustandsgleichung des Gases berechnet. Es tauchte nun die Frage auf, was passiert, wenn ein Stern diese Grenzmasse überschreitet. Bis zu $3 \, M_\odot$, also für nicht zu massive Sterne, gibt es einen letzten Zustand, der eine Stabilisierung bedeuten kann, nämlich die Phase des Neutronensterns. Dieser wird durch den Druck der entarteten Neutronen und durch die starke Wechselwirkung zwischen den Nukleonen gegen die Gravitationswirkung stabilisiert. Der Energieausstoß beruht nicht auf thermonuklearen Brennvorgängen, sondern auf der Abstrahlung von Rotationsenergie.

Walter Baade und F. Zwicky vermuteten schon 1934, daß die Supernova-Explosionen von massiven Sternen Neutronensterne hinterlassen. In den detaillierten Berechnungen von Oppenheimer und Volkoff von 1939 wurde es deutlich, daß die ART unverzichtbar für eine Erfassung des Sternaufbaus ist.[116]

Die nächste Frage war, was passiert, wenn auch nach einer Supernova-Explosion der resultierende Neutronenstern jenseits der stabilen Grenzmasse liegt. Robert Oppenheimer und Hartlund Snyder bewiesen 1939, daß in diesem Fall der Stern unter seiner eigenen Gravitation bis zu einem Punkt kollabiert.[117]

Mit dem Nachweis von Oppenheimer und Snyder beginnt in der relativistischen Theorie der Sternstruktur ein völlig neues Kapitel, das heute einen eigenen Namen erhalten hat, die sog. Black-Hole-Dynamik. Schwarze Löcher sind Objekte, die ein Spezifikum der Einsteinschen Theorie darstellen. Es sind reine feldtheoretische Objekte, Raumzeit-Entitäten, Gebilde eigener Art, die eine autonome Existenz haben, wenngleich keine Materie in ihnen mehr vorhanden ist, weil diese durch den unaufhaltsamen Druck der Gravitation in die Singularität gezogen worden ist. Einstein selber hat sich nur wenig mit dieser Seite seiner Theorie befaßt, obwohl gerade diese feldtheoretische Konsequenz ihn eigentlich hätte faszinieren müssen, da sie ja gerade die autonome Rolle des Feldes, die er ja immer betont und auch als ein Motiv für die Konstruktion einer alternativen Gravitationstheorie betrachtet hatte, extrem herausstellt. Einstein schrieb 1939 eine Arbeit, in der er zu beweisen suchte, daß kollabierte Objekte nicht existieren können.[118] Es zeigte sich an mehreren Stellen, daß Einstein sich relativ konservativ gegenüber exotischen Konsequenzen der eigenen Theorie verhielt. Auch noch später, als Kurt Gödel 1949 rotierende kosmologische Lösungen fand, bei denen echte Kausalitätsverletzungen vorkommen,[119] suchte Einstein nach Gründen, um diese schnell als echte Kandidaten für eine physikalische Beschreibung ausscheiden zu können.[120] Trotz der genannten Ergebnisse ging der Einsatz der ART in der Astrophysik zuerst relativ langsam vor sich; dann aber zeigte sich mehr und mehr, daß die Struktur und Entwicklung vieler Sternsysteme entscheidend von relativistischen Effekten bestimmt waren.

Einen neuen Aufschwung in der relativistischen Astrophysik brachte 1963 die Entdeckung der Quasare. Das sind sehr ferne, kompakte Objekte, die einen hohen Fluß an Licht- und Radiowellen zeigen. Dafür brauchte man neue Energieausstoßmechanismen. Es war denkbar, daß in starken Massenkonzentrationen mit hohen Gravitationsfeldern Materie einfällt, sich dabei aufheizt und Energie abstrahlt. Dies ist jedenfalls die bis heute bevorzugte Hypothese geblieben. Im Kern solcher Massenkonzentrationen könnten schwarze Löcher sitzen, die diese starken Felder erzeugen. Auch die Hypothese der Neutronensterne fand bald eine An-

2. Allgemeine Relativität 159

wendung, als 1968 A. S. Hewish die sogenannten Pulsare entdeckte und Tommy Gold den Vorschlag machte, diese als rotierende Neutronensterne zu deuten. Vor der empirischen Bestätigung ist es nie klar, ob eine theoretische Konsequenz einer Theorie einfach nur zur Überschußbedeutung gehört, von der die Natur keinen Gebrauch macht, oder ob es die von der Theorie vorausgesagten Dinge und Prozesse effektiv gibt. Ab 1972 wurde die Existenz schwarzer Löcher immer plausibler. Dem ersten Schwarzlochkandidaten Cyg X−1, durch Riccardo Giacconi vorgeschlagen,[121] folgten bald weitere, und heute sind die stellaren schwarzen Löcher zu einem festen Bestandteil der astrophysikalischen Ontologie geworden.

Mit einem weiteren seltsamen Effekt, der mit der gekrümmten Raumzeit zusammenhängt, hat sich Einstein kurze Zeit selber befaßt, nämlich mit dem sogenannten Gravitationslinseneffekt.[122] Der gekrümmte Raum wirkt in gewissem Sinne wie eine Linse mit großer Brennweite. Einstein selber hielt diesen Effekt noch für untestbar, aber 1979 entdeckte man einen Doppelquasar namens 0957 + 561A,B, der sich aufgrund dieser theoretischen Deutung als Doppelbild eines einzigen Quasars enthüllte. Eine dazwischenliegende Galaxis wirkt als Gravitationslinse und sorgt dafür, daß das Licht, das von diesem fernen Objekt kommt, in zwei Bilder aufgespalten wird.

Alle diese Ergebnisse sind heute Gegenstand intensiver Forschung. Die relativistische Astrophysik, also die Erforschung stellarer und galaktischer Objekte unter Zugrundelegung der Gravitationstheorie von Einstein, ist ein ungeheuer dynamischer Forschungsbereich. Wir wollen hier nur noch zwei Problemkomplexe anschneiden, die unmittelbar mit Einsteins Forschungen zusammenhängen, das Thema Gravitationswellen und das Thema Kosmologie.

g) Gravitationswellen

Eine historische Parallele drängt sich sofort auf: Im Jahre 1888 entdeckte Heinrich Hertz die elektromagnetischen Wellen und verifizierte damit den Nahwirkungscharakter dieser Wechselwirkung. Gravitationswellen sind das direkte Analogon dazu, nämlich die periodische Ausbreitung von Störungen im Raumzeitfeld, aber wegen der Schwäche der Gravitationswechselwirkung, relativ zum Elektromagnetismus,[123] ist ein Experiment vom Typ dessen, wie es Hertz ausgeführt hat, bisher nicht möglich gewesen. Ein direkter Nachweis der Gravitationswellen fehlt. Wir können sie nicht einfach auf der Erde herstellen, es kommen nur astrophysikalische Quellen in Frage, exotische, gewaltsame Phänomene müssen ablaufen, etwa der Kollaps von massereichen Sternen zu Neutronensternen, Supernova-Explosionen, oder die Entstehung von schwarzen Löchern. Bei diesen Vorgängen sollten Gravitationswellen ausgesandt werden. Diese könnten im Prinzip durch Gravitationswellen-Antennen entdeckt werden. Solche Antennen sind verbesserte Formen von Detektoren, die Joseph Weber, der Pionier auf diesem Gebiet, schon vor Jahren konstruiert hatte. Sie könnten in einem Bereich von 100 Hz bis 10 kHz suchen.[124] Die Hoffnung, die damit verbunden wird, ist zweifacher Art: Es geht darum, nicht nur eine ganz wichtige Voraussage der Einsteinschen Theorie zu prüfen, sondern damit auch eine neue Art der experimentellen Astronomie zu begründen, die neben der Neutrino-Astronomie einen zusätzlichen Informationskanal in die Tiefen des Weltraumes bereitstellt. Wenn nämlich Gravitationswellen durch Materie laufen, streuen sie noch weniger, werden noch weniger absorbiert als die Neutrinos. Die Erforschung dessen, was innerhalb superdichter Materie passiert, z. B. im Kern einer Supernova, in Neutronensternen, in der Nähe von schwarzen Löchern, muß durch einen Informationsträger geschehen, der einen ganz kleinen Wechselwirkungsquerschnitt mit dieser Materie besitzt.

Die erste Erwähnung einer Gravitationswelle ist vermutlich bei Poincaré 1905 zu finden («onde gravifique»), der ja, wie wir gehört haben, nach einer Lorentz-invarianten Gravitationstheorie suchte und dem die Idee vorschwebte, daß sich die Gravitationswechselwirkung mit Lichtgeschwindigkeit im Sinne einer Nahwirkungstheorie ausbreitet. Die ersten quantitativen Ideen wurden von Einstein selber 1916 geäußert.[125] Er befaßt sich allerdings nur mit der einfachsten Form der Gravitationswellen, die sich im Fall einer linearen Approximation für schwache Felder ergibt. Wie wir später noch erwähnen werden, kommen in der vollen nichtlinearen Theorie Zusatzeffekte hinzu, die aber wiederum vom Gedanken der Autonomie des Feldes her interessant sind. Einstein setzte 1916 die Näherung $g_{\mu\nu} = \eta_{\mu\nu} + h_{\mu\nu}$ an, wo dann $\eta_{\mu\nu}$ die Minkowski-Metrik ist und $|h_{\mu\nu}| \ll 1$ sein soll. Für den quellenfreien Fall kann man nun eine Größe konstruieren, $h'_{\mu\nu} = h_{\mu\nu} - \frac{1}{2} \eta_{\mu\nu} \cdot h^{\alpha}_{\alpha}$. Für diese Größe läßt sich eine Wellengleichung formulieren, $\Box \, h'_{\mu\nu} = O$. Diese Gleichung gilt in einem Koordinatensystem, in dem die Eichbedingung $h'_{\mu\nu, \, \nu} = O$ erfüllt ist. Einsteins Ansatz für schwache Gravitationsfelder, wo die Wechselwirkung der Welle mit dem metrischen Hintergrund vernachlässigt wird, wo die Welle sich also einfach im flachen Hintergrundraum ausbreitet, zeigt, daß die Gravitation sich in Wellenform mit Lichtgeschwindigkeit ausbreitet. Von den 10 Größen $h'_{\mu\nu}$ haben nur 2 Komponenten eine unabhängige physikalische Bedeutung. Man kann sich die Lösung als eine ebene Welle mit zwei Freiheitsgraden in der Amplitude vorstellen, also mit zwei Polarisationsrichtungen.

Unklar war eine Zeitlang die Frage der Quellen. Wer oder was sendet nun Gravitationswellen aus? Einstein glaubte am Anfang noch, daß ein permanent sphärisches System, z. B. die rotierende Sonne, Gravitationswellen emittieren kann. Erst 1918 fand er, daß ein System dafür ein Quadrupolmoment besitzen muß, eine Abweichung von der Kugelform.

Ein rotierender Stern würde Gravitationswellen aussenden, wenn er etwa eine Abplattung besäße, also die Form eines Stückes Seife hätte.[126] Einstein gab auch eine Formel an, mit der man den Energieverlust des mechanischen Systems berechnen kann, wenn es Gravitationswellen aussendet, es ist die sogenannte Massenquadrupolformel.

Es war lange Zeit strittig, ob Gravitationswellen überhaupt physikalisch real seien und, wenn dies der Fall wäre, ob Einsteins Quadrupolformel der korrekte Ausdruck für die dynamischen Vorgänge in der Astrophysik sei. Selbst Einstein schwankte kurzfristig und das entscheidende Ergebnis zu diesem Problem ist auch erst nach seinem Tode gefunden worden. 1962 konnte die Frage beantwortet werden, ob Gravitationswellen wirklich Energie von dem gebundenen System in den asymptotisch flachen Raum transportieren. Hermann Bondi, van den Burg und Metzner haben bewiesen, daß die Masse eines Systems, gemessen im Unendlichen, abnimmt, wenn das System Gravitationswellen aussendet.[127] Ein verstärktes Vertrauen in Einsteins Quadrupolformel wurde durch die Entdeckung des Doppelsternsystems mit dem Pulsar PSR 1913 + 16 im Sternbild des Adlers geweckt.[128] Die Veränderung der Periode dieses Systems durch Energieverlust aus Gravitationsstrahlung paßt in die Einsteinsche Formel mit einer Genauigkeit von $\psi_{beob.} = \psi_E \cdot$ (1.04 $\pm$ 0,13). Mit dieser Genauigkeit kann man nun behaupten, daß indirekt Gravitationswellen festgestellt wurden. Auf der anderen Seite bleibt die direkte Beobachtung eine Aufgabe für die Technologie der 90er Jahre.

Das von Taylor und seinen Mitarbeitern entdeckte Binärsystem erlaubte eine Prüfung der Einsteinschen Aussagen in einer bisher unbekannten Form. Dieses Binärsystem, das aus zwei Neutronensternen besteht, vermutlich einem Neutronenstern und einem Pulsar, gestattet die Kontrolle eines speziell relativistischen Prinzipes.[129] Hier kreisen nämlich zwei Sterne sehr schnell umeinander. In 8 Stunden läuft ein Pulsar um seinen Begleiter. Seine Geschwindigkeit ist ein beträchtlicher Teil der Lichtgeschwindigkeit. Der Pulsar emittiert eine extrem präzise Folge von schnellen Radio-Pulsen, die Frequenz wurde mit der Genauigkeit von $5 \cdot 10^{-12}$ gemessen. Der Pulsar hat also eine Präzisionsuhr eingebaut. Diese Uhr ermöglicht nun die Messung relativistischer Aussagen. Auf seiner Bahn nähert sich der Pulsar der Erde und entfernt sich wieder. Hinge nun die Geschwindigkeit der Radio-Pulse von der Geschwindigkeit der Quelle ab, dann müßten die Pulse bei Annäherung schneller laufen als bei der Entfernung des Pulsars. Da die Entfernung zum Binärsystem etwa 16000 Lj. beträgt, würden bei dieser Entfernung sich nähernde Radio-Pulse Hunderte von Jahren früher als die sich entfernenden Pulse ankommen. Anstatt des regulären Umlaufs des Pulsars müßten dann die Astronomen ein Gemenge von Pulsen aus verschiedenen Umlaufabschnitten sehen. Auch die winzigste Abhängigkeit der Lichtgeschwindigkeit von der Bewegung des Pulsars würde sich bemerkbar machen, aber nichts von alledem wird beobachtet. Somit liefert dieses Doppelsternsystem nicht nur einen Bewährungsfall für die allgemein relativistische Konsequenz der Gravitationswellen, sondern es testet auch in einer sehr direkten Weise eines der Grundpostulate der SRT.

Eine ergänzende Bemerkung müssen wir der Vollständigkeit halber noch zum Thema Gravitationswellen anfügen. Bis jetzt haben wir die Ausbreitung der Krümmungseigenschaften der Raumzeit nur in der stark idealisierenden Form der linearisierten Theorie betrachtet. In der vollen nichtlinearen Theorie muß man berücksichtigen, daß die Hintergrundraumzeit durch die Energie der Wellen gekrümmt wird.[130] Nur im linearisierten Fall kann man von einer gleichförmig schwingenden Quelle ausgehen, die streng periodische Gravitationswellen abstrahlt. Die realiter vorliegende Nichtlinearität besagt, daß wegen der Energieerhaltung Dämpfungsvorgänge einsetzen müssen. Die Energie der Quelle nimmt somit ab, weil die Strahlung Energie wegtransportiert. So kann die Periodizität in exakter Form nicht mehr gegeben sein. Darüberhinaus ist das wirkliche Universum ja nicht leer, bzw. nur von der Energie der Gravitationswelle erfüllt. Die vorhandene Materie sorgt für eine Raumzeitkrümmung, durch die sich die Gravitationswelle durcharbeiten muß. Diese erfährt dabei eine Brechung (d.h. ihre Wellenfronten werden verformt), die Wellenlänge ändert sich (d.h. es ergibt sich eine Gravitations-Rot-Verschiebung) und sie wird an den vorhandenen Krümmungen gestreut. Qualitativ ändert sich also an der Erscheinungsform der Gravitationswelle sehr viel, wenn man die reale Vielfalt der Natur und den in Strenge nichtlinearen Charakter der Gravitationswechselwirkung einbezieht. Es ist nicht notwendig zu betonen, daß alle diese Voraussagen von Einsteins Theorie noch auf ihre Bestätigung warten.

h) Kosmologie, Gravitation und Antigravitation

Es war schon Newton bekannt, daß die Welt im Großen von der Gravitation beherrscht wird, und so war es klar, daß sich Einstein ziemlich bald, nachdem er die endgültige Form der Feldgleichungen gefunden hatte, auf die Suche nach globalen Lösungen machte. Schon im Jahre 1917 versuchte er, seine Feldgleichungen auf die Welt im Großen anzuwenden.[131] Einstein geht bei seinen Überlegungen von der Newtonschen Theorie aus. Wenn man Newtons Gleichung $\Delta\varphi = 4\pi G\varrho$ auf einen unendlichen euklidischen Raum anwendet, ergibt sich das sogenannte Gravitationsparadoxon. Newton glaubte, daß man den Kosmos am ehesten theoretisch erfassen kann, wenn man das Modell verwendet, wonach unendlich viele Körper im unendlichen Raum homogen verteilt sind. Wenn man annimmt, daß alle diese Körper zueinander in Ruhe sind, dann ist eine solche Anordnung stabil, weil es eben keinen bevorzugten Kondensationspunkt gibt, in Richtung auf den die Materie sich zusammenballen könnte. Wie jedoch spätere Analysen ergeben haben, wird das Gravitationspotential bei einer solchen Anordnung in jedem Punkte unendlich, d.h. die auf einen Körper wirkende Gravitationskraft ist nicht mehr definiert. Es war allerdings bereits in der vorrelativistischen Zeit die begriffliche Möglichkeit bekannt, daß die Gravitationsanziehung in großer Entfernung schwächer wird. Das kann man dadurch erreichen, daß man zur klassischen Gleichung noch einen sogenannten kosmologischen Term hinzufügt, die Gleichung also verändert, so daß sie $\Delta\varphi = 4\pi G\varrho + \lambda\varphi$ lautet. Analog verfährt Einstein; er setzt in seine Grundgleichungen einen neuen Term ein, der die Balance zur Gravitationsanziehung liefern soll. Die Feldgleichungen heißen dann

$$R_{\mu\nu} - \tfrac{1}{2}\,Rg_{\mu\nu} + \lambda\,g_{\mu\nu} = 8\pi\,GT_{\mu\nu}\,.$$

Ein positives λ in dieser Gleichung liefert nun eine Repulsion oder Antigravitation, die der kosmischen Attraktion entgegenwirkt. Die Antigravitation hat nicht nur die uns fremde Eigenschaft, die Materie auseinanderzutreiben, sondern die fast noch schwerer verständliche Eigenschaft, daß die Stärke der Repulsion mit der Entfernung anwächst, während die normale Gravitation ja mit der Entfernung abnimmt. Daraus wird allerdings klar, daß diese Zusatzkraft in kosmischen Bereichen an Bedeutung gewinnen muß.[132] Einsteins Motivation für λ gründete im Mach-Prinzip, das er in seiner kosmologischen Abhandlung so formuliert: «In einer konsequenten Relativitätstheorie kann es keine Trägheit *gegenüber dem ‹Raume›* geben, sondern nur eine Trägheit der Massen *gegeneinander*».[133] Betrachtet man die einfachen Feldgleichungen mit den lokalen Lösungen, wie sie z.B. von Schwarzschild gefunden worden waren und die man für die Planetenbewegungen braucht, so sind sie dadurch gewonnen worden, daß man annimmt, daß fern von den Planeten die Metrik flach ist. Dies widerspricht aber, wie man sofort sieht, dem Mach-Prinzip. Die Flachheitsforderung bedeutet, daß die Trägheit eines Körpers durch die Materie beeinflußt, aber nicht durch sie bestimmt wird. Wenn man nun den λ-Term in die Feldgleichungen einführt, gestatten diese eine Lösung, bei der der Raum sphärisch ist, also eine konstante positive Krümmung besitzt, aber von der kosmischen Zeit unabhängig ist. Man nennt dies auch das Zylinder-Universum. Das Mach-Prinzip ist dann in dem Sinne erfüllt, daß es ohne Materie keine Trägheit gibt, weil die Feldgleichungen mit kosmologischem Term $\lambda \neq 0$ keine Lösung für $\varrho = 0$ besitzen. Im Zylinder-Universum gilt dann $\lambda = 1/R^2 = 4\pi G\varrho/c^2$.

Dieses Modell ist, wie Newtons Raumzeit, unendlich in zeitlicher Erstreckung, aber die Raumschnitte durch die Raumzeit sind geschlossene 3-Räume. Einstein glaubte zuerst, daß das Zylinder-Universum das einzige nichtsinguläre kosmologische Modell mit $\lambda > 0$ sei, das die Feldgleichungen zulassen. Er war sehr enttäuscht, als Willem de Sitter eine Lösung der Feldgleichungen mit $\lambda \neq 0$, aber mit $\varrho = 0$ fand, also eine Vakuumlösung, in der die Testpartikel die Eigenschaft haben, sich mit wachsender Geschwindigkeit voneinander zu entfernen.[134] Diese Zerstreuungstendenz des sogenannten de Sitter-Universums ist eine typisch antimachische Eigenschaft, denn es ist ja gerade eine innere Qualität der leeren Raumzeit, die hier die Trägheit liefert. Die Trägheitsbewegung wird in einer solchen Lösung nicht durch irgendwelche fernen Massen bestimmt, diese existieren in dieser Welt ja gar nicht.

1922 zeigte dann Alexander Friedmann dem zunächst ungläubigen Einstein, daß seine Gleichungen nichtstationäre Lösungen zulassen. Damit ist natürlich die eigentliche Motivation für die Einführung des λ-Termes verlorengegangen, denn diese Gegenkraft zur Gravitation für die Stabilisierung des statischen Universums wird nicht mehr gebraucht. Einstein versuchte schnell, den kosmologischen Term wieder zurückzunehmen, vor allem als sich die empirischen Daten häuften, daß das reale Universum tatsächlich gar nicht statisch ist, sondern sich in einem Prozeß der Expansion befindet. Aber die Idee des kosmologischen Gliedes ließ sich nicht so einfach aus der Welt schaffen, sie führt seitdem ein Eigenleben und hat verschiedene Deutungen erfahren. Einstein konnte auch keinen befriedigenden Apriori-Grund anführen, daß λ unbedingt 0 sein muß.

Die modernen Quantenfeldtheorien fordern, daß ein solcher Term vorhanden ist, sie weisen sogar darauf hin, daß dieser Term möglicherweise zeitabhängig ist. Die Antigravitation hat eine neue Rolle in den großen einheitlichen Theorien erhalten. Wenn diese nur näherungsweise stimmen, dann gab es in der Frühzeit des Universums eine Ära, wo das Universum völlig durch Antigravitation beherrscht war. Im Rahmen des sogenannten inflationären Szenariums, das durch eine spontane Brechung der ursprünglichen Symmetrie gekennzeichnet ist, ergibt sich ein Gravitationseffekt. Wenn die Symmetrie des ursprünglichen Higgs-Feldes gebrochen wird, wird eine starke λ-Konstante erzeugt.[135] Der Wandel in der physikalischen Semantik von λ, von Einsteins kosmologischen Betrachtungen von 1917 bis zu den modernen «Grand Unified Theories», zeigt, wie wenig abgeschlossen man sich den Bezug einer Theorie zu den realen Gegebenheiten vorstellen darf. Die Referenz einer Theorie ist nichts mit ihrem ersten Entwurf ein für allemal starr Gegebenes, sondern etwas, das der Forschung und der dauernden Erweiterung unterworfen ist.

i) Das Mach-Prinzip

Während uns die jüngste Entwicklung der Kosmologie in diesem Zusammenhang nicht weiter beschäftigen kann, soll eine Idee, die schon mehrfach angeklungen ist und die Einstein sehr am Herzen lag, noch einmal zur Sprache kommen, nämlich das Prinzip von Mach. Daß dieses Prinzip einige Dunkelheiten besitzt, schwer zu fassen ist und wohl ein großes semantisches Spektrum hat, hat schon J. A. Wheeler in dem Stabreim ausgedrückt: «Mystic and murky is the measure many make of the meaning of Mach.»[136] Ohne auf die historischen Zusammenhänge tiefer einzugehen,[137] kann man einsehen, daß Mach aus seiner Analyse der Newtonschen Mechanik zwei Anforderungen an eine Mechanik herausfiltert, einerseits eine kinematische Relativität der Bewegung und auf der anderen Seite die dynamische Relativität der Bewegung. Die erste drückt aus, daß jede Bewegung nur eine Relativbewegung gegenüber anderen Körpern sein kann, niemals gegenüber dem Raum, denn eine solche wäre grundsätzlich unbeobachtbar. So kann das galileische Trägheitsgesetz nur eine gradlinige, gleichförmige Bewegung gegenüber den Massen des Weltraumes ausdrücken. Die dynamische Relativität der Bewegung formuliert den Einfluß aller Massen auf die Trägheitsbewegung des einzelnen Körpers. Hier erhalten nun die fernen Massen einen anderen Status. Bei der kinematischen Betrachtung waren sie nur Beobachtungsmarken, jetzt üben sie auf die lokalen Körper einen Einfluß aus. Bezüglich der Gesetzlichkeit der Einflußnahme ist bei Mach keine feste Hypothese zu finden, es gibt nur eine Andeutung, daß der Einfluß proportional dem Abstand wäre. Die vielen fernen Massen wirken also stärker als die wenigen nahen Körper. Diese Grundidee wurde auch in späteren Realisierungen des Mach-Programmes, z. B. von Dennis William Sciama, aufgegriffen.[138]

Einstein verwandelt nun die Machschen Ideen im Sinne der Relativität der Trägheit. Die Trägheit eines Massenpunktes resultiert aus der Wechselwirkung mit anderen Massenpunkten der Welt. Dies kommt auch in seinem berühmten Brief vom 25. 6. 1913 an Ernst Mach zum Ausdruck. Darin sagt er: «... denn es ergibt sich mit Notwendigkeit, daß die Trägheit in einer Art Wechselwirkung der Körper ihren Ursprung hat.»[139] Damals sah Einstein das Mach-Prinzip in der Relativitätstheorie näherungsweise in den 3 Effekten der linearisierten Theorie realisiert:

1. Die Trägheit eines Körpers wird größer, wenn gravitierende Massen in der Nähe angehäuft werden.
2. Ein Körper wird beschleunigt, wenn Nachbarkörper beschleunigt werden (Induktion von Trägheitskräften)
3. Ein rotierender Hohlkörper muß im Innern ein Coriolis- und ein Zentrifugalfeld erzeugen.

Es ist wichtig zu berücksichtigen, daß alle 3 Effekte Konsequenzen der linearisierten Theorie sind, welche aber einen unkosmologischen Zug besitzt, da sie als Grundmetrik die pseudoeuklidische, flache Minkowski-Metrik verwendet.

Den Namen und die kosmologische Form des Mach-Prinzipes prägt Einstein 1918 für die Forderung, daß das metrische Feld durch die Materie restlos bestimmt ist. Man nennt dies heute auch das *starke* Mach-Prinzip: «Das G-Feld ist restlos durch die Massen der Körper bestimmt.»[140] Entscheidend ist hier das Wort «restlos». Es liefert die begriffliche Trennung vom *schwachen* Mach-Prinzip, bei dem nur eine Mitbestimmung vorliegt. Beide Fassungen lassen noch Spezialisierungen zu. So läßt sich das starke Prinzip in einer feldtheoretischen Weise fassen, z.B.: «Ohne gravitierende Materie gibt es kein Gravitationsfeld.» Oder man kann es im Teilchenbild ausdrücken, wo es die Form annimmt: «Wenn eine Masse von allen anderen räumlich genügend entfernt ist, verschwindet ihre Trägheit.» Will man die feldtheoretische Form mathematisch umsetzen, so lassen sich immer noch verschiedene Forderungen unter dem starken Mach-Prinzip begreifen, so etwa eine Degeneration der Metrik, was heißt, daß ohne Materie ($T_{\alpha\beta} \to 0$) alle Komponenten der Metrik verschwinden ($g_{\alpha\beta} \to 0$), oder als ein Übergang zum flachen Raum, d.h. wenn $T_{\alpha\beta} \to 0$, dann geht $g_{\alpha\beta} \to \eta_{\alpha\beta}$ bzw. $R^{\alpha}_{\beta\lambda\delta} \to 0$. Nicht zuletzt kann das Mach-Prinzip auch in der Weise rekonstruiert werden, daß keine Vakuumfeldgleichungen (vom Typ $R_{\alpha\beta} = 0$) auftreten dürfen.

Diese Vieldeutigkeit zeigt an, daß das Mach-Prinzip keine scharf umrissene Idee, sondern eine Vorstellung ist, die mehrere Explikationen zuläßt. In der Wissenschaft war es allerdings nie ein Schaden, wenn unscharfe Intuitionen durch Einschränkung des semantischen Spektrums zu fruchtbaren Hypothesen umgewandelt worden sind. So kann die Mehrdeutigkeit allein kein Einwand gegen den Gebrauch *einer* verschärften Version sein. Einstein rückte später vom Mach-Prinzip ab, weil er einsah, daß sich in der ART höchstens eine schwache Form durchhalten ließ derart, daß $g_{\alpha\beta}$ durch den $T_{\alpha\beta}$ *und* geeignete Randbedingungen bestimmt ist. Dies bedeutet, daß die Metrik bei gegebenem Materietensor als Lösung der Differentialgleichungen nur im Verein mit räumlichen und zeitlichen Randbedingungen bestimmt ist.

Heute muß die Schwierigkeit, das Mach-Prinzip in einer seiner verschiedenen Formen in die ART zu inkorporieren, wohl auf eine ontologische Wurzel zurückgeführt werden. Mach ging nämlich seinerzeit davon aus, daß die Gravitation eine Fernkraft sei und daß die primäre Realität in diskreten makroskopischen Objekten bestehe. Aufgrund der ART kommt nun eine neue Entität hinzu, das metrische Feld, das gleichberechtigt neben die ponderable Materie tritt. Die Verschränkung von beiden Entitäten verstärkt die Problematik, Trägheitseigenschaften als durch makroskopische Körper verursacht anzusehen. Dies wird schon deutlich, wenn man sieht, daß in Einsteins Theorie nicht mehr streng zwischen Geometrie und Materie getrennt werden kann. Für die wenigsten Systeme kann der $T_{\alpha\beta}$ ohne Hilfe des $g_{\alpha\beta}$ angegeben werden. Um nur ein Beispiel anzugeben, sei der Fall der homogenen und isotropen kosmischen Materieverteilung herausgegriffen. Der Materietensor hat in diesem Falle die Form $T_{\alpha\beta}^{\text{kosm. Mat.}} = (\varrho + p)\, u_\alpha u_\beta + p g_{\alpha\beta}$. Aus seiner Gestalt kann man ablesen, daß in diesem sehr gebräuchlichen Fall einer homogenen Materieverteilung die raumzeitliche Struktur bereits in die Bestimmung jener Größen eingeht, die *Ursache* für die überall vorhandenen Trägheitseigenschaften eines Probeteilchens sein sollen. Noch deutlicher wird der Konflikt, wenn man Einsteins späten Feldmonismus zugrunde legt, bei dem der $T_{\alpha\beta}$ rein aus der komplizierten Raumzeitstruktur heraus konstruiert werden soll. Hier wird die Unmöglichkeit, daß die fernen Massen die lokalen Widerstände der Körper gegenüber Beschleunigungen festlegen, besonders augenfällig. Auch die moderne Quantenfeldtheorie stört das alte Bild, da das Quant des metrischen Feldes, das Graviton, ebenso als Teilchen zu behandeln ist wie das Photon als Quant des elektromagnetischen Feldes. In die Machsche Ontologie paßt ein Teilchen, das auch Raumzeitstruktur vermittelt, gar nicht hinein. Will man die Möglichkeiten abstecken, die in dieser Situation noch übrigbleiben, ergibt sich, daß man entweder die Gravitationstheorie so abändern muß, daß sie das Mach-Prinzip in einer seiner Versionen einschließt, oder daß man das Mach-Prinzip als Auswahlprinzip verwendet, z. B. im Sinne Helmut Hönls: «Allein unter den Machschen Lösungen der Feldgleichungen können diejenigen Weltmodelle vorhanden sein, welche die faktische Welt mit geringerer oder größerer Genauigkeit approximieren.»[141] Dann allerdings muß die zusätzliche Begründungslast, warum die Welt so beschaffen sein soll, daß sie diesem Prinzip genügt, von den Verfechtern dieser Zusatzhypothese selbst getragen werden.

Das Mach-Prinzip ist ein ausgezeichneter Fall, wo ein Ideenfeld philosophischer Herkunft eine partielle Umsetzung in die Heuristik einer erfolgreichen Theorie gefunden hat. In der ausgearbeiteten quantitativen Form haben sich dann aber die Grenzen dieses intuitiven Gedankenkomplexes gezeigt. Der Urintuition nach liegt dem Mach-Prinzip sicherlich eine Art holistischer Auffassung der Welt zugrunde. Die Trägheit ist nur ein Spezialfall davon, daß die Gesamtheit des Universums einen determinierenden Einfluß auf lokale Vorgänge besitzt. Neuere Formen dieser philosophischen Konzeption sind das Bootstrap-Prinzip in der Teilchenphysik und das Anthropische Prinzip in der Kosmologie. Ihnen allen liegt vermutlich das zugrunde, was Leibniz in seiner Schrift «Prinzipien der Natur und der Gnade auf Vernunft gegründet» so formuliert hat: »Da wegen der Erfüllung der Welt alles verbunden ist, und jeder Körper auf jeden anderen mehr oder weniger wirkt und so durch dessen Reaktion betroffen wird, so folgt, daß jede Monade ein lebendiger oder mit innerer Tätigkeit begabter Spiegel ist, der das Universum gemäß seinem Standort darstellt und ebenso geregelt ist wie das Universum selbst.»[142]

VIII.

Einsteins Weltbild und die gegenwärtige
Orientierung der Physik

Einsteins wissenschaftliche Errungenschaften sind zum großen Teil gegenwärtig gültige Physik. Seine SRT erfährt in regelmäßigen Abständen quantitativ immer bessere Bestätigungen[1] und auch seine ART erhält, etwas langsamer zwar, aber ebenso unaufhaltsam, immer mehr Stützungen. Die meisten seiner Einzeluntersuchungen zur statistischen Physik, zur Quantentheorie und Quantenmechanik sind als integrativer Bestandteil in späteren umfassenderen Theorien aufgegangen. Einsteins Name steht jedoch, wie aus den vorstehenden Kapiteln deutlich geworden ist, nicht nur für ein großes Stück erfolgreicher Physik, sondern auch, wie bei vielen schöpferischen Naturforschern, für eine neue kognitive Orientierung, die der intellektuellen Geographie des 20. Jh. eine bestimmte Gestalt gegeben hat. In einer philosophisch orientierten Darstellung sind es gerade diese allgemeinen Züge seines physikalischen Denkens, die der Fokussierung und Gewichtung bedürfen: Wie sieht dreißig Jahre später die Lage in der Naturwissenschaft aus? Welche von Einsteins Konstruktionsplänen sind weitergeführt und welche aufgegeben worden?

1. Der Zufall heute

Man muß der Verführung widerstehen, in Einstein einen Wissenschaftler zu sehen, der nicht mehr irren konnte. Die Beurteilung, daß eine Idee fehlgeleitet ist, kann aber wiederum nur auf den gegenwärtigen Wissensstand bezogen sein. Niemand kann wissen, ob sub specie aeternitatis gesehen ein Forscher mit einer gescheiterten Idee nicht doch Recht hatte. Einstein hat bis zuletzt an einem Theorientypus gearbeitet, der eine Erweiterung der klassischen Feldtheorie darstellt, derart, daß der Zufall keine konstitutive Rolle spielt. Sein Determinismus ist schon zu Lebzeiten von Karl Popper angegriffen worden.[2] Dieser hat den Determinismus nicht mit zeitgebundenen faktischen Argumenten angegriffen, die die Wahrheit bestimmter Theorien voraussetzen, sondern mit logischen Gründen. Er konnte zeigen, daß der Determinismus nicht nur in der Quantenmechanik, sondern schon in der klassischen Mechanik undurchführbar ist. Wenn wir die innerphysikalische Entwicklung selbst zugrunde legen, so fällt zuerst der Aufschwung der Quantenfeldtheorie in den letzten Jahrzehnten ins Gewicht. Vor allem jener Typ von Theorie, der mit der Symmetrie der Eichinvarianz verbunden ist, hat theoretische und empirische Erfolge gebracht, das Ideal der Vereinheitlichung der Physik weitergetrieben, aber auch neue Teilchen wie das W+, das W− und das Z_o, mit dem Photon die Propagatoren der elektroschwachen Kraft, ans Tageslicht gefördert. Alle diese Theorien haben das Quantenprinzip an der Basis eingebaut, d. h. die für Quantenfelder typischen Heisenberg-Relationen sind immer erfüllt. Einsteins eigene Überlegung, daß der Zufall wieder ausgeschaltet werden könne, wenn man zu umfassenderen Theorien übergeht, hat sich in dramatischer Weise nicht bewährt. Zwar gibt es heute keine allgemein anerkannte Theorie der Quantengravitation, aber man kann Näherungsrechnungen durchführen, die später einmal einer strengen Theorie angegliedert werden könnten. S. W. Hawking, der heute wohl renommierteste relativistische Physiker, hat im Verlauf einer solchen Approximation ein Ergebnis erzielt, das dem Zufall eine noch wesentlich stärkere Rolle zuweist, als Einstein es ahnen konnte.[3] Das Äquivalenzprinzip besagt in anderer Redeweise ja, daß die Gravitation immer an den Energieimpulstensor ($T^{\mu\nu}$) ankoppelt. Aus der Quantenmechanik kann man einsehen, daß die Energie immer positiv ist.[4] Daraus folgt, daß die Gravitation, die diese Masseenergie auslöst, immer anziehend wirkt. Nicht nur in Einsteins Theorie, sondern auch bei fast allen Konkurrenten führt dies unausweichlich zu Singularitäten, in denen alle klassischen Raumzeitbegriffe und alle physikalischen Gesetze zusammenbrechen. Entscheidend ist nun, daß der Zusammenbruch keine epistemische Ursache hat, nicht auf das Fehlen einer korrekten Theorie zurückgeht, sondern eine in der physikalischen Situation fußende fundamentale neue Begrenzung der Zukunftsvorhersagbarkeit darstellt, die einen Status analog dem der Unschärferelationen besitzt. Diese neue Begrenzung basiert auf der andersartigen Kausalstruktur, die einige Raumzeiten der ART besitzen. Die besondere Situation kann man sich im Vergleich mit dem klassischen Anfangswertproblem veranschaulichen. Ein Bereich, in dem eine Wechselwirkung stattfindet, kann nicht nur durch eine Anfangsfläche, auf der Daten vorgegeben werden, und eine Endfläche, auf der die Vorhersagen geprüft werden, begrenzt sein, sondern auch durch eine *verborgene Fläche,* über die der Beobachter notwendigerweise nur eine begrenzte Information besitzt (maximal über Masse, Ladung und Drehimpuls). Für diese verborgene Fläche (den Ereignishorizont des schwarzen Loches) gilt nun Hawkings Prinzip des Nichtwissens (principle of ignorance). Betrachtet man nämlich ein schwarzes Loch im quantenmechanischen Kontext, so erweist es sich als instabil und die verborgene Fläche emittiert mit gleicher Wahrscheinlichkeit alle Teilchen, die mit dem begrenzten Wissen des Beobachters vereinbar sind. Anschaulich kann man sich dies so vorstellen, daß beim

quantenmechanischen Verdampfen eines schwarzen Loches Teilchen-
paare entstehen, von denen jeweils eines in die Unendlichkeit ent-
kommt und das andere in das Loch bis zur Singularität hinunterwan-
dert. Die Information darüber geht damit verloren. Physikalische Situationen, in denen Ereignishorizonte Singularitäten umgeben, führen
somit zu einer neuen Art von Zufälligkeit, die über den bisher bekannten quantenmechanischen Zufall hinausweisen. Es ist wichtig, sich
nochmals die drei Stadien des Verlassens der klassischen Determiniert-
heit vor Augen zu halten. In der klassischen Mechanik lassen sich Ort
und Geschwindigkeit eines Teilchens prognostizieren, in der Quantenmechanik Ort *oder* Geschwindigkeit, aber nicht beides. In der Quantengravitation kann *weder* Ort *noch* Geschwindigkeit vorhergesagt
werden. In der quantengravitativen Situation ist nur die Aussage zuläs-
sig, daß Teilchen bestimmter Beschaffenheit mit einer bestimmten
Wahrscheinlichkeit das schwarze Loch verlassen. Es ist die Singularität, die diese neue Art der Unbestimmtheit steuert und die Hawking in
Hinblick auf Einsteins berühmten Ausspruch, wonach Gott nicht würfelt,[5] sagen läßt: «God not only plays dice, He sometimes throws the
dices where they cannot be seen».[6]

2. Metaphysischer und interner Realismus

In bezug auf die Realismuskontroverse, wie sie aus dem Bohr-Einstein-
Dialog entstanden ist, ist die Lage offen und unübersichtlich, vorsichtig
ausgedrückt. Einerseits scheinen sich theoretische und empirische Indizien zu ergeben, daß Bohrs relationaler Begriff von der quantenmechanischen Realität weiter trägt als der Einsteins, der doch stark in der Nähe
eines metaphysischen Realismus liegt, um einen Ausdruck Hilary Putnams zu verwenden. Hier spielen die Gedankenexperimente zur Strahl-
aufspaltung, die heute lieber als das 2-Spalt-Experiment betrachtet werden, eine gewichtige Rolle. Im Experiment der verzögerten Entscheidung[7] hängt es von der im letzten Moment gewählten Versuchsanordnung ab, was man rechtens über den lange vorher begonnenen Verlauf
des Prozesses in dieser Anordnung sagen kann. John Wheeler betont in
Einklang mit Bohr, daß hier keine magisch-mystische Intervention des
Beobachters in den physikalischen Vorgang hineinzuinterpretieren ist,
daß aber wohl eine Relationalität sogar vergangener Geschehnisse in
bezug auf die gewählte Variante des Experimentes vorliegt. Um rein
spiritualistische Deutungen auszuschließen, formuliert Wheeler diese Relationalität in der jüngsten Zeit am liebsten so: «Kein elementares Phänomen ist wirklich ein Phänomen, ehe es sich nicht in einem irreversiblen
Verstärkervorgang manifestiert hat.»[8] Die Verstärkung muß nicht in der

Bewußtwerdung eines Beobachters bestehen, dennoch ist sie unvermeidbar und entspricht nicht der Einsteinschen klassischen Realismuskonzeption, wonach die Natur selbst immer alle Entscheidungen fällt, auch über die Polarisationsrichtung in einem 2-Photon-Experiment.

Auch Überlegungen innerhalb der Erkenntnistheorie selbst, etwa von Hilary Putnam,[9] weisen in die gleiche Richtung. Er greift jenen Realismus an, wonach eine an sich seiende Natur mit einer letzten Endes umfassenden Theorie beschrieben werden soll, die eindeutige semantische Referenz auf die objektive Struktur besitzt. Einstein hatte dieses Ziel 1929 so formuliert: «Wir wollen nicht nur wissen, *wie* die Natur ist (und *wie* ihre Vorgänge ablaufen), sondern wir wollen nach Möglichkeit das vielleicht utopisch und anmassend erscheinende Ziel erreichen, zu wissen, warum die Natur *so und nicht anders* ist.»[10] Dieser optimistische rationalistische Realismus wird von vielen als erschüttert angesehen und ein schwächerer interner Realismus, der Bohrs Relationalisierung der quantenmechanischen Zustände als Spezialfall umgreift, verschafft sich mehr und mehr Ansehen.

Dennoch ist das Thema «Realismus» keinesfalls abgeschlossen. Dies hängt einfach daran, daß durch das EPR-Realitätskriterium ein Typ von Realismus ausgezeichnet worden ist, dem nur ein Element im großen, diskreten Spektrum dieses erkenntnistheoretischen Begriffes entspricht. Selbst wenn Einsteins Version des Realismus nicht durchzuhalten ist, könnte es sein, daß noch neben dem internen Realismus Hilary Putnams, der vermutlich nur noch die Worthülse dieser erkenntnistheoretischen Position darstellt und die Kernbedeutung des realistischen Spektrums aufgegeben hat, ein quantenmechanischer Realismus etablierbar ist, dementsprechend die Physik immer noch die Dinge selbst und ihre inneren Eigenschaften studiert. Einen solchen Vorschlag hat Mario Bunge gemacht, der die klassizistische Voraussetzung fallenläßt, daß alle Eigenschaften eines Systems immer scharfe Werte haben, bzw. in der Sprache der Theorie, daß die Dinge immer im Eigenzustand ihrer dynamischen Variablen sind. Wenn man es zuläßt, daß einige physikalischen Eigenschaften zumeist unscharf sind und nur gelegentlich einer bestimmten Wechselwirkung mit anderen physikalischen Entitäten, z.B. Meßgeräten, scharfe Werte erhalten, dann kann man den Kern eines Realismus aufrechterhalten, ohne Experimente fürchten zu müssen, die eine Ergänzung der Quantenmechanik in Richtung lokaler verborgener Parameter ausschließen. Die Revolution der Quantenmechanik wird dabei nicht auf der epistemischen Ebene angesiedelt – man braucht keine neue Erkenntnistheorie und keine neue Methodologie – sondern auf der ontologischen Ebene. Die Umwälzung der Theorie besteht darin, daß sie einen neuen Typ von Entitäten zutage gefördert hat. Trägt man der Wirkung des Superpositionsprinzips der Quantenmechanik auf solche Weise Rechnung,[11] daß man Objekte mit verschmierten (nicht immer streuungsfreien) Zuständen annimmt, so kann man die Nichtseparierbarkeit akzeptieren, ohne den Realismus verlassen zu müssen. In jedem Fall hat sich damit die Stoßrichtung des EPR-Argumentes verschoben. Niemand glaubt heute mehr, daß die Quantenmechanik unvollständig ist und nur von Ensembles ausgesagt werden kann, wobei die auftretenden Zufallselemente epistemischen Charakter besitzen, die unser unvollkommenes Wissen von dem Ensemble spiegeln. Niemand will die Quantenmechanik in eine krypto-kausale Theorie mit verborgenen Parametern oder in eine klassische Feldtheorie einbetten. Was Einstein und seine beiden Mitarbeiter entdeckt haben, ist nichts anderes als das, was Schrödinger wenig später verschränkte Systeme genannt hat und was mit dem lapidaren Schlagwort umrissen werden kann: Einmal ein System, immer ein System!

Ganz im Sinne Einsteins ist die Nichtseparierbarkeit Gegenstand heftiger Angriffe gewesen. Er hatte vor allem in seinen späteren Darstellungen des EPR-Argumentes immer betont,[12] daß der Raum in der Lage sein muß, die Dinge zu trennen. Auch Autoren wie z.B. T.W. Marshall, E. Santos und F. Selleri haben in jüngster Zeit betont, daß dieser Zug der Quantenmechanik, wonach es wechselwirkungsfreie Systeme in Korrelationszuständen gibt, pure Magie sei. Magie ist hier in folgendem Sinne verstanden: «Wenn wir die Denkprinzipien analysieren, auf denen die Magie beruht, ergeben sich vermutlich zwei Grundsätze: erstens, daß Ursache und Wirkung qualitativ ähnlich sind und zweitens, daß Dinge, die irgendwann einmal miteinander in Berührung standen, die Wirkung aufeinander auch dann noch fortsetzen, wenn der physische Kontakt längst gelöst worden ist.»[13] Es ist natürlich nicht leicht, diese abwertende Position gegenüber der Quantenmechanik einzunehmen, wenn die Experimente die Ausweichmöglichkeit immer mehr einengen. Gegen die älteren Versuche zum Test der Bellschen Ungleichung konnte man noch einwenden, daß aufgrund der statischen Situation, wo also die Orientierung der Polarisatoren festlag, ehe die räumliche Trennung des Gesamtsystems in zwei Teilsysteme geschah, irgendeine Informationsübertragung an das entfernte, zweite Teilsystem erfolgte, welche ausdrückt, von welcher Art die bevorstehende Messung am ersten Teilsystem sein würde. Ohne irgendwelche Wirkungsausbreitungen außerhalb des Lichtkegels annehmen zu müssen, wäre eine kausale Einstellung des entfernten Systems auf die Messung am Partnersystem logisch möglich gewesen. Das dritte Experiment von Alain Aspect[14] schließt nun diese Möglichkeit aus, da es mit zeitlich variablen Polarisatoren arbeitet, wobei die Orientierung der Polarisatoren so schnell wechselt, daß selbst mit c übermittelte Informationen zu spät kämen, um im entfernten Teilsystem noch etwas von der Messung am Partnersystem berichten zu können. Dennoch ergeben sich in diesem Fall alle von der Quantenmechanik vorhergesagten Korrelationen. Kein Experiment kommt jedoch ohne Hilfsannahmen aus. Auch die Experimente von Aspect verwenden die früher von Clausner und Horne eingeführte sogenannte No-enhancement-Annahme bzw. die statistische Hypothese, daß das Ensemble aller aktual entdeckten Photonpaare eine echte Stichprobe aller emittierten Paare sei. Vom rein logischen Standpunkt aus kann man natürlich diese Lücke benützen und argumentieren, daß es sich hier um ein neuentdecktes Phänomen namens «enhancement» handelt, das darin besteht, daß die Wahrscheinlichkeit der Entdeckung eines Signals, wenn es einen Polarisator passiert, verstärkt wird. Marshall, Santos und Selleri schlagen vor, mit einer neuen Theorie, der sogenannten stochastischen Optik, das enhancement zu verstehen.[15]

Ist dieser Schritt, bei dem vorausgesetzt wird, daß die Quantenmechanik nicht die adäquate Theorie ist, um die EPR-Korrelation zu verstehen, wirklich notwendig? Einfacher, konservativer ist es, die Korrelationen so unerklärt zu lassen wie die kinematischen Effekte der SRT. Hier haben wir uns längst damit zufrieden gegeben, keine dynamischen Erklärungen für die Lorentz-Kontraktion und die Zeitdilatation zu besitzen, eben weil sie kinematischer Natur sind. In dieser Sichtweise der Quantenmechanik müssen wir uns damit abfinden, daß Separierbarkeit nur dann vorliegt, wenn zwei Teilchen nie etwas miteinander zu tun hatten. Haben sie aber in der Vergangenheit wechselgewirkt, werden sie Komponenten eines Systems und bleiben verschränkt. Ihre Systemeigenschaft bleibt auch dann erhalten, wenn sie räumlich weit getrennt sind. Wichtig ist zu betonen, daß diese Art von Nichtlokalität keineswegs die Existenz von Fernwirkungen einschließt und damit ein Prinzip der SRT verletzt. Der typisch quantenmechanische Zug der systemhaften Verschränktheit von Teilen eines zusammengesetzten Systems über beliebige Distanzen hinweg mag im Leser, wie in Einstein selbst, makroskopisches Unbehagen auslösen, aber ist er nicht durch die vielen ontologischen Neuheiten der SRT und ART ein wenig darauf vorbereitet, daß die Natur noch über einen großen Vorrat an überraschenden, unvorstellbaren, unanschaulichen Qualitäten verfügt?

3. Die Idee der Geometrisierung

Zu Einsteins großen metatheoretischen Abhandlungen gehört der Essay von 1921 über Geometrie und Erfahrung,[16] in dem er ausführlich zur Frage Stellung nahm, wie die Verwendung einer bestimmten (metrischen) Geometrie bei der Beschreibung des physikalischen Raumes eine empirische Stützung erfahren kann. Seit der Entdeckung der nicht-euklidischen

Geometrien durch Gauß, Lobatschewsky und Riemann war es Gegenstand erkenntnistheoretischer Überlegungen gewesen, ob sich mit dem Empirismus in der Geometrie ein vernünftiger Sinn verbinden läßt. Konventionalisten wie Poincaré und Aprioristen wie Dingler hatten dies bestritten, die Empiristen wie Reichenbach, Carnap und Grünbaum hatten, mit bestimmten Einschränkungen, neue Begründungen dafür gefunden.[17] Nichts lag näher, als daß der Mann, der zum erstenmal mit der physikalischen nichteuklidischen Geometrie in einer testbaren Theorie ernst gemacht hatte, zu dieser Frage Stellung nahm. Sehr durchsichtig formulierte er: «Insofern sich die Sätze der Mathematik auf die Wirklichkeit beziehen, sind sie nicht sicher und insofern sie sicher sind, beziehen sie sich nicht auf die Wirklichkeit.»[18]

Wie der Bezug einer reinen Geometrie auf die Wirklichkeit zu erfolgen hat, erklärte Einstein wenig später. Es bedarf einer Zuordnungsdefinition von der Form: «Feste Körper verhalten sich bezüglich ihrer Lagerungsmöglichkeit wie Körper der euklidischen Geometrie von 3 Dimensionen.»[19] Eine solche Formulierung nennt man heute eine Referenzhypothese; sie liefert die Brücke von der reinen zur angewandten oder praktischen Geometrie, wie Einstein lieber sagt. Ist die Referenz auf solche Weise fixiert, ergibt sich dann die Folgerung für die empirische Kontrollierbarkeit: «Die Frage, ob die praktische Geometrie der Welt eine euklidische sei oder nicht, hat einen deutlichen Sinn und ihre Beantwortung kann nur durch die Erfahrung geliefert werden.»[20]

In einer lange währenden, sehr verzweigten Diskussion hat die Frage, ob die Geometrie nach der Referenzannahme für sich oder im Verein mit anderen physikalischen Gesetzen Testbarkeit besitzt, viele Facetten erhalten. Dennoch hat sich heute ein gewisser Konsens herausgebildet, daß die beiden Interpretationen «variable Maßstäbe in einem starren flachen Hintergrundraum» und «starre Maßstäbe und isochrone Uhren in einer Raumzeit mit variabler Krümmung" nicht in einem absoluten Sinne ausdiskutierbar sind; es gibt keine apriorischen Standards, die *begründen* lassen, warum das Sprechen von der gekrümmten Raumzeit richtiger ist als seine Alternative, wohl aber läßt sich die Vorteilhaftigkeit einer Wahl mit rationalen Argumenten *verteidigen*. Ein solches Argument ist etwa die Einheitlichkeit der theoretischen Beschreibung, die aus einer der beiden Möglichkeiten folgt.[21] Hier wird eine metatheoretische Gewichtung verwendet, bei der jene Beschreibung höherrangig ist, bei der mehr Phänomene aus weniger voneinander logisch unabhängigen Annahmen abgeleitet werden können. Arbeitet man mit einer gekrümmten Raumzeit (nichteuklidische physikalische Geometrie) und nicht mit Änderungen von Maßstab und Uhrengang, dann lassen sich aus einer fundamentalen Beziehung, die die Kopplung von Materie und Raumzeitstruktur ausspricht, nämlich den Feldgleichungen, alle gravischen Effekte deduzieren.

Umgekehrt gibt es eine Vielzahl von Möglichkeiten, mit variablen Maßstäben und Uhren die Beobachtungsergebnisse in Gravitationsfeldern zu
erzwingen. Deshalb wird heute in modernen Darstellungen ausschließlich die Sprache der gekrümmten Raumzeit verwendet und Einsteins
Theorie läßt die extrem durchsichtige qualitative Charakterisierung zu:
«Der Raum wirkt auf die Materie und schreibt ihr vor, wie sie sich zu
bewegen hat. Umgekehrt wirkt die Materie auf den Raum zurück und
schreibt ihm vor, wie er sich zu krümmen hat.»[22]

4. Die große Vereinheitlichung

Nachdem *eine* Kraft mit langer Reichweite in der Struktur der Raumzeit
aufgegangen ist, liegt es gewissermaßen nahe zu versuchen, ob man nicht
auch die *zweite* gleichartige Kraft geometrisieren kann. Der Schritt wäre
analog. Was die Gravitation anbetrifft, so ist nicht eine flache Raumzeit
mit einer Fernkraft, sondern eine Riemannsche Raumzeit allein die korrekte Beschreibung. Aber ist die physikalische Geometrie nicht vielleicht
noch etwas komplexer und die elektromagnetische Wechselwirkung der-
jenige Faktor, der über die Riemann-Raumzeit hinausführt? Ist es nicht
naheliegend, anstatt von fremden Feldern in einem Riemann-Raum zu
sprechen, zu einer noch verwickelteren Geometrie aufzusteigen, die im
Grenzfall des verschwindenden Elektromagnetismus auf den Riemann-
Raum zurückführt, so wie dieser im Grenzfall verschwindender Gravitation auf den Minkowski-Raum führt? Zwar gab es keinen eindeutigen
Leitfaden der Erweiterung, kein Null-Ergebnis bei Ätherdriftexperimen-
ten, keine akzidentelle Identität von träger und schwerer Masse, aber die
beiden Felder, das metrische und das elektromagnetische, scheinen doch
so viel gemeinsam zu haben, daß die Frage nach einem gemeinsamen
Ursprung sich aufdrängte. Dennoch, bis vor kurzem dachte man, daß
Einsteins Idee, die Geometrisierung auf alle physikalischen Felder auszudehnen, tot wäre, so tot wie ein Türnagel, um mit Charles Dickens zu
sprechen. Zu viele Fehlschläge hatten sich eingestellt. Hermann Weyls
Versuch von 1918, über die Eichinvarianz den Elektromagnetismus in
eine erweiterte Riemannsche Geometrie einzuschließen,[23] ist an Einsteins
eigenen Einwänden gescheitert.[24] Da in dieser Theorie das Linienelement
keine Invariante mehr ist, sind Längen von Maßstäben und der Gang von
Uhren von ihrer Vorgeschichte abhängig, was z.B. zur Folge hätte, daß
Wasserstoffatome, die unterschiedliche Wege in der Raumzeit zurückgelegt haben, ein verschiedenes Spektrum besitzen müssen, was effektiv
nicht der Fall ist. Das Prinzip der lokalen Eichinvarianz hat seine Leistung erst enthüllt, als man es von der physikalischen Bedeutung der
Neueichung von Längen und Zeiten getrennt hat. Schon gleich der erste

Entwurf einer Erweiterung der Riemannschen Geometrie schien somit in eine Sackgasse zu führen.

Dennoch ließen sich andere Mathematiker, wie z.B. Theodor Kaluza aus Königsberg, nicht entmutigen, diesmal *innerhalb* der Riemannschen Geometrie nach einer einheitlichen Feldtheorie zu suchen. Da diesem Ansatz, den Einsteinschen Plan zu verwirklichen, jüngst eine ganz überraschende Auferstehung beschieden war, wollen wir ihn hier zum Abschluß noch kurz skizzieren.

Kaluzas Überlegung kann man so verstehen: Da für die Gravitation alle 10 Komponenten des $g_{\alpha\beta}$ besetzt waren, konnte ein neuer Freiraum für weitere Kräfte nur durch eine Erhöhung der Dimensionszahl erreicht werden. Hier liegt nun der Berührungspunkt mit allerjüngsten Forschungsergebnissen. Einstein selber zeigte eine eher schwankende Einstellung, als Theodor Kaluza ihn bat, seine Arbeit der Preußischen Akademie der Wissenschaften vorzulegen. Darum verzögerte sich auch das Erscheinen von 1919 bis 1921. Es könnte sein, daß seine Aufmerksamkeit erst dann auf diesen alternativen Weg gelenkt wurde, als sich herausstellte, daß Weyls Ansatz der Nichtintegrabilität der Längenübertragung ungangbar war. Kaluza ging von der nächstliegenden Erweiterungsidee aus,[25] daß die Gravitationspotentiale und die elektrischen Potentiale zusammen die Struktur des Raumes bestimmen sollen. Auf der anderen Seite mußte die Theorie so konstruiert werden, daß die 5. Dimension nicht offen zu Tage tritt, denn schließlich werden alle unsere Erfahrungen in einer 3+1-dimensionalen Raumzeit gemacht. In einem 5-dimensionalen Riemann-Raum hat der symmetrische Metriktensor 15 Komponenten, g_{ik} (i, k = 1, ... 5). Kaluza beschränkte nun die volle 5-Dimensionalität dadurch, daß er annahm, daß in einem passenden Koordinatensystem die Komponenten des Metriktensors unabhängig von der 5. Koordinate seien, d.h. die g_{ik} nur von $x_1 \ldots x_4$ abhingen. Darüber hinaus forderte er die Zylinder-Bedingung $g_{55} = 1$, womit festgelegt wird, daß die 5. Dimension raumartig ist. Die 4 Größen g_{5v} ($v = 1–4$) verwendet er zur Darstellung der elektromagnetischen Potentiale φ_k (skalares elektrisches und magnetisches Vektorpotential). Dann konnte Kaluza Feldgleichungen im R^5 aufstellen, die formal wie die Einstein-Gleichungen aussehen, wo man für die Indizes 1 bis 4 die Gravitationsgleichungen wiedergewinnt, und die weiteren Indizes mit Ausnahme der Kombination (5,5) die Maxwell-Gleichungen reproduzieren. Eine Geodäte in dieser 5-dimensionalen Zylinderwelt ist dann die Bahn eines Punktteilchens der Ladung e und der Masse m, das in einem gravito-elektromagnetischen Feld eine Trägheitsbewegung ausführt. Diese Theorie liefert eine neue geometrische Fassung zweier vordem separater Theorien, aber auch nicht mehr. Kein empirischer Überschuß, der die Vereinheitlichung noch in einem besonderen Maße rechtfertigen könnte, kann deduziert werden. Dies hat damals Paulis kritischen Kommentar ausgelöst, der dem Kaluza-Ansatz den Charakter einer echten Vereinheitlichung abgesprochen hat.[26] Immerhin hat der 5-dimensionale bzw. 4 + 1-dimensionale Ansatz gezeigt, wie man weiterhin Kräfte durch Geometrie ersetzen kann. Allerdings blieb die physikalische Bedeutung der 4. Raumdimension im Dunkeln. Hierzu hat dann Oskar Klein einen Beitrag geleistet,[27] der auch eine Zeitlang Einsteins Aufmerksamkeit fand.[28] Klein, der gleich die 5. Dimension mit den Quantenproblemen in Zusammenhang brachte, vermutete, daß die zusätzliche Raumdimension deshalb noch nicht in der Erfahrung aufgetaucht ist, weil sie in einem winzigen Bereich $1 = 10^{-30}$ cm *aufgerollt* ist, ein Bereich, den kein Experiment auflösen kann.

Lange Zeit kümmerte sich niemand um das mathematische Resultat der Kaluza-Klein-Theorie, bis das Einheitsprogramm von einer ganz anderen Seite, nämlich von der Perspektive der Eichtheorie her, wieder angegangen wurde. Völlig unabhängig von der Geometrisierungsidee und von den von Einstein so ungeliebten Quantenfeldtheorien ausgehend, hatte man unter einstweiliger Außerachtlassung der Gravitation den Elektromagnetismus mit der schwachen Wechselwirkung in Verbindung gebracht und die vereinheitlichte elektroschwache Quanten-Flavour-Dynamik dann mit der Quantenchromodynamik, der Theorie der starken Wechselwirkung, verknüpft. Dies alles passierte unter dem Dach der lokalen Eichinvarianz. Alle drei Kräfte konnten als Eichfelder gedeutet werden. Erst im nachhinein ergab sich, daß die Symmetrien der Eichfelder sich als geometrische Symmetrien von zusätzlichen Raumdimensionen deuten lassen. Einsteins Geometrisierungsidee, mit der er echten Erfolg nur in der Gravitation hatte, kam also auf einem ganz verschlungenen Weg zum Tragen. Formuliert man es in heutiger Sprache, so benötigte Kaluza 5 Dimensionen, weil er es nur mit einem Vektor-Boson, nämlich dem Photon, zu tun hatte, das er in der Zusatzdimension darstellen mußte. Die schwache Wechselwirkung wird nun schon durch drei ($W^{\pm}$, Z°) und die starke Kraft in der Quantenchromodynamik durch 8 Gluonen vermittelt. Die sogenannten «Grand Unified Theories» verlangen darüber hinaus weitere Vektor-Bosonen. Im Rahmen der sogenannten Supergravitationstheorie scheint sich aus Symmetrieüberlegungen heraus eine Bevorzugung von 7 zusätzlichen Raumdimensionen zu ergeben, was mit der Zeit zusammen zu einer 11-dimensionalen Raumzeit führt.[29] Natürlich müssen die 7 Raumdimensionen verborgen werden, um mit der Erfahrung in Einklang zu bleiben. Man stellt sich vor, daß sie in Form von lokalen 7-Kugeln kompaktifiziert auftreten. Nicht nur die Eichsymmetrie der einzelnen Kraftfelder wurde auf solche Weise abgebildet, sondern auch der Vorgang der spontanen Symmetriebrechung, der erklärt, warum im gegenwärtigen Zustand des Universums nicht alle Systeme die Symmetrie jener Kräfte besitzen, die sie regieren. Auch dieser Mechanismus läßt sich geometrisch deuten. Eine Deformation der lokalen 7-Kugeln entspricht dem Übergang zu einer gebrochenen Symmetrie. Angeregte Zustände der kompaktifizierten Dimensionen stellen dann die Teilcheneigenschaften dar. In vieler Hinsicht steht diese jüngste Kaluza-Klein-Form der Supergravitation in einer historischen Linie mit den Ideen Riemanns, Cliffords, Einsteins und Wheelers. Leere, gekrümmte Raumzeit, diesmal nicht mit Einstein-Rosen-Brücken (wormholes) und Geonen ausgestattet, sondern mit lokal verborgenen, spontan kompaktifizierten Raumdimensionen bilden das primordiale Baumaterial der Welt. Es ist zu früh zu sagen, ob im Wettbewerb der Theorien sich die geometrisierte Supergravitation durchsetzen wird – zumal es Konkurrenten, so z. B. die 10-dimensionale Superstring-Theorie gibt –, aber in jedem Fall ist es erstaunlich, daß ein Forschungsprogramm, das von allen lange totgesagt worden war, sich soweit erholt hat, daß Abdus Salam den zuversichtlichen Satz aussprechen konnte: «Wenn diese Theorie stimmt, sind wir nicht mehr weit entfernt von einer vollständigen Vereinheitlichung aller Kräfte, wobei Materie mit Spin und die fundamentalen Ladungen verborgene Dimensionen des Raumes darstellen.»[30]

5. Die kosmische Perspektive

Wir sind bis jetzt bezüglich der Weiterentwicklung von Einsteins Ideen in den letzten dreißig Jahren im wesentlichen im Bereich der Physik geblieben. Dies entspricht ganz dem Hauptschwerpunkt von Einsteins Denken. Ein mehr philosophisch orientierter Leser wird bei all diesen begrifflich bizarren und der Alltagswelt so fern liegenden theoretischen Entwürfen fragen, ob sich nicht aus Einsteins Werk ein Zug herausschälen läßt, der weniger auf die Lösung einer ganz speziellen physikalischen Fragestellung zielt, sondern eher in Richtung auf eine globale kognitive Orientierung geht und mehr den Forschungsgang im großen betrifft als die enge faktische Problemsituation. Ich glaube, daß sich auch in dieser Hinsicht eine Perspektive aufzeigen läßt. Einstein hat uns nicht nur eine Hochgeschwindigkeitsmechanik gegeben, nicht nur eine neue Gravitationstheorie, nicht nur zentrale Züge von Quantensystemen offenbart, sondern auch etwas, was in philosophischer Hinsicht bedeutungsvoll ist; er hat uns eine Sichtweise der Dinge geliefert, die ich die *kosmische Perspektive* nennen möchte. Dieses etwas pathetische Wort läßt sich konkretisieren. Philosophen, Naturforscher, Methodologen haben immer wieder zu begründen versucht, daß die Erklärungsrichtung, in der das Verstehen der Natur erfolgen muß, bei den Wahrnehmungen, Vorstellungen und Ideen der Menschen zu beginnen hat, daß wir uns in vielen konstruktiven

Schritten, langsam die Welt des Menschen überschreitend, auf die Dinge zubewegen müssen, um sie in ihrer Objektivität zu approximieren. Einsteins Werk und seine eigenen Reflexionen darüber legen eine weitere Erklärungsrichtung nahe, die, ebenso wichtig, die erste ergänzen muß. Sie geht nicht von den anthropischen Gegebenheiten aus, sondern versucht, die Objektivität der Naturdinge antizipierend, vom umfassendsten System und seiner Geschichte auszugehen, und bemüht sich dann, in kleinen Konstruktionsschritten zuletzt die Innenwelt des Menschen und sein Erkenntnisvermögen zu rekonstruieren. Hypothetisch wird dabei das fallible Wissen vorausgesetzt, daß der Kosmos, die großräumige Einbettung unserer lokalen Umgebung, der älteste Teil der Natur ist, der die notwendige Bedingung für die Existenz der späteren, komplexeren Entwicklungsstufen liefert. Einsteins kosmische Perspektive der Dinge scheint mir die unumgängliche Ergänzung zur anthropozentrischen Sehweise zu sein. Der Mensch wird nur dann ganz zu sich selbst finden, wenn er weiß, wo er in der Ordnung der Dinge steht.

Anhang

Anmerkungen

Kapitel I

1 Einstein, A.: Autobiographisches, in : P.A. Schilpp (Hrsg.): Albert Einstein als Philosoph und Naturforscher, Stuttgart 1955, S. 3.

2 Douce, M. G., L. Michel, J. Six: Interview de Eugene P. Wigner sur sa vie scientifique, Archives Int. D'Histoire des Sciences *34*, 112 (1984), S. 177–217.

3 «Il a dicté une lettre au Président Roosevelt, une lettre que j'avais écrite en allemand», M. G. Douce, a.a.O., S. 201.

4 Einstein, A.: Newtons Mechanik und ihr Einfluß auf die Gestaltung der theoretischen Physik, Die Naturwissenschaften *15*,12 (1927), S. 273–76.

5 Einstein, A.: Autobiographisches, in: P. A. Schilpp (Hrsg.) a.a.O., S. 25.

6 Es war Einstein damals wohl nicht bewußt, daß die SRT selbst den Determinismus partiell einschränkt und daß auch in der ART noch eine Schwierigkeit für den klassischen Determinismus auftritt; es gibt darin nämlich Lösungen, in denen die Anfangsflächen, die sog. Cauchy-Hyperflächen, gar nicht existieren. Auch Horizonte und Singularitäten sind Begrenzungen der Voraussagbarkeit und Retrodiktion.

7 Vgl. A. Einstein: Newtons Mechanik, a.a.O., S. 275.

8 Es ist wichtig, darauf hinzuweisen, daß das Angrenzen beider Theorienbereiche so rekonstruiert werden kann – nicht nur auf der syntaktischen, auch auf der semantischen Ebene, – daß die angeblich radikalen Bedeutungsverschiebungen und begrifflichen Inkommensurabilitäten nicht auftreten bzw. kein Hindernis dafür darstellen, den Übergang von der Newtonschen zur Einsteinschen Physik als einen echten Erkenntnisfortschritt anzusehen. (Vgl. J. Ehlers: On Limit Relations Between, and Approximative Explanations of Physical Theories, in: Barcan, R. et al. (eds.): Logic, Methodology and Philosophy of Science VII, Amsterdam 1986, S. 387–403).

9 Einstein, A.: Newtons Mechanik, a.a.O., S. 275.

10 Einstein A.: Considerations Concerning the Fundaments of Theoretical Physics, Science *91* (1940), S. 487–492.

11 Die Geschichte und die Wurzel des Satzes von der Erhaltung der Arbeit, Prag 1872.

12 Leipzig 1883, Neudr. Darmstadt 1963.

13 Mach, E.: Erkenntnis und Irrtum, Leipzig 1905.

14 Einstein, A.: Ernst Mach, Phys. Zeitschrift *17*,7 (1916), S. 101–104.

15 Einstein, A.: a.a.O., S. 102.

16 In diesem Versuch sollen empirische Hinweise für die Existenz des absoluten Raumes gewonnen werden. Für eine Analyse des Versuches vgl. B. Kanitscheider: Wissenschaftstheorie der Naturwissenschaft, Sammlung Göschen, de Gruyter-Verlag Berlin 1981, S. 58 ff.

17 Ausführlich kommentiert von F. Herneck: Die Beziehungen zwischen Einstein und Mach dokumentarisch dargestellt. Wiss. Z. d. Friedr. Schiller Univ. Jena, Math.-Naturwiss. Reihe *15*,1 (1966), S. 1–14.

18 Hönl, H.: Zur Geschichte des Machschen Prinzipes, Wiss. Z. d. Friedr. Schiller Univ. Jena, Math.-Naturwiss. Reihe *15*,1 (1966), S. 25–36.

19 Einstein, A.: Ernst Mach, a.a.O., S. 103.

20 Mach, E.: Die Prinzipien der physikalischen Optik, Leipzig 1921.

21 Mach, E.: a.a.O., S. IX.

22 Dieser Verdacht hat sich jüngst erhärtet. Vgl. Wolters, G.: Mach I, Mach II. Einstein und die Relativitätstheorie, de Gruyter, Berlin 1987.

23 Einstein, A.: La théorie de la relativité, Société française de Philosophie, Bulletin, *22* (1922), S. 111–112.

24 Für seine Einstellung zum Realismusproblem in dieser Zeit ist auch der Briefwechsel mit Moritz Schlick einschlägig. Vgl. Don A. Howard: Realism and Conventionalism in Einstein's Philosophy of Science: The Einstein-Schlick Correspondence. Abstracts of the 7th International Congress of Logic, Methodology and Philosophy of Science, Vol. 6, Salzburg 1983, S. 90–93.

25 Dies wird uns später noch ausführlicher beschäftigen (vgl. Kap. VII, 2,i).

26 Einstein, A.: Prinzipielles zur Allgemeinen Relativitätstheorie. Ann. Phys. *55* (1918), S. 241–244.

27 Einstein, A.: Autobiographisches, in: P. A. Schilpp (Hrsg.), a.a.O., S. 10.

28 Pais, A.: Subtle is the Lord, Oxford 1982, S. 288.

29 Für einen Überblick vgl. B. Kanitscheider: Vom absoluten Raum zur dynamischen Geometrie, Mannheim 1976.

30 Einstein, Albert: Autobiographisches, in: P. A. Schilpp (Hrsg.), a.a.O., S. 8.

31 Vgl. die beiden Vorträge Plancks von 1908 und von 1925: Planck, M.: Die Einheit des physikalischen Weltbildes, in: ders.: Physikalische Abhandlungen und Vorträge, Bd. 3, Braunschweig 1958, S. 3; Planck, M.: Zwanzig Jahre Arbeit am physikalischen Weltbild, ibid., S. 179.

32 Planck, M.: Die Entstehung und bisherige Entwicklung der Quantentheorie, in: Vorträge und Erinnerungen, Darmstadt 1965, S. 131.

33 Das Prioritätsproblem ist eigentlich erst wesentlich später durch Edmund Whittakers provozierende Überschrift des einschlägigen Kapitels in seiner wissenschaftsgeschichtlichen Abhandlung „A History of the Theories of Aether and Electricity (New York 1973, Vol. II) angeheizt worden, wo dieser von der «Relativity Theory of Poincaré and Lorentz» spricht. Doch während Lorentz sich bis zuletzt der vorrelativistischen Denkweise verpflichtet fühlte, zeigen zeitgenössische Berichte von Autoren, wie etwa Max Born, die die Göttinger Vorträge von Poincaré 1909 noch gehört haben, daß dieser seine «Mécanique nouvelle» wesentlich im Geiste von Lorentz' Theorie aufbaute. (M. Born: Physik und Relativität, Naturwissenschaftliche Rundschau 1956, S. 417–425).

34 Lorentz, H. A.: Die elektromagnetische Theorie von Maxwell und ihre Anwendung auf bewegte Körper, Collected Papers, Den Haag 1935–1939, Bd. 2, S. 164 bis 243.

Kapitel II

1 Janich, P.: Die erkenntnistheoretischen Quellen Einsteins, in: H. Nelkowski et al. (Eds.): Einstein Symposion Berlin, Lecture Notes in Physics, Bd. 100, Berlin 1979, S. 425.

2 Einstein selbst drückt dies sehr treffend in seinem Brief v. 25. 11. 1948 an M. Solovine aus: «Aber die meisten Menschen haben eben einen heiligen Respekt vor
Worten, die sie nicht begreifen können und betrachten es als Zeichen der Ober-
flächlichkeit eines Autors, *wenn* sie ihn begreifen können.» (Einstein, A.: Briefe an
Maurice Solovine, Berlin 1960, S. 90).

3 Einstein, A.: Bemerkungen zu den in diesem Bande vereinigten Arbeiten, in: P. A.
Schilpp, a. a. O., S. 507 (Einstein sagt im Originalzitat «Science» statt Wissenschaft).

4 Einstein, A.: Physik und Realität, Journal des Franklin-Institutes 221 (1936),
S. 313–347.

5 Einstein, A.: Geometrie und Erfahrung, Berlin 1921.

6 Einstein, A.: Physik und Realität, a. a. O., S. 347.

7 Vgl. dazu K. R. Popper: Objektive Erkenntnis, Hamburg 1973, S. 46.

8 Einstein, A.: Physik und Realität, a. a. O., S. 313.

9 Einstein, A.: Briefe an Maurice Solovine, a. a. O., S. 118. Die Relevanz dieses
Briefes hat Gerald Holton entdeckt. Vgl. G. Holton: Einsteins Methoden zur
Theorienbildung, in: R. U. Sexl/P. C. Aichelburg (Hrsg.): Albert Einstein. Sein
Einfluß auf Physik, Philosophie und Politik, Braunschweig 1979, S. 111–139.

10 Im Original ist auch der dritte Satz mit S' bezeichnet, es kann jedoch kein Zweifel
darüber bestehen, daß Einstein verschiedene S gemeint hat.

11 Einstein, A.: Briefe an Maurice Solovine, a. a. O., S. 120.

12 Vgl. M. Bunge: Treatise on Basic Philosophy, Vol. 6, Dordrecht 1983, Kap. 11,
S. 72.

13 Einstein, A.: Autobiographisches, in: P. A. Schilpp (Hrsg.) a. a. O., S. 8.

14 Es könnte sein, daß Einsteins starke Abneigung gegenüber der Quantenfeldtheorie
auch darin gründet, daß diese nur nach zusätzlichen Renormierungsannahmen,
die aus der Theorie selbst heraus nicht verstanden werden können, mit der Erfahrung konfrontierbar ist.

15 Er nennt sie manchmal auch religiös; dies ist begrifflich etwas irreführend, denn
nicht jede metaphysische, also empirisch unerschütterliche Meinung muß gleich
transzendent metaphysisch sein, es kann auch naturalistische metaphysische
Überzeugungen geben. In diesem Fall handelt es sich zweifellos um eine solche.
Die Berechtigung meiner Umdeutung ergibt sich aus einem Brief Einsteins an
M. Solovine v. 1. Januar 1951 (Einstein, A.: Briefe an M. Solovine, a. a. O.,
S. 102).

16 Einstein, A.: Über den gegenwärtigen Stand der Feldtheorie, Festschrift für A. Stodola, Zürich 1929, S. 126.

17 Einstein, A.: Induktion und Deduktion in der Physik. Berliner Tageblatt 25. 12.
1919.

18 Holton, G.: Thematic Origins of Scientific Thought: Kepler to Einstein. Cambridge 1973, S. 29.

19 Diese Kategorien entsprechen nur partiell den von Holton angegebenen Themata.

20 Heisenberg, W.: Der Teil und das Ganze, München 1969, S. 91.

21 Vgl. hier Max Jammer: The experiment in classical and quantum physics. Proceedings of the International Symposion on the Foundations of Quantum Mechanics, Tokyo 1983, S. 265–276.

22 Vgl. dazu P. Janich: Die Protophysik der Zeit, Frankfurt 1980, S. 25.

23 Einstein, A.: Bemerkungen zu den in diesem Bande vereinigten Arbeiten, in: P. A. Schilpp, a. a. O., S. 504.
24 Maxwell, G.: The ontological status of theoretical entities, Minn. Stud. in the Phil. Sci., Bd. 3 (1962), S. 9.
25 Einstein, A.: Bemerkungen zu Bertrand Russells Erkenntnis-Theorie, in: The Philosophy of Bertrand Russell, ed. by P. A. Schilpp, Evanston 1943, S. 278–290.
26 Bunge, M.: Treatise on Basic Philosophy, Vol. 3, Dordrecht 1977, Vol. 4, Dordrecht 1979.
27 Schilpp, P. A. (ed.): The Philosophy of Rudolf Carnap, LaSalle (Ill.) 1963, S. 80.
28 Smart, J. J. C.: Between Science and Philosophy, Random House, N. Y. 1968, S. 146.
29 Putnam, H.: Craig's Theorem, Journ. Phil. 62,10 (1965), S. 251–260.
30 Ramsey, F. P.: Foundations of Mathematics, London 1931, S. 291.
31 Popper, K. R.: The revolution in our idea of knowledge, in: John Blackmore (ed.): The realist tradition in the history of science (im Erscheinen).
32 Einstein, A.: On the method of theoretical physics, Oxford 1933, S. 7.

Kapitel III

1 Einstein, A.: Geleitwort zu Lukrez: Von der Natur, übers. v. H. Diels, Berlin 1924, S. VIa.
2 «All these things being consider'd, it seems probable to me, that God in the Beginning form'd Matter in solid, massy, hard, impenetrable, moveable Particles ... And therefore, that Nature may be lasting, the Changes of corporeal Things are to be placed only in the various Separations and new Associations and Motions of these permanent Particles.» (I. Newton: Opticks, hrsg. v. B. Cohen, London 1952, S. 400).
3 Dalton, J.: New system of chemical philosophy, 2 Bde., London 1808–1827.
4 Clausius, R.: Über die Art der Bewegung, die wir Wärme nennen, Poggendorfs Annalen *100* (1857), S. 352–380.
5 Maxwell, J. C.: Collected works, II, Dover-New York 1873, S. 376–377.
6 Boltzmann, L.: Populäre Schriften, Leipzig 1905, S. 30.
7 In einem Vortrag von 1871 hatte Mach Theorien als «dürre Blätter, welche abfallen, wenn sie den Organismus der Wissenschaft eine Zeitlang in Atem gehalten haben» bezeichnet. (E. Mach: Die Geschichte und die Wurzel des Satzes von der Erhaltung der Arbeit, Prag 1872, S. 46).
8 Ostwald, W.: Grundriß der allgemeinen Chemie, 4. Aufl. Leipzig 1909, S. IV.
9 Brown, R.: A brief Account of Microscopical Observations made in the Months of June, July and August, 1827, on the Particles contained in the Pollen of Plants; and on the general Existence of active Molecules in Organic and Inorganic Bodies, The Phil. Mag. and Ann. of Phil. New Series *4*, 21 (1828), S. 161–173.
10 Perrin, J.: Die Atome, Dresden und Leipzig 1923[3], S. 81.
11 Einstein, A.: Autobiographisches, in: P. A. Schilpp (Hrsg.): a. a. O., S. 17.
12 Einstein, A.: Über die von der molekularkinetischen Theorie der Wärme geforderte Bewegung von in ruhenden Flüssigkeiten suspendierten Teilchen, Ann. Phys. *17* (1905), S. 549–560.
13 Das erkenntnistheoretische Gewicht von Poincaré's Frage hat Karl Popper betont.

Vgl. seinen Aufsatz: The Present Significance of Two Arguments of Henri Poincaré, in: Morscher/Neumaier/Zecha: Philosophie als Wissenschaft, Festschrift für Paul Weingartner, Bad Reichenhall 1981, S. 19–23.

14 Vgl. dazu auch Cornelius Lanczos: The Einstein decade, London 1974.

15 Perrin, J.: Die Brownsche Bewegung und die wahre Existenz der Moleküle, Kolloidchem. Beihefte *1*, 67 (1910), S. 221–300, Zitat S. 298.

16 Einstein, A.: Theoretische Bemerkungen über die Brownsche Bewegung, Zeitschrift für Elektrochemie *13* (1907), S. 41–42.

17 Einstein, A.: Zum gegenwärtigen Stand des Strahlungsproblems, Phys. Zeitschr. *10* (1909), S. 185–193.

18 v. Smoluchowski, M.: über den Begriff des Zufalls und den Ursprung der Wahrscheinlichkeitsgesetze in der Physik. Die Naturwissenschaften *17* (1918), S. 253 bis 263.

19 v. Smoluchowski, M.: Molekularkinetische Studien über die Umkehr thermodynamisch irreversibler Vorgänge und über die Wiederkehr abnormaler Zustände, Wiener Berichte *124* (1915), S. 339–368.

20 Einstein, A.: Theorie der Opaleszenz von homogenen Flüssigkeiten und Flüssigkeitsgemischen in der Nähe des kritischen Zustandes, Annalen der Physik *33* (1910), S. 1275–1298.

Kapitel IV

1 Primas, H.: Verschränkte Systeme und Komplementarität, in: B. Kanitscheider (Hrsg.): Moderne Naturphilosophie, Würzburg 1983, S. 243–260.

2 Rubens, H. und F. Kurlbaum: Über die Emission langwelliger Wärmestrahlen durch den schwarzen Körper bei verschiedenen Temperaturen, Sitzungsberichte der Preuß. Akademie der Wissenschaften 1900, S. 929–941; Lummer, O. und E. Pringsheim: Über die Strahlung des schwarzen Körpers für lange Wellen, Verhandl. der Deutschen Phys. Ges. *2* (1900), S. 163–180.

3 Einstein, A.: Über einen die Erzeugung und Verwandlung des Lichtes betreffenden heuristischen Gesichtspunkt, Ann. d. Phys. *17* (1905), S. 132–148.

4 Einstein, A.: Über einen die Erzeugung und Verwandlung des Lichtes betreffenden heuristischen Gesichtspunkt. Nachdr. in: Dokumente der Naturwissenschaft, hrsg. v. Armin Hermann, Bd. 7, Stuttgart 1965, S. 26.

5 Einstein, A.: a.a.O., S. 37; für eine etwas detailliertere Analyse vgl. dazu auch B. Kanitscheider: Einsteins Behandlung theoretischer Größen, in: Sexl, R. U. und P. C. Aichelburg (Hrsg.): Albert Einstein. Sein Einfluß auf Physik, Philosophie und Politik, Braunschweig-Wiesbaden 1979, S. 148.

6 Einstein, A.: Über einen die Erzeugung und Verwandlung des Lichtes betreffenden heuristischen Gesichtspunkt, a.a.O., S. 39.

7 Kirsten, G. und H. Körber: Physiker über Physiker, Akademieverlag Berlin 1975, S. 201.

8 Hanson, N. R.: Some philosophical aspects of contemporary cosmologies, in: What I do not believe, and other essays, Dordrecht 1971, S. 60–74, Zitat S. 65.

9 Brief Einsteins an Besso vom 12. 12. 1951, in: Einstein, A., Michele Besso: Correspondance 1903–1955, Hrsg. u. kommentiert von P. Speziali, Paris 1972, S. 453.

10 Mehra, J. (ed.): The Solvay Conferences on Physics. Aspects of the Development of Physics since 1911, Dordrecht 1975.

11 Millikan, R.: Electrons, Protons, Photons, Neutrons and Cosmic Rays, Chicago 1935, S. 236. Millikan war es vor allem, der Einsteins lineare Beziehung am Natrium und Lithium sehr genau prüfte. Seine Werte für das Verhältnis von Wirkungsquantum und Elementarladung $h/e = 1,375 \cdot 10^{-17}$ lieferten eine sehr starke Stütze für die Quantenauffassung überhaupt.

12 Einstein, A.: Zum gegenwärtigen Stand des Strahlungsproblems, Physikalische Zeitschrift *10* (1909), S. 185–193.

13 Walter Ritz ist bekannt geworden durch sein Kombinationsprinzip für Spektrallinien, wonach additive und subtraktive Vereinigung von Termen wieder zu neuen Termen führt.

14 Einstein, A.: Über die Entwicklung unserer Anschauungen über das Wesen und die Konstitution der Strahlung, Physikalische Zeitschrift *10* (1909), S. 817–826.

15 Bergmann, H./C. Schäfer: Lehrbuch der Experimentalphysik, III, 4. Aufl. 1966, S. 517.

16 Vgl. dazu M. Stöckler: Neun Thesen zum Dualismus von Welle und Teilchen, in: B. Kanitscheider (Hrsg.): Moderne Naturphilosophie, Würzburg 1984, S. 223 bis 242.

17 Einstein, A.: Quantentheorie der Strahlung, Physikalische Zeitschrift *18* (1917), S. 121–128.

18 Das logisch begriffliche Kombinationsstück der spontanen Absorption gibt es nicht, ein isolierter Oszillator kann spontane Energie abgeben, aber nicht spontane Energie aufnehmen.

19 Einsteins Vorstellung der Nadelstrahlung bzw. seiner Annahme, daß der Elementarprozeß gerichtet ist, wurde sehr schön durch das Experiment von Joffé gestützt: A. Joffé, N. Dobronrawov: Beobachtungen über die Ausbreitung von Röntgenimpulsen, Zeitschrift für Physik *34* (1925), S. 889–892.

20 Haken, H.: Synergetik, Berlin-Heidelberg-New York 1982, S. 235–273.

21 Vgl. den Brief an Max Born vom 27. 1. 1920, A. Einstein, H. u. M. Born, Briefwechsel 1916–1955, München 1969, S. 42–47.

22 de Broglie, L.: Recherches sur la théorie des quanta, Annales de Physique 10e série, tome III, 1925, S. 22–128.

23 Davisson, C. J./L. Germer: The Scattering of Electrons by a single Crystal of Nickel, Nature *119* (1927), S. 558–560; G. P. Thomson: Experiments on the Diffraction of Cathode Rays, Proceedings of the Royal Society A 117 (1928), S. 600–609.

24 Bohr, N./H. A. Kramers/J. C. Slater: Über die Quantentheorie der Strahlung, Zeitschr. f. Physik *24* (1924), S. 69–87.

25 Bothe, W./H. Geiger: Ein Weg zur experimentellen Nachprüfung der Theorie von Bohr, Kramers und Slater, Zeitschr. f. Phys. *26* (1924), S. 44.

26 Spezifische Wärme wird normalerweise nicht auf das Gramm, sondern auf das Grammatom bezogen, wobei das Grammatom aus soviel Gramm eines Stoffes besteht, wie sein Atomgewicht Einheiten hat (1 Grammatom Sauerstoff = 16 Gramm, 1 Grammatom Kohlenstoff = 12 Gramm). Bezogen auf das Atomgewicht A wird c immer kleiner, je größer A ist. Das Produkt aus spezifischer Wärme c und Grammatom, d.i. die Atomwärme C, bleibt konstant. Die Atom-

wärme bei konstantem Druck ist $C_p = c_p A$ und die Atomwärme bei konstantem Volumen $C_v = c_v A$. Das Grammolekül = mol ist jene Menge in Gramm, wie das Molekulargewicht Einheiten besitzt.

27 Einstein, A.: Die Planck'sche Theorie der Strahlung und die Theorie der spezifischen Wärme, Ann. d. Phys. 22 (1907), S. 180–190.

28 Bose, S.: Plancks Gesetz und Lichtquantenhypothese, Zeitschr. f. Phys. 26 (1924), S. 178–181.

29 Einstein, A.: Quantentheorie des einatomigen idealen Gases, Sitz. Ber. Preuß. Akad. Wiss. 1924, S. 261–267, und 1925, S. 3–14.

30 Couturat, L. (Hrsg.): Opuscules et fragments inédits de Leibniz, Paris 1903, S. 519.

31 Schrödinger, E.: Was ist ein Naturgesetz?, Wien 1962, S. 136.

Kapitel V

1 Brief von Einstein an Besso vom 25. 12. 1925, Correspondance, a. a. O., S. 215.

2 Schrödinger, E.: Quantisierung als Eigenwertproblem, Ann. Phys. 79 (1926), S. 372.

3 Kanitscheider, B.: Philosophie und moderne Physik, Darmstadt 1979, S. 224.

4 Vgl. den Brief Einsteins an Michele Besso vom 1. 5. 1926, in: Correspondance, a. a. O., und dagegen den Brief an Born vom 4. 12. 1926, in: Briefwechsel 1916 bis 1955, München 1969.

5 Przibram, K. (Hrsg.): Schrödinger, Briefe zur Wellenmechanik, Wien 1963, S. 36.

6 «Si l'on opère uniquement avec les ondes de Schrödinger, l'interprétation II de $|\psi|^2$ implique à mon sens une contradiction avec le postulat de la relativité.» (Electrons et Photons, – Rapports et Discussions du Cinquième Conseil de Physique, Paris 1928, S. 256).

7 Ehrenfest, P.: Einige die Quantenmechanik betreffende Erkundigungsfragen, Zeitschr. f. Physik 78 (1932), S. 555–559.

8 Jammer, M.: The Philosophy of Quantum Mechanics, New York 1974, S. 119.

9 Brief an Max Born vom 4. 6. 1919, in: Einstein, A. und H. u. M. Born: Briefwechsel 1916–1955, kommentiert von M. Born, München 1969, S. 29.

10 Einstein, A.: Bietet die Feldtheorie Möglichkeiten für die Lösung des Quantenproblems?, Berliner Berichte 1923, S. 359–364.

11 Brief von Bohr an Einstein vom 13. 4. 1927.

12 Heisenberg, W.: Der Teil und das Ganze, München 1969, S. 92.

13 Heisenberg, W.: Physikalische Prinzipien der Quantentheorie, Mannheim, Zürich, Wien 1958, S. 16.

14 Er tat dies v. a. in seinem Beitrag von 1929 zum Gedenkband anläßlich Plancks 50. Doktorjubiläum. Zur Vorgeschichte vgl. M. Jammer: The Philosophy of Quantum Mechanics, a. a. O., S. 131.

15 «Plancks Entdeckung hat uns hier vor eine ähnliche Situation gestellt wie die, welche die Entdeckung der Endlichkeit der Lichtgeschwindigkeit gebracht hatte; beruht ja die Zweckmäßigkeit der scharfen, von unseren Sinnen verlangten Trennung zwischen Raum und Zeit lediglich auf der Kleinheit der Geschwindigkeiten, mit denen wir im täglichen Leben zu tun haben, verglichen mit der Lichtgeschwindigkeit. In der Tat darf bei der Frage der Kausalität der atomaren Erscheinungen

die Reziprozität der Messungsergebnisse ebensowenig vergessen werden wie bei der Frage der Gleichzeitigkeit die Relativität der Beobachtungen». (Niels Bohr: Wirkungsquantum und Naturbeschreibung, Naturwissenschaften *17* (1929), S. 483–86, Zitat S. 485).

16 Frank, Ph.: Einstein, München 1949, S. 350.

17 Putnam, H.: Quantum Mechanics and the Observer, Erkenntnis *16*, 2 (1981), S. 193–220.

18 Vgl. dazu auch Manfred Stöckler: Komplementarität als Relativität der Zustandsbeschreibung, Praxis der Naturwissenschaften, Physik *34*, 6 (1985), S. 29–33.

19 «In der Quantenmechanik ist jedoch nicht so einfach verfolgbar, was beim Wechsel eines Bezugssystems geschieht. Dabei müßte eigentlich physikalisch zu verstehen sein, warum ein System bestimmte Eigenschaften zeigt, wenn es mit diesem Meßgerät gemessen wird, sie aber nicht zeigt, wenn es mit jenem Meßgerät gemessen wird. Gerade darüber geben aber die Bohrsche Interpretation und die Putnamsche Weiterentwicklung keine Auskunft». (M. Stöckler: a.a.O., S. 32).

20 Vgl. B. Kanitscheider: Philosophie und moderne Physik, Darmstadt 1979, S. 251 ff.

21 Als beste Quelle muß hier Bohrs Darstellung der Gespräche gelten: «Diskussion mit Einstein über erkenntnistheoretische Probleme in der Atomphysik», in: P. A. Schilpp (Hrsg.) a.a.O., S. 115–150.

22 Für Details vgl. M. Jammer: The Philosophy of Quantum Mechanics, a.a.O., S. 136.

23 Dirac, P.A.M.: Relativistic quantum mechanics with an application to Compton scattering, Proc. Roy. Soc. A 111 (1926), S. 405–423.

24 Einstein, A., B. Podolsky, N. Rosen: Can quantum mechanical description of physical reality be considered complete? Phys. Rev. *47* (1935), S. 777–780.

25 Einstein, A., B. Podolsky, N. Rosen: ebenda, S. 777.

26 Einstein, A., B. Podolsky, N. Rosen: ebenda, S. 777.

27 Einstein, A.: Quantenmechanik und Wirklichkeit, Dialectica 2 (1949), S. 320–324.

28 Bohr, N.: Can quantum mechanical description of physical reality be considered complete? Phys. Rev. *48* (1935), S. 696–702.

29 Jammer, M.: Le paradoxe d'Einstein-Podolsky-Rosen, La Recherche *11* (1980), S. 509–519.

30 Für eine abweichende Einschätzung, bei der diese vier Prinzipien nicht als unvereinbar gelten, vgl. Mario Bunge: Treatise on Basic Philosophy, Vol. 7, Dordrecht 1985, Abschn. 6,2, S. 205.

Kapitel VI

1 Pais, A.: Subtle is the Lord, a.a.O., S. 461.

2 Vgl. dazu M. Stöckler: Philosophische Probleme der relativistischen Quantenmechanik, Berlin 1984.

3 Einstein, A., H. u. M. Born, Briefwechsel 1916–1955, komm. v. M. Born, München 1969, S. 169 f.

4 Einstein, A.: Bietet die Feldtheorie Möglichkeiten für die Lösung des Quantenproblems?, Sitz. Ber. Preuß. Akad. Wiss. Bd. 23, 1923, S. 359 ff.

5 Einstein, A.: Autobiographisches, in: P. A. Schilpp (Hrsg.), a.a.O., S. 34.

6 Einstein, A./N. Rosen: The particle problem in the general theory of relativity, Phys. Rev. *48* (1935), S. 73–77.

7 Einstein, A.: Autobiographisches, in: P. A. Schilpp (Hrsg.), a.a.O., S. 28.

8 Einstein, A.: Zur Methode der theoretischen Physik, in: Mein Weltbild, Hrsg. v. C. Seelig, Frankfurt 1977, S. 116.

9 Heisenberg, W.: Brief an Einstein v. 10. 6. 1927.

10 Brief Einsteins an Besso v. 10. 8. 1954, Correspondance, a.a.O., S. 527.

Kapitel VII

1 Einstein, A.: Äther und Relativitätstheorie, Berlin 1920, S. 9.

2 «Nach der allgemeinen Relativitätstheorie ist der Raum mit physikalischen Qualitäten ausgestattet; es existiert also in diesem Sinne ein Äther.» (Einstein, A.: Äther und Relativitätstheorie, a.a.O., S. 15).

3 Vgl. dazu Tetu Hirosige: The Ether Problem, the Mechanistic World View and the Origins of the Theory of Relativity, in: Historical Studies in the Physical Sciences, 7 (1976), S. 3–82; für das Folgende v.a. S. 22.

4 Maxwell, J.C.: Ether, in: The Scientific Papers of James Clark Maxwell, Vol. II, hrsg. v. W.D. Niven, New York 1952, p. 763–775.

5 Einstein, A.: Über das Relativitätsprinzip und die aus demselben gezogenen Folgerungen, Jahrbuch der Radioaktivität und der Elektronik, *4* (1907), S. 407–462.

6 Einstein, A.: Zur Elektrodynamik bewegter Körper, Ann. d. Phys. *17* (1905), S. 891–921, in: H.A. Lorentz, A. Einstein, H. Minkowski: Das Relativitätsprinzip, Neudr. Darmstadt 1958, S. 26.

7 Pais, A.: Subtle is the Lord, a.a.O., S. 116.

8 Lorentz, H. A.: Treatise on a theory of electrical and optical phenomena in moving bodies, Brill, Leiden 1895.

9 Whittaker, E.: A History of the Theories of Aether and Electricity, Vol. II, N.Y. 1973, Chapter II: The Relativity Theory of Poincaré and Lorentz, S. 27–77.

10 In einem kurzen Brief Fitzgeralds an den Herausgeber von «Science» aus dem Jahre 1889 findet sich folgende Stelle, wobei er sich auf das Michelson-Morley-Experiment bezieht: «I would suggest that almost the only hypothesis that can reconcile this opposition is that the length of material bodies changes, according as they are moving through the ether or across it, by an amount depending on the square of the ratio of their velocity to that of light». (Fitzgerald, G.F.: The Ether and the Earth's Atmosphere, Science *13* (1889), S. 390).

11 Lorentz, H. A.: Maxwell's Electromagnetic Theory and its Application to Moving Bodies, in: Collected Papers, Nijhoff, The Haag, 1935–1939, Bd. 2, S. 164–243.

12 Vgl. dazu A. E. Miller: On Lorentz' Methodology, Brit. Journ. Phil. Sci. *25* (1974), S. 29–45.

13 Lorentz, H. A.: Elektromagnetische Erscheinungen in einem System, das sich mit beliebiger, die des Lichtes nicht erreichender Geschwindigkeit bewegt, in: H. A. Lorentz/A. Einstein/H. Minkowski: Das Relativitätsprinzip, Darmstadt 1958, S. 6.

14 Lorentz, H. A.: a.a.O., S. 8.

15 Im Jahre 1903 war das Experiment von Trouton und Nobel hinzugekommen.

Darin sollte das Drehmoment auf einem Kondensator, der an einem Faden frei aufgehängt war, gemessen werden. Die Platten eines elektrisch geladenen Kondensators sollten sich stets parallel zur Richtung der Erdbewegung durch den Äther einstellen. Dieses Experiment ist auch von der Ordnung v^2/c^2. (F. T. Trouton/ H. R. Nobel: The Mechanical Forces Acting on a Charged Electric Condenser Moving through Space, Phil. Trans. Roy. Soc. London A *202* (1903), S. 165 bis 181).

16 Über die Art der Festlegung vgl. den folgenden Abschnitt 4.

17 Poincaré, H.: Sur la dynamique de l'électron, Comptes rendus de l'Académie des Sciences 140 (1905), S. 1504–1508.

18 Vgl. dazu auch E. G. Zahar: Why did Einstein's Programme supersede Lorentz's? I, Brit. Journ. Phil. Sci. *24* (1973), S. 95–123.

19 Pais, A.: Subtle is the Lord, a.a.O., S. 130.

20 Zahar, E. G.: Why did Einstein's Programme supersede Lorentz's? II, Brit. Journ. Phil. Sci. *24* (1973), S. 223–262.

21 Einstein, A.: Zur Elektrodynamik bewegter Körper, in: Das Relativitätsprinzip, a.a.O., S. 26.

22 Einstein, A.: Zur Elektrodynamik bewegter Körper, in: Das Relativitätsprinzip, a.a.O., S. 26 (meine Hervorhebung).

23 Einsteins 2. Postulat der SRT ist jedoch heute mit hoher Präzision überprüft. In einem CERN-Experiment hat man den möglichen Einfluß der Geschwindigkeit der Quelle auf die Geschwindigkeit der Fortpflanzung von γ-Strahlen untersucht. Schnell bewegte π°-Mesonen, die selbst fast c hatten, emittierten Pulse von γ-Strahlen. Die Geschwindigkeit der γ war 2.9979 ± 0,0004 · 10^{10} cm s^{-1}, was mit der Standard-Lichtgeschwindigkeit mit der Genauigkeit von 1,3 · 10^{-4} übereinstimmt. (F. J. M. Farley/I. Bailey/E. Picasso: Is the Special Theory Right or Wrong?, Nature *217* (1968), S. 17–18.)

24 Über die Relativität von Längen und Zeiten, in: Einstein, A.: a.a.O., S. 29.

25 Einstein A.: Autobiographisches, in: P. A. Schilpp (Hrsg.): a.a.O., S. 20.

26 Die Bewegung ist hier auf den Fall spezialisiert, daß die Translation entlang der x-Achse vor sich geht.

27 Gödel, K.: Eine Bemerkung über die Beziehung zwischen der Relativitätstheorie und der idealistischen Philosophie, in: P. A. Schilpp (Hrsg.): Albert Einstein, a.a.O., S. 406–412.

28 Einstein, A.: Zur Elektrodynamik bewegter Körper, a.a.O., S. 27. Einstein hat solche operationalen Einkleidungen nicht nur gebraucht, sondern eine Zeitlang auch reflektiert und verteidigt. Noch 1916, als er seine populäre Einführung in die beiden Relativitätstheorien schrieb, betonte er, daß *nur* eine operationale Definition dem Ausdruck «Gleichzeitigkeit» eine physikalische Bedeutung verleihen kann. (Einstein, A.: Über die spezielle und die allgemeine Relativitätstheorie, Braunschweig 1916, S. 14).

29 Reichenbach, H.: Die philosophische Bedeutung der Relativitätstheorie, in: P. A. Schilpp (Hrsg.): Albert Einstein, a.a.O., S. 193.

30 Törnebohm, H.: Aspects of the Special Theory of Relativity, in: E. Lászlo and E. B. Sellon (eds.): Vistas in Physical Realism, New York 1976, S. 31–62.

31 Popper, K. R.: Intellectual Autobiography, in: P. A. Schilpp (ed.): The Philosophy of Karl Popper, LaSalle (Ill.) 1974, S. 77.

32 Hafele, J. C. und R. E. Keating: Around the World with Atomic Clocks: Predicted Relativistic Time Gains, Science *177* (1972), S. 166–168.

33 Einstein, A.: Zum Ehrenfest'schen Paradoxon, Phys. Zeitschr. *12* (1911), S. 109 bis 110.

34 Ives, H. E. and G. R. Stilwell: An Experimental Study on the Rate of a Moving Atomic Clock, Journ. Opt. Soc. Am. *28,7* (1938), S. 215–226.

35 Sexl, R. U. und H. K. Schmidt: Raum · Zeit · Relativität, Hamburg 1978, S. 37.

36 Farley, F. M. et al.: Is the Special Theory Right of Wrong? Nature *217* (1968), S. 17–18. (Die Autoren verwenden einen etwas anderen Wert für die Halbwertszeit des μ, nämlich τ = (2.2000 ± 0.0015) μs; für den modernen Wert vgl. R. U. Sexl/H. K. Schmidt, a. a. O., S. 44.)

37 Einstein, A.: Über das Relativitätsprinzip und die aus demselben gezogenen Folgerungen, Jahrbuch der Radioaktivität und Elektronik 4 (1907), S. 411.

38 Kaufmann, W.: Über die Konstitution des Elektrons, Ann. Phys. *19* (1906), S. 487–553.

39 Einstein, A.: Über das Relativitätsprinzip und die aus demselben gezogenen Folgerungen, a. a. O., S. 439.

40 Bucherer, A. H.: Messungen an Becquerelstrahlen. Die experimentelle Bestätigung der Lorentz-Einsteinschen Theorie, Phys. Zeitschr. *9* (1908), S. 755–762.

41 Einstein, A.: Ist die Trägheit eines Körpers von seinem Energieinhalt abhängig?, in: Das Relativitätsprinzip, a. a. O., S. 51–52.

42 Einstein, A.: Ist die Trägheit eines Körpers von seinem Energieinhalt abhängig? a. a. O., S. 53.

43 Einstein, A.: a. a. O., S. 53.

44 Einstein, A.: Über das Relativitätsprinzip und die aus demselben gezogenen Folgerungen, a. a. O., S. 440.

45 Minkowski, H.: Raum und Zeit, in: Das Relativitätsprinzip, a. a. O., S. 54–71.

46 Minkowski, H.: Raum und Zeit, a. a. O., S. 54.

47 Vgl. B. Kanitscheider: Philosophie und moderne Physik, Darmstadt 1979, Kap. III, S. 61.

48 Vgl. G. Neugebauer: Relativistische Thermodynamik, Berlin 1980.

49 Einstein, A.: Über das Relativitätsprinzip und die aus demselben gezogenen Folgerungen, a. a. O., S. 451.

50 Planck, M.: Zur Dynamik bewegter Systeme, Sitz. Ber. Königl. Preuß. Akad. Wiss. 1907, S. 542.

51 Einstein, A.: Über das Relativitätsprinzip und die aus demselben gezogenen Folgerungen, a. a. O., § 15.

52 Etwa H. Ott: Lorentz-Transformation der Wärme und der Temperatur, Zeitschr. f. Phys. *175* (1963), S. 70–104; Arzeliès, H.: Transformation relativiste de la température et de quelques autres grandeurs thermodynamiques, in: Il nuovo Cimento *35,3* (1965), S. 792–804.

53 Treder, H. J.: Die Strahlungstemperatur bewegter Körper, Ann. Phys. 7. Folge, Bd. 34, Heft 1 (1977), S. 23–29, Zitat S. 24–25.

54 Bunge, M.: Foundations of Physics, New York 1967.

55 Einstein, A.: Autobiographisches, in: P. A. Schilpp (Hrsg.), a. a. O., S. 22.

56 Bergson, H.: Durée et Simultanéité: A Propos de la Théorie d'Einstein, Paris 1922, 3. Aufl. 1926, S. 206.

57 Weyl, H.: Philosophie der Mathematik und Naturwissenschaften, München, Wien ⁴1976, S. 150.

58 Es ist immer wichtig, zwischen Invarianten und Kovarianten zu unterscheiden. Üblicherweise wird die Lorentz-Invarianz von einer Größe ausgesagt, die Lorentz-Kovarianz aber von Aussagen. Eine Größe wie etwa die Entropie ist eine Lorentz-Invariante, sie bleibt absolut unveränderlich, wenn man eine Lorentz-Transformation ausführt. Eine Aussage ist Lorentz-kovariant, wenn es zu ihr eine Lorentztransformierte formgleiche Aussage gibt. In dieser Aussage können sich aber dann die einzelnen Größen bei der Transformation ändern.

59 H. Reichenbach hat für diesen Fall den Begriff der Zeitfolgeunbestimmtheit eingeführt; vgl. ders.: Philosophie der Raumzeitlehre, Berlin, Leipzig 1928, S. 169.

60 Einstein, A.: Dialog über Einwände gegen die Relativitätstheorie, Die Naturwissenschaften 6,48 (1918), S. 697–702.

61 Vgl. für diesen entscheidenden Punkt der Auflösung des Paradoxons E. Harrison: Cosmology, Cambridge 1981, S. 137.

62 Einstein, A.: Über das Relativitätsprinzip und die aus demselben gezogenen Folgerungen, a. a. O., S. 554.

63 Es soll hier nicht der falsche Eindruck erweckt werden, daß beschleunigte Bewegungen in der SRT nicht behandelt werden können, was Einstein auch nie vertreten hat. Die Frage ist nur, *wie* sie dort auftreten. Der lokale Charakter des Äquivalenzprinzipes, das wir gleich behandeln werden, macht es möglich, echte Gravitationsfelder als lokale Täuschungen anzusehen, die durch Beschleunigungen hervorgerufen werden. Ein Beobachter kann gewissermaßen unter umgekehrter Anwendung des Äquivalenzprinzipes Gravitationsprobleme in ein Netzwerk lokaler Fragen zerlegen, die er mit speziell relativistischer Physik löst. Dabei muß er allerdings die Raumzeit in eine Vielzahl von lokal flachen Stücken zerschneiden und sie anschließend wieder zu einem globalen Bild zusammensetzen. Wenn er dies genügend oft getan hat, wird ihm klar werden, daß die ART mit ihrer dynamisch gekrümmten Raumzeit die weitaus kohärentere und systematischere Antwort auf die einzelnen lokalen Fragen darstellt. Bei der Verwendung ausgedehnter beschleunigter Bezugssysteme in der SRT muß er überdies mit dem Auftreten von Trägheitskräften rechnen (z. B. mit Coriolis-Kräften, wenn sein Bezugssystem rotiert), die er berücksichtigen muß, wenn er physikalische Messungen mit jenen, die in Inertialsystemen gewonnen wurden, vergleicht.

64 Poincaré, H.: Sur la dynamique de l'électron, Comptes rendus de l'Académie des Sciences *140* (1905), S. 1504–08. In dieser Arbeit hat Poincaré die Vermutung ausgesprochen, daß alle Kräfte Lorentz-invariant sein müßten, daß Newtons Gravitationsgesetz abzuändern sei und daß die Gravitationswechselwirkung sich in Form von Wellen abspielen sollte, die sich mit Lichtgeschwindigkeit ausbreiten.

65 Misner, Ch./K. Thorne/J. A. Wheeler: Gravitation, San Francisco 1973, S. 177.

66 Einstein, A.: Über das Relativitätsprinzip und die aus demselben gezogenen Folgerungen, a. a. O., S. 454.

67 Einstein, A.: Über das Relativitätsprinzip und die aus demselben gezogenen Folgerungen, a. a. O., S. 462.

68 «Do not Bodies act upon Light at a distance, and by their action bend its Rays; and is not this action (caeteris paribus) strongest at the least distance?» (I. Newton: Opticks, ed. by B. Cohen, London 1952, S. 339).

69 v. Soldner, J. G.: Über die Ablenkung eines Lichtstrahls von seiner gradlinigen Bewegung durch die Attraktion eines Weltkörpers, an welchem er nahe vorbeigeht, Astron. Jahrbuch, Berlin 1804, S. 161–172.

70 v. Soldner, J. G.: a. a. O., S. 161.

71 v. Soldner, J. G.: a. a. O., S. 170.

72 Einstein, A.: Über den Einfluß der Schwerkraft auf die Ausbreitung des Lichtes, Ann. Phys. *35* (1911), S. 898–908.

73 Einstein, A.: Über den Einfluß der Schwerkraft auf die Ausbreitung des Lichtes, a. a. O., S. 898–908.

74 Misner, Ch./K. Thorne/J. A. Wheeler: Gravitation, a. a. O., S. 187.

75 Schild, A.: Time, Texas Quarterly *3,3* (1960), S. 42–62.

76 Einstein, A.: Über den Einfluß der Schwerkraft auf die Ausbreitung des Lichtes, Wiederabdruck in: Das Relativitätsprinzip, a. a. O., S. 73.

77 Einstein, A.: Lichtgeschwindigkeit und Statik des Gravitationsfeldes, Ann. Phys. *38* (1912), S. 355–369.

78 Pais, A.: Subtle is the Lord, a. a. O., S. 204.

79 «Es muß also entweder das dem Raum zugrunde liegende Wirkliche eine discrete Mannigfaltigkeit bilden oder der Grund der Maassverhältnisse außerhalb in darauf wirkenden bindenden Kräften gesucht werden.» (B. Riemann: Über die Hypothesen, welche der Geometrie zugrunde liegen, Neudr. Darmstadt 1959, S. 23).

80 Einstein, A.: Zum gegenwärtigen Stande des Gravitationsproblems, Phys. Z. *14,25* (1913), S. 1249–1266.

81 Eötvös, R. v.: Über die Anziehung der Erde auf verschiedene Substanzen, Mathemat. Naturwiss. Berichte aus Ungarn *8* (1889), S. 65–68.

82 Einstein, A.: Zum gegenwärtigen Stande des Gravitationsproblems, a. a. O., S. 1255. Vor kurzem sind die Messungen von R. v. Eötvös und auch die späteren von D. Pekár und E. Fekete (1922) einer neuen Analyse unterzogen worden. Überraschenderweise ergab sich eine schwache Abweichung in der Proportionalität von schwerer und träger Masse. Anscheinend ist die Erdbeschleunigung von Körpern gleicher Masse, aber unterschiedlicher Baryonenzahl ein wenig verschieden (E. Fischbach et al.: Reanalysis of the Eötvös Experiment, Phys. Rev. Lett. *56* (1986), S. 3–6). Ehe man weitreichende Spekulationen über eine neue Fundamentalkraft an diese jüngste Datenaufarbeitung knüpft, sollte man weitere Präzisionsmessungen abwarten.

83 Einstein, A. und M. Grossmann: Entwurf einer verallgemeinerten Relativitätstheorie und einer Theorie der Gravitation, Zeitschrift f. Mathem. u. Phys. *62* (1913), S. 225–261.

84 Es ist dies der Satz von Ricci, $g_{\mu\nu;\varrho} = 0$. Der Leser, der nicht mit der Tensorrechnung vertraut ist, sei auf das einführende Werk von S. Kästner: Vektoren, Tensoren, Spinoren, Berlin 1964, hingewiesen. Der Beweis findet sich auf S. 178.

85 $R^{\alpha}{}_{\beta\gamma\delta;\,\varepsilon} + R^{\alpha}{}_{\beta\delta\varepsilon;\,\gamma} + R^{\alpha}{}_{\beta\varepsilon\gamma;\,\delta} = 0$

86 Einstein, A.: Zum gegenwärtigen Stande des Gravitationsproblems, a. a. O., S. 1257. In einer Anmerkung weist Einstein darauf hin, daß er einen Beweis besitzt, wonach allgemeine kovariante Lösungen gar nicht existieren können. Dieses Kausalitätsargument geht davon aus, daß die Feldgleichungen die Kausalitätsforderung erfüllen müssen, wonach die Masse-Energie eindeutig die Metrik der Raumzeit festlegt. Diese Erfüllung sei aber gerade für kovariante Gleichungen

unmöglich. Der «Beweis» ist inkorrekt, wie man leicht einsehen kann. (Vgl. dazu J. Earman and C. Glymour: Lost in the Tensors: Einstein's Struggles with Covariance Principles 1912–1916, Stud. in Hist. and Phil. Sci. *9* (1978), S. 251–278).

87 Einstein, A.: Zum gegenwärtigen Stande des Gravitationsproblems, a.a.O., S. 1261.

88 Abraham M.: Zur Theorie der Gravitation, Phys. Zeitschr. *13* (1912) 1–4, S. 176.

89 Einstein, A.: Zum gegenwärtigen Stande des Gravitationsproblems, a.a.O., S. 1263.

90 Mie, G.: Bemerkungen zu der Einsteinschen Gravitationstheorie, Phys. Zeitschr. *15* (1914), S. 115–122, 169–176. In Mie's Theorie der Materie ist das Verhältnis von schwerer und träger Materie eine Funktion der Temperatur. «Träge Masse und schwere Masse eines Körpers sind nur dann vollständig identisch, wenn die Elementarteilchen des Körpers keine inneren Bewegungen ausführen. Verborgene Bewegungen der Elementarteilchen bewirken eine Zunahme der trägen Masse und eine Abnahme der schweren Masse.» (G. Mie: Grundlagen einer Theorie der Materie, Ann. Phys. *40* (1913), S. 1–66, Zitat S. 49).

91 Bereits 1964 fanden Roll, Krotkov und Dicke $\dfrac{|\,g\,(Au) - g\,(Al)\,|}{g} < 1 \cdot 10^{-11}$

und 1971 Braginsky und Panonov $\dfrac{|\,g\,(Pt) - g\,(Al)\,|}{g} < 1 \cdot 10^{-12}$.

(Misner, Ch./K. Thorne/J. A. Wheeler: Gravitation, a.a.O., S. 17).

92 Einstein, A.: Zum gegenwärtigen Stande des Gravitationsproblems, a.a.O., S. 1265.

93 Nordström, G.: Zur Theorie der Gravitation vom Standpunkt des Relativitätsprinzips, Ann. Phys. *42* (1913), S. 533–554.

94 Einstein, A.: Zum gegenwärtigen Stande des Gravitationsproblems, a.a.O., S. 1254.

95 Einstein, A. und A. D. Fokker: Die Nordströmsche Gravitationstheorie vom Standpunkt des absoluten Differentialkalküls, Ann. Phys. *44* (1914), S. 321–328.

96 Einstein, A.: Die formalen Grundlagen der Allgemeinen Relativitätstheorie, Sitz. Ber. Preuß. Akad. Wiss. II (1914) S. 1030–1085.

97 $\dfrac{d^2x^\mu}{d\tau^2} + \Gamma^\mu_{\lambda\nu}\,\dfrac{dx^\lambda}{d\tau}\,\dfrac{dx^\nu}{d\tau} = 0.$

Wenn man von der Idealisierung des Punktteilchens abweicht und Testkörper mit großer schwerer Masse betrachtet, muß man Näherungsverfahren verwenden. Bei rotierenden Testteilchen ergibt sich eine Koppelung von Spin und Krümmung.

98 Kretschmann, E.: Über den physikalischen Sinn der Relativitätspostulate, A. Einsteins neue und seine ursprüngliche Relativitätstheorie, Ann. Phys. *53* (1917), S. 575–614.

99 Einstein, A.: Prinzipielles zur allgemeinen Relativitätstheorie, Ann. Phys. *55* (1918), S. 241–244.

100 Misner, Ch./K. Thorne/J. A. Wheeler: Gravitation, a.a.O., S. 300.

101 Misner, Ch./K. Thorne/J. A. Wheeler: Gravitation, a.a.O., S. 429.

102 Einstein, A.: Zur Allgemeinen Relativitätstheorie, Sitz. Ber. Preuß. Akad. Wiss. II, (1915), S. 778–786 und 799–801.

103 Einstein, A.: Erklärung der Perihelbewegung des Merkur aus der allgemeinen Relativitätstheorie, Sitz. Ber. Preuß. Akad. Wiss. II, (1915), S. 831–839.

104 Neben dem anomalen Vorrücken des Merkurperihels gibt es noch andere Effekte wie z. B. eine Bewegung der Knoten der Venus, die von der Newtonschen Gravitationstheorie nicht erklärt werden können. (Vgl. dazu H. Jeffreys: The Secular Perturbations of the Four Inner Planets, Mon. Not. Roy. Astr. Soc. *77,2* (1916), S. 112–118).

105 Im Prinzip zeigen natürlich auch die anderen Planeten Perihelbewegung, jedoch nimmt diese mit dem Bahnradius sehr rasch ab und zwar

$$\sim R^{-\frac{5}{2}}$$

(Vgl. Einsteins Brief an Besso vom 3. 1. 1916, Correspondance, a. a. O., S. 63).

106 Die Abplattung der Sonne hat eine besondere Rolle bei der Auseinandersetzung von Einsteins Gravitationstheorie mit der von Brans und Dicke gespielt. Die wissenschaftstheoretische Situation zwischen diesen beiden konkurrierenden Theorien hat Adolf Grünbaum sehr eingehend analysiert. Vgl. A. Grünbaum: Can we ascertain the falsity of a Scientific Hypothesis?, in: E. Nagel, S. Bromberger, A. Grünbaum: Observation and Theory in Science, Baltimore, Maryland 1971, S. 69–130.

107 «Die kühnsten Träume sind nun in Erfüllung gegangen. Allgemeine Kovarianz. Perihelbewegung des Merkur wunderbar genau. Letztere ist vom astronomischen Standpunkt vollkommen gesichert, da Massenbestimmungen der inneren Planeten von Newkomb aus periodischen Störungen (nicht aus säcular)». (Brief von Einstein an Besso vom 10. 12. 1915, in: P. Speziali (Hrsg.): Correspondance 1903 bis 1955, Paris 1972, S. 59).

108 Vgl. dazu R. U. Sexl: Raum-Zeit-Materie, Physik. Blätter *35,4* (1979), S. 141 bis 149.

109 Shapiro, J. J.: A new method for the detection of light deflection by solar gravity, Science 157 (1967), S. 806–808.

110 Einstein, A.: Die Grundlagen der Allgemeinen Relativitätstheorie, in: Das Relativitätsprinzip, a. a. O., S. 114.

111 Vgl. dazu Abraham Pais: Subtle is the Lord, a. a. O., S. 257.

112 Hilbert, D.: Die Grundlagen der Physik, in: Hilbertiana, Darmstadt 1964, S. 47. Zur Frage des Einstein-Hilbert-Verhältnisses vgl. J. Mehra: Einstein, Hilbert and the theory of gravitation, in: J. Mehra (Ed.): The Physicist's Conception of Nature, Dordrecht 1973, S. 92–178.

113 Schwarzschild, K.: Über das Gravitationsfeld eines Massenpunktes nach der Einsteinschen Theorie, Sitz. Ber. Preuß. Akad. Wiss. (1916), S. 189–196.

114 Friedman, A.: Über die Krümmung des Raumes, Z. Phys. *10* (1922), S. 377–386; Friedman, A.: Über die Möglichkeit einer Welt mit konstanter negativer Krümmung des Raumes, Z. Phys. *21* (1924), S. 326–332. Für kurze Zeit war Einstein der Meinung, daß Friedmans nichtstationäre Welt mit den Feldgleichungen unverträglich sei, weil sie im Widerspruch zum Verschwinden der Divergenz des Materietensors stünde. (Einstein, A.: Bemerkung zu der Arbeit von A. Friedman «Über die Krümmung des Raumes», Z. Phys. *11* (1922), S. 326). Er hat sich jedoch bald überzeugt, daß dieser Einwand auf einem Rechenfehler beruht, und akzeptiert, «daß die Feldgleichungen neben den statischen dynamische (...) zentrisch-symme-

trische Lösungen für die Raumstruktur zulassen.» (Einstein, A.: Notiz zu der Arbeit von A. Friedman «Über die Krümmung des Raumes», Z. Phys. *16* (1923), S. 228).

115 Chandrasekhar, S.: The maximum mass of ideal white dwarfs, Astrophys. Journ. *74* (1931), S. 81–82; Landau, L. D.: On the theory of stars, Phys. Zeitschr. d. Sowjetunion *1* (1932), S. 285–288.

116 Oppenheimer, J. R. und G. M. Volkoff: On Massive Neutron Cores, Phys. Rev. *55* (1939), S. 374–381.

117 Oppenheimer, J. R. und H. Snyder: On continued gravitational contraction, Phys. Rev. *56* (1939), S. 455–459.

118 Einstein, A.: On a stationary system with spherical symmetry consisting of many gravitating masses, Ann. Mathem. *40* (1939), S. 922–936.

119 Vgl. dazu die ausführliche Untersuchung von A.Bartels: Kausalitätsverletzungen in allgemeinrelativistischen Raumzeiten, Berlin 1986.

120 Vgl. Einstein, A.: Bemerkungen zu den in diesem Bande vereinigten Arbeiten in: P. A. Schilpp (Hrsg.), a. a. O., S. 511.

121 Giacconi, R.: Binary X-Ray Sources, in: C. DeWitt-Morette (ed.): Gravitational Radiation and Gravitational Collapse, Dordrecht 1974, S. 147–180.

122 Einstein, A.: Lens-like action of a star by deviation of light in the gravitational field, Science *84* (1936), S. 506–507.

123 Die Gravitationskraft, die ein e^- auf ein anderes ausübt, ist 10^{-43} mal schwächer als die elektrische Kraft.

124 Weber, J.: Gravitationsstrahlung, in: P. C. Aichelburg/R. U. Sexl (Hrsg.): Albert Einstein, a. a. O., S. 27–34.

125 Einstein, A.: Näherungsweise Integration der Feldgleichungen der Gravitation, Sitz. Ber. Preuß. Akad. Wiss. I (1916), S. 688–696.

126 Einstein, A.: Gravitationswellen, Sitz. Ber. Preuß. Akad. Wiss. I (1918), S. 154 bis 167.

127 Bondi, H./H. G. J. van den Burg/A. W. K. Metzner: Gravitational Waves in General Relativity, Proc. Roy. Soc. (London) Ser. A. *269* (1962), S. 21–48.

128 Taylor, J. H. et al.: Measurements of General Relativistic Effects in the Binary Pulsar PSR 1913 + 16, Nature *277* (1979), S. 437–440.

129 Davies, P. C. W.: Why pick on Einstein?, New Scientist *87* (1980), S. 463–465.

130 Misner, Ch./K. Thorne/J. A. Wheeler: Gravitation, a. a. O., S. 957.

131 Einstein, A.: Kosmologische Betrachtungen zur Allgemeinen Relativitätstheorie, Sitz. Ber. Preuß. Akad. Wiss. I, (1917), S. 142–152; ebenso in: Das Relativitätsprinzip, a. a. O., S. 130–139.

132 Daß die Stärke der Repulsion im lokalen Bereich unmeßbar klein ist, kann man aus Folgendem sehen: Wenn man die repulsive Kraft so schreibt, daß $F_{kosm.} = \lambda rmc^2$, wo m die Masse des zurückgestoßenen Objektes, r die Entfernung vom zurückstoßenden Körper und c die Lichtgeschwindigkeit ist, dann ist λ eine Konstante mit der Dimension m^{-2}. Dabei muß man noch berücksichtigen, daß diese Kraft unabhängig von der zurückstoßenden Masse ist, was sie ebenfalls von der Attraktion begrifflich unterscheidet. Die gegenwärtigen Beobachtungen liefern als obere Grenze für λ den Wert 10^{-53} m^{-2}. Zwei 1 kg-Massen, die einen Meter voneinander entfernt sind, werden 10^{25} mal stärker angezogen als durch die kosmische Repulsion abgestoßen. Wenn wir allerdings zwei galaktische Massen von

10^{41} kg betrachten, die eine Entfernung von etwa 10^6 Lj. haben, dann wären ihre anziehenden und abstoßenden Kräfte ungefähr gleich, wenn λ einen Wert in der Nähe der oberen Grenze der Beobachtung hätte. (Für weitere Einzelheiten zur Antigravitation vgl. P. C. W. Davies: The accidental universe, Cambridge 1982).

133 Einstein, A.: Kosmologische Betrachtungen zur allgemeinen Relativitätstheorie, in: Das Relativitätsprinzip, a. a. O., S. 132.

134 de Sitter, W.: On the relativity of inertia, Proc. Kon. Ned. Akad. Wet. Vol. 19 (1917), S. 1217–1225.

135 Zur modernen Geschichte der λ–Konstante: B. Kanitscheider: Kosmologie. Geschichte und Systematik in philosophischer Perspektive, Stuttgart 1984, Kap. VI.

136 (Geheimnisvoll und dunkel ist die Bedeutung, die viele dem Mach-Prinzip beilegen.) Isenberg, J./J. A. Wheeler: Inertia Here Is Fixed by Mass-Energy There in Every W Model Universe, in: De Finis: Relativity, Quanta & Cosmology, Vol. I, New York 1979, S. 267–293, Zitat S. 267.

137 Vgl. H. Hönl: Zur Geschichte des Mach-Prinzipes, Wiss. Zeitschr. der Friedrich Schiller-Universität Jena, Math.-Naturw. Reihe, Heft 1, Jg. 15 (1966), S. 25 und B. Kanitscheider: Wissenschaftstheorie der Naturwissenschaft, Berlin 1981, Abschnitt III,3.

138 Sciama, D. W.: Physical Foundations of General Relativity, New York 1969.

139 Hönl, H.: Zur Geschichte des Mach-Prinzipes, a. a. O., S. 26.

140 Einstein, A.: Prinzipielles zur allgemeinen Relativitätstheorie, Ann. Phys. 55 (1918), S. 241–244.

141 Hönl, H.: Zur Geschichte des Mach-Prinzipes, a. a. O., S. 31.

142 Leibniz, G. W.: Principes de la Nature et de la Grâce fondés en Raison, Hamburg 1956, S. 4.

Kapitel VIII

1 Vgl. z. B. J. Maddox: More tests of special relativity, Nature 319 (1986), S. 533.

2 Vgl. K. R. Popper: Intellectual Autobiography, in: P. A. Schilpp (ed.): The Philosophy of Karl Popper, LaSalle (Ill.) 1974, S. 102.

3 Hawking, S. W.: Breakdown of predictability in gravitational collapse, Phys. Rev. D. 14,10 (1976), S. 2460.

4 Wenn Quantenfelder negative Gesamtmasseenergie besäßen, hätte dies bizarre Folgen. Man könnte aus einem endlichen System unendliche Energie herausziehen und es würden Selbstbeschleunigungen auftreten, wenn z. B. ein Objekt positiver Masse durch einen Stab mit einem Objekt negativer Masse verbunden würde. Daß alle Materiefelder einen positiven Beitrag zur Masseenergie, gemessen im Unendlichen, liefern, spielt eine wichtige Rolle im Rahmen eines ungelösten Problems der ART, der sog. positiven Massen-Vermutung.

5 Einstein, A.: «Die Theorie [Quantenmechanik] liefert viel, aber dem Geheimnis des Alten bringt sie uns kaum näher. Jedenfalls bin ich überzeugt, daß der nicht würfelt», Brief an Max Born vom 12. 12. 1926, in: Einstein, A./H. u. M. Born: Briefwechsel 1916–1955, München 1969.

6 (Gott würfelt nicht nur, er wirft sogar zuweilen die Würfel dorthin, wo man sie nicht sehen kann.) Hawking, S. W.: Breakdown of predictability in gravitational collapse, a. a. O., S. 2464.

7 Wheeler, J. A.: Die Experimente der verzögerten Entscheidung und der Dialog zwischen Einstein und Bohr, in: B. Kanitscheider (Hrsg.): Moderne Naturphilosophie, Würzburg 1984, S. 203–222.

8 („No elementary phenomenon is a phenomenon until it is brought to a close by an irreversible act of amplification.") Persönliche Mitteilung vom September 1985. (Übers. d. Verf.)

9 Vgl. seine Aufsätze: «Why there isn't a ready-made world» und «Quantummechanics and the Observer», in: Realism and Reason, Philosophical Papers, Vol. 3, Cambridge 1983, S. 205–228 und S. 248–270.

10 Einstein, A.: Über den gegenwärtigen Stand der Feldtheorie, in: E. Honegger (Hrsg.): Festschrift für Prof. Dr. Aurel Stodola, Zürich 1929, S. 126.

11 Bunge, M.: Treatise on Basic Philosophy, Vol. 7, Dordrecht 1985, S. 165.

12 Einstein, A.: Quantenmechanik und Wirklichkeit, Dialectica 2 (1948), S. 23–24.

13 Frazer, J. G.: The golden Bough. A Study in Magic and Religion, London 1929², S. 11. (Übers. d. Verf.)

14 Aspect, A./J. Dalibard/G. Roger: Experimental tests of Bell's inequality using time-varying analyzers, Phys. Rev. Lett. 49 (1982), S. 1804.

15 Marshall, T. W./E. Santos/F. Selleri: Local Realism had not been Refuted by Atomic Cascade Experiments, Phys. Rev. Lett. 89a (1983), S. 5–9.
   Santos, E.: Stochastic Electrodynamics and the Bell Inequalities, in: G. Tarozzi/ A. van der Merwe (Eds.): Open Questions in Quantum Physics, Dordrecht 1985, S. 283–296.

16 Einstein, A.: Geometrie und Erfahrung, Berlin 1921; Neuabdruck in: A. Einstein: Mein Weltbild, hrsg. v. Carl Seelig, Frankfurt/M. 1977, S. 119–127.

17 Vgl. dazu B. Kanitscheider: Geometrie und Wirklichkeit, Berlin 1971, Kap. 6.3; ders.: Geochronometrie und Geometrodynamik, Ztschr. f. Allgem. Wissenschaftstheorie 4,2 (1973), S. 261–302.

18 Einstein, A.: Geometrie und Erfahrung, a.a.O., S. 121.

19 Einstein, A.: Geometrie und Erfahrung, a.a.O., S. 121.

20 Einstein, A.: Geometrie und Erfahrung, a.a.O., S. 121.

21 Büchel, W.: Die Relativität von Raum und Zeit – Realität und Konstruktion, in: B. Kanitscheider (hrsg.): Moderne Naturphilosophie, a.a.O., S. 163.

22 Misner, Ch./K. Thorne/J. A. Wheeler: Gravitation, a.a.O., S. 5. (Übers. d. Verf.)

23 Weyl, H.: Gravitation und Elektrizität, in: Das Relativitätsprinzip, a.a.O., S. 147.

24 Einstein, A.: Brief an Besso vom 20. 8. 1918, Correspondance, S. 132.

25 Kaluza, Th.: Zum Unitätsproblem in der Physik, Sitz. Ber. Preuß. Akad. Wiss. Berlin (1921), S. 966–972.

26 Pauli, W.: Theory of relativity, London 1958, S. 230.

27 Klein, O.: Quantentheorie und fünfdimensionale Relativitätstheorie, Zeitschr. f. Physik 37 (1926), S. 895–906.

28 Einstein, A.: Kaluzas Theorie des Zusammenhangs von Gravitation und Elektrizität, Sitz. Ber. Preuß. Akad. Wiss. Berlin (1927), S. 23–30.

29 Witten, E.: Search for a realistic Kaluza-Klein-Theory, Nucl. Phys. B 186,3 (1981), S. 412–428.

30 Abdus Salam zitiert nach P. Davies: Superforce, London 1984, S. 164. (Übers. d. Verf.)

Namenregister

Sachregister